小动物微生物组与营养

Small Animal Microbiomes and Nutrition

[加] 罗宾·萨尔　莎拉·多德　著

毛军福　林　琳　李小琼　蒋艺佳　主译

中国农业出版社
北　京

图书在版编目（CIP）数据

小动物微生物组与营养 /（加）罗宾 · 萨尔，（加）莎拉 · 多德著；毛军福等主译. -- 北京：中国农业出版社，2025. 6. -- ISBN 978-7-109-33269-0

Ⅰ. S852.6；S816

中国国家版本馆CIP数据核字第2025EL3378号

Small Animal Microbiomes and Nutrition by Robin Saar Sarah Dodd, ISBN: 978-1-119-86260-4

著作权合同登记号：图字01-2025-2420号

小动物微生物组与营养

XIAODONGWU WEISHENGWUZU YU YINGYANG

中国农业出版社出版

地址：北京市朝阳区麦子店街18号楼

邮编：100125

责任编辑：周锦玉

版式设计：王　晨　　责任校对：张雯婷

印刷：北京中科印刷有限公司

版次：2025年6月第1版

印次：2025年6月北京第1次印刷

发行：新华书店北京发行所

开本：880mm × 1230mm 1/32

印张：11.625

字数：333千字

定价：148.00元

翻 译 人 员

主 译

毛军福　林　琳　李小琼　蒋艺佳

译 者

毛军福（博士　正高级兽医师　北京小动物诊疗行业协会猫科分会会长）

林　琳［博士　副研究员　元医（杭州）科技有限公司联合创始人兼CTO、博士后工作站导师］

李小琼（博士　副研究员　浙江省农业科学院）

蒋艺佳（硕士　中级兽医师　北京芭比堂中心国际动物医疗中心）

王　燕（硕士　遗传咨询师　元医（杭州）科技有限公司高级研发经理）

宋姗珊（硕士　认证针灸/草药/食疗/康复理疗师　三千宠医中心医院副院长）

史芳舒（博士后　浙江省农业科学院）

李毓灵（科研助理　浙江省农业科学院）

谢倩茹（硕士　中级兽医师　北京芭比堂中心国际动物医疗中心）

徐　晋（兽医师　北京芭比堂中心国际动物医疗中心）

序

微生物存在于任何生态群落，包括土壤、植物、海洋等，并作为动物生理系统的一部分而存在。有趣的是，这些群落中的微生物在它们所居住环境的生态健康和功能中发挥着固有且必不可少的作用。如今，研究人员认识到肠道微生物组是体内的一个超级“器官”，因为它可以完成或协助完成多种正常的生理和代谢过程。这个超级“器官”在动物体内发挥着作用，并与机体协同作用，我们才刚开始揭开微生物群是如何影响动物健康的神秘面纱。

在兽医教育及与客户对话中，营养一直处于次要地位。最近，来自让宠物主人接受我们提出的关于宠物最佳营养的建议和指导的压力，使得营养教育领域逐渐活跃起来。营养与肠道微生物组密切相关；未被小肠吸收的营养素将继续进入大肠，并被微生物发酵。这些相互作用的结果影响着微生物和宿主的健康。目前，我们设计饮食主要还是为了满足宠物的营养需求，在制定配方时很少考虑肠道微生物的健康或由此产生的影响。过去十年里，营养知识、饮食种类和宠物主人参与宠物健康的意愿在逐渐增加，这也给兽医专业人员带来了关于如何实践营养医学和与宠物主人互动的需求。

这本书的最后几章阐述了基本的营养计算公式、实用技巧，以及与宠物主人沟通的最佳实践。根据经验，与宠物主人进行良好沟通是兽医专业人员要想成功必须掌握的最重要的技能。

虽然这一领域的研究论文越来越多，但直到现在，还没有一本书能为所有兽医专业人员提供全面的实用指南。微生物组医学也并不是兽医或兽医技术课程的常规内容。因此，我想写一本实用的指南，以一种只要是对动物生理学有基本了解的人都能理解并能在兽医实践中实际应用的方式，来回顾犬猫正常的生理过程。虽然我们需要在这个广阔的领域进行进一步的研究，我也承认其中一些概念需要更深入的探索，但我相信这本书能够搭建起一个关于犬猫微生物组的入门学习平台。这个主题还处于起步阶段，我很高兴能为兽医专业人员提供一本关于小动物微生物组和营养的入门教科书。

最后，我要感谢Holly Ganz博士、Dawn Kinsbury博士，他们编写了第五章和第六章，还有Nicole Stevens和Andrew Abernathy，他们提供了很多图表。

译 者 的 话

地球生物的多样性远超我们的认知，仅动物本身的微生物群的丰富性、兼容性及相互影响和作用就足以让我们惊叹，也引发了人们对机体微生物组的研究热潮。随着人们对微生物组研究的深入，我们逐步窥探到这些微小古老的微生物之间的生物关系，以及它们与机体健康和疾病的关系。非常有幸组织国内相关研究人员、临床宠物医生参与此书的翻译，这应该是国内第一本正式出版的关于小动物微生物组及营养的相关图书，希望给大家带来研究和临床应用上的帮助，也感谢每一位参与本书翻译的译者。

——毛军福

近十年来，人类健康与肠道微生物组的关系是最热门的医学研究领域之一，越来越多微生物组相关的诊断和治疗技术开始在临床应用。本人早年参与过人类肠道微生物组的临床研究，目前也是国内率先将小动物肠道微生物组检测技术应用到临床的团队成员，深知该技术在小动物领域应用并普及还有很长的路要走。通过翻译本书，本人获得了在该领域学习新知识的机会，同时也希望能把全新的理念传达给更多小动物医疗与营养领域的工作者及宠物主人。

——林　琳

“小动物微生物组与营养”这一新兴交叉学科将为宠物临床实践注入变革力量。犬猫肠道微生物组的微生态平衡与其营养代谢、免疫调节及疾病转归存在决定性关联。通过靶向营养干预调控微生物

组结构，我们有望建立“微生物组－营养－健康”三位一体的诊疗新范式。希望本书的出版有助于营养相关疾病的微生物诊断标志物发现、个性化处方粮的微生物组学设计，以及益生菌/元制剂的循证应用。

——李小琼

作为一名小动物临床工作者，见到本书犹如发现宝物，十分欣喜，也很荣幸能够参与到本书的翻译工作中来。希望本书的出版能带领广大兽医工作者一窥小动物微生物组学的世界，并给大家提供关于“小动物健康－微生态调节－营养保健”的临床诊疗新视角，为犬猫健康事业的发展保驾护航！

——蒋艺佳

翻译本书时，我对生命系统的复杂性有了更深的理解，微生物群落与宿主的营养代谢、免疫调节及神经功能构成了一个精密的共生网络，这种微观生态系统的平衡与否直接影响着动物的宏观健康状况。科学的宠物喂养绝非简单的饱腹，更要关注如何通过精准营养塑造健康的微生物生态。

——王　燕

翻译《小动物微生物组与营养》是一次专业深耕之旅，也让我体会到将现代微生物研究与中兽医整体观念相融合的价值。引介前沿成果，既拓展了知识体系，也助力于推动理论与临床实践结合，守护小动物健康。

——宋姗珊

微生物组在宠物的生态健康和功能中发挥着关键作用，宠物健康不应仅停留在表面症状，更需要深入探究机体微生物组的影响，为宠物健康研究开辟新维度。

——史芳舒

感谢原著者的前沿著作，以及编辑团队的专业指导。希望这本译作能推动国内小动物健康领域的发展。

——李毓灵

翻译《小动物微生物组与营养》这本书，深感责任重大。愿此书助力学界交流，为小动物营养与微生物组研究贡献绵薄之力。

——谢倩茹

本书梳理了兽医微生物和营养学的前沿知识，翻译过程像一场学术探险，希望为各位同行带来实用参考。

——徐　晋

目　录

第三部分 新兴成分与替代饮食

第四部分　与宠物主人沟通及营养计划制定

注：原著第20章大麻部分内容，在中译本中未体现，如有感兴趣者，可以查阅原著。

第一部分

了解微生物组

1 常见定义

1.1 微生物组

微生物组（microbiome），这一术语具有多种功能性定义。根据人类微生物组联盟的阐述，微生物组指的是从特定栖息地或生态系统中分离出的所有微生物群落的总和[1]。这些微观群落主要包括细菌、真菌和病毒，它们存在于包括植物在内的所有生物体内。微生物组几乎无处不在，存在于每一个可以想象的不同栖息地，从生物个体到土壤和水体[2-3]。微生物组不仅可见于生物体的外表面，尤其是以生物膜的形式存在，也存在于动物机体的多个系统内，如呼吸道、生殖器官、皮肤、口腔、泌尿道、通过肠-脑轴相连的神经通路，以及胃肠道（GI）。仅胃肠道系统内就可能栖息着超过30万亿个微生物[4-5]。上述概念所含的内容并不详尽无遗，因为微生物组这一知识领域相对较新，且随着技术的创新，人们能够在曾经被认为是无菌的器官和系统中发现微生物组。人类宿主中所有微生物组的总重量可能占到体重的1%～3%[4]。

尽管在当前研究中观察到了一些普遍的趋势，但微生物组对于每个个体而言都是独一无二的，其多样性和密度受到多种内在（如遗传、年龄、性别）和外在（如环境、生理状态、抗生素治疗、健康状况和营养）因素的影响[6]。这些极具多样性的微生物群落可以通过多种复杂的途径影响宿主的生理功能，包括影响远端器官和免疫应答，从而塑造宿主的健康状况。研究的一个重要焦点是胃肠道的微生物组，以及这些复杂群落的扰动与人类多种健康问题的关联，包括抑郁症、孤独症（又称为自闭症）谱系障碍、口腔健康问题、慢性阻塞性肺疾病（COPD）、哮喘、肺炎、皮肤病、肥胖、心血管疾病、糖尿病、类风湿性关节炎、肝脏相关疾病、癌症、炎性肠病（IBD），以及细菌移位引起的感染等[4-7]。微生物组群落相互影响，并在日常功能上相互依赖，通过释放代谢物——微生物发酵的产物相互联系[8]。一个公认的影响因素是存在于动物微生物组中所有微生物的累积遗传物质，即元基因组。元基因组可能包含超过宿主基因组200倍的基因数量。因此，这些基因对宿主基因表达的影响程度是微生物群落对宿主生理系统影响的一个可能解释[8]。

在微生物组研究领域，新的创新研究工具的开发使人们能够观察、理解和评估以前无法识别的关于机体微生物组的概念。然而，识别和确定微生物组的影响仍然存在一些障碍，包括如何重现它们所需的环境（如食物来源）以促进生长，以及在采样过程中如何防止微生物死亡。此外，目前的研究也受到限制，许多研究项目使用的小样本并不能代表更广泛的群体或者在未来的项目中可复制。这是定量研究常见的一个局限性[9]。

1.2 微生物群

微生物群（microbiota）可以定义为在微生物组（microbiome）群落中发现的细菌、真菌、病毒和原生动物等生物体。微生物在地球真核生物多样性出现之前就已经存在，且数量众多、种类多样、分布广泛。它们已经适应了在极端环境中的生存，如深海的高压环境、极端高温或化学暴露。不同种类的细菌能够在有氧和/或厌氧环境中生存。环境差异是识别已知和未知群落中微生物群的一个难点[8]。生活在厌氧环境中的微生物在被移除（例如在活检样本中）并带入有氧环境时，其存活率可能会更低。据估计，只有20%～30%的微生物是可被培养的，这使得很大一部分微生物群无法通过常规培养被鉴定出来[10]。构成肠道微生物组的主要门类因物种而异，但梭杆菌门（Fusobacteria）、拟杆菌门（Bacteroidetes）和厚壁菌门（Firmicutes），以及一小部分变形菌门（Proteobacteria）和放线菌门（Actinobacteria）通常在犬猫中普遍存在[3, 11]。

微生物组内的微生物之间，以及与宿主机体系统之间会进行联系，这反过来又可以改变或影响宿主的生理功能。宿主依赖于微生物群来完成其基因编码中可能没有的功能[5]。微生物群的作用复杂，且可能会随着资源可用性的变化而变化[8]。目前，我们已经了解到微生物群在维生素合成、矿物质吸收、屏障的结构完整性、不可消化物质的代谢与能量供应［如短链脂肪酸（SCFAs)］、与影响机体其他器官的化学及神经递质代谢物相互作用或参与其生成过程（双向轴）、调控宿主基因表达、炎症过程、肠道通透性、免疫功能，以及食物摄入和能量消耗等方面发挥作用[4, 6, 8, 11–16]。

1.3 病原体

病原体（pathogens）是指能导致宿主发生疾病的生物体。尽管在微生物中只占少数，但通常认为这些微生物在某些情况下会引起疾病。病原体可以分为五类：病毒、细菌、真菌、原生动物和蠕虫（寄生虫中的一大类）[17]。病原体的特征主要包括传播方式、复制机制、发病机制（如何导致疾病发生），以及诱发宿主反应的能力。根据病原体的不同，其复制可能发生在细胞内和/或细胞外间隙，而宿主的防御机制则致力于摧毁病原体并阻止其生长。表1.1中按类别总结了常见的犬猫病原体。

病原共生体（pathobionts）是指在健康微生物群中以低水平存在且通常不对宿主造成危害的共生微生物，但在特定条件下可能变得具有致病性[10]。过去，人们普遍认为病原体的单纯性过度生长是导致生态失调的原因，但新的研究表明，屏障功能障碍在允许病原体定植或移位（穿过上皮屏障表面）而致使宿主患病方面发挥了更大的作用[10, 17]。在某些情况下，可能是遗传学与特定微生物群或代谢物的共同作用，导致宿主的疾病或病症。大多数病原体无法被免疫应答完全清除，而且大多数病原体并非普遍具有致命性，因为这会影响到该病原体自身的长期生存[17]。然而，一些病原体可能会对免疫应答发起攻击，影响体内的其他微生物群，并对宿主造成潜在危害[25-26]。

表 1.1　常见的犬猫病原体

病毒	DNA 病毒	腺病毒 (Adenoviruses)	犬腺病毒 (Canine adenoviruses)
		疱疹病毒 (Herpesviruses)	犬疱疹病毒 (Canine herpesvirus) 猫疱疹病毒 (Feline herpesvirus)
		细小病毒 (Parvoviruses)	犬细小病毒 (Canine parvovirus) 猫泛白细胞减少症病毒 (Feline panleukopenia virus)
	RNA 病毒	正黏病毒 (Orthomyxoviruses)	犬流感病毒 (Canine influenza)
		副黏病毒 (Paramyxoviruses)	犬瘟热病毒 (Canine distemper virus) 犬副流感病毒 (Canine parainfluenza virus)
		冠状病毒 (Coronaviruses)	犬呼吸道冠状病毒 (Canine respiratory coronavirus) 猫肠道冠状病毒 (Feline enteric coronavirus)
		小 RNA 病毒 (Picornaviruses)	猫杯状病毒 (Feline calicivirus)
		棒状病毒 (Rhabdoviruses)	狂犬病病毒 (Rabies)
		逆转录病毒 (Retroviruses)	猫白血病病毒 (Feline leukemia virus) 猫免疫缺陷病毒 (Feline immunodeficiency virus)

（续）

细菌	革兰氏阳性球菌（Gram +ve cocci）	葡萄球菌属（Staphylococci）	葡萄球菌属的某些种（*Staphylococcus* spp.）
		链球菌属（Streptococci）	链球菌属的某些种（*Streptococcus* spp.）
	革兰氏阴性球菌（Gram −ve cocci）		汉赛巴尔通体（*Bartonella henselae*）
	革兰氏阳性杆菌（Gram +ve bacilli）		棒状杆菌属（*Corynebacteria*） 炭疽芽孢杆菌（*Bacillus anthracis*） 单核细胞增生李斯特氏菌（*Listeria monocytogenes*）
	革兰氏阴性杆菌（Gram −ve bacilli）		支气管败血波氏杆菌（*Bordetella bronchiseptica*） 鼠疫耶尔森氏菌（*Yersinia pestis*）
	厌氧菌（Anaerobes）	梭菌纲（Clostridia）	梭菌属（*Clostridia* spp.）
	螺旋体（Spirochetes）		伯氏疏螺旋体（*Borrelia burgdorferi*） 问号钩端螺旋体（*Leptospira interrogans*）
	立克次氏体（Rickettsials）		犬埃利希氏体（*Ehrlichia canis*） 无形体属的某些种（*Anaplasma* spp.）
	衣原体（Chlamydias）		猫衣原体（*Chlamydophila felis*）
	支原体（Mycoplasmas）		犬嗜血支原体（*Mycoplasma haemocanis*） 猫支原体（*Mycoplasma felis*）

（续）

真菌		白色念珠菌 （*Candida albicans*） 新型隐球菌 （*Cryptococcus neoformans*） 曲霉菌属 （*Aspergillus*） 组织胞浆菌 （*Histoplasma capsulatum*） 球孢子菌 （*Coccidioides immitis*）
原生动物		贾第虫属的某些种 （*Giardia* spp.） 利什曼原虫 （*Leishmania*） 巴贝斯虫属的某些种 （*Babesia* spp.） 犬肝簇虫 （*Hepatozoon canis*） 等孢子虫 （*Cystoisospora*） 隐孢子虫 （*Cryptosporidium*） 刚地弓形虫 （*Toxoplasma gondii*）
蠕虫 （worms）	线虫/圆虫 （roundworms）	犬恶丝虫 （*Dirofilaria immitis*） 弓首蛔虫属的某些种 （*Toxocara* spp.） 狮弓蛔虫 （*Toxascaris leonina*） 狭头钩虫 （*Uncinaria stenocephala*） 犬鞭虫/毛首鞭形线虫 （*Trichuris vulpis*） 钩口线虫属的某些种 （*Ancylostoma* spp.） 毛细线虫属的某些种 （*Capillaria* spp.）

（续）

蠕虫（worms）	绦虫（tapeworms）	带绦虫属的某些种（*Taenia* spp.） 棘球绦虫属的某些种（*Echinococcus* spp.） 肉孢子虫（*Sarcocystis*）

资料来源：改编自Alexander等[18]、Inpankaew等[19]、Day等[20]、Riley等[21]、Millán和Rodriíguez[22]、Biek等[23]、Villeneuve等[24]的研究。

1.4 共生

共生描述了两种不同类型生物之间的一种关系或互动。共生的具体分类取决于这两种生物体中是否有一方或双方从这种关系中获益[27]。这些不同种类的生物共享相同的空间，并共享或争夺相同的资源。它们通过多种方式互动，统称为共生。主要的共生关系有五种：互利共生、捕食、寄生、共栖和竞争。表1.2列出了共生关系的具体例子。

表1.2 共生关系的例子

显著正相关	专性共生	地衣
	强共生	大多数垂直传播的肠道共生微生物及其宿主
	适度共生	小丑鱼和海葵
	边缘共生	蚂蚁和蚜虫
中性	共栖	小丑鱼和海葵
	良性寄生	犬复孔绦虫和犬科动物
	显著寄生	许多肠道线虫及其宿主
	严重寄生	细小病毒及其宿主
显著负相关	致命寄生	犬心丝虫及其宿主

资料来源：改编自Swain Ewald和Ewald[28]的研究。

（1）互利共生　所有物种都能从积极效应中受益，这主要体现在抵御病原体侵害和/或提供营养素方面[28]。互利共生的一个例子是共生体（微生物群）依赖宿主无法利用的资源（如纤维素）。另一个例子是人类母乳中发现的长双歧杆菌（*Bifidobacterium longum*）（婴儿亚种，婴儿双歧杆菌——*B. infantis*）。母乳中约30%的热量来自婴儿无法消化的寡糖，而婴儿双歧杆菌在胃肠道中可以消化这些寡糖。双歧杆菌属（*Bifidobacterium*）和乳杆菌属（*Lactobacillus*）的细菌通常被认为是有益微生物，因为它们能够通过产生各种抗菌药物来排斥有害细菌[26]。

（2）捕食　一个物种通过捕食另一个物种而受益。在探索精确调节微生物组的方法时，捕食被认为是一个有前景的方法[29]。噬菌体（phages）是一类捕食细菌的病毒[30]。噬菌体能够侵入细菌并迅速繁殖，产生数百个新病毒。使用捕食作为调节微生物组方法的优势包括：①能够针对性地干扰特定细菌；②有助于更深入地了解细菌间及细菌-哺乳动物宿主间的互动；③能够规划和创建可重复的方法，以重塑微生物组为目的进行治疗[29]。

（3）寄生　以牺牲宿主为代价，一个物种从与宿主物种同居、共生或寄生中受益。寄生的负面影响包括维生素缺乏、患免疫性疾病、组织损伤和死亡[28]。尽管寄生通常被认为具有负面影响，但在某些情况下，选择性地利用特定生物体可能会对宿主产生较为积极的影响，特别是在慢性感染中。有记录表明，在小鼠中，慢性肠道蠕虫感染会增加其对共感染的易感性，降低疫苗接种的效力，不过同时也会下调对无害抗原的过敏免疫应答，从而对过敏性疾病产生保护作用[29, 31]。

（4）竞争　以牺牲彼此为代价，不同物种从同一生态系统有限的资源中竞争获益。竞争排斥是某些益生菌的常见特性。这些非致病性细菌培养物被用来减少病原菌的定植或降低其数量[32]。肠道细菌之间的竞争排斥是指细菌之间对营养素和黏膜附着位点的竞争[33]。它们还可以通过改变环境条件来削弱竞争对手。细菌还可以通过占据生物膜或黏膜上的空间来排斥病原体，抑制病原体的黏附，并降低竞争者附着在受体位点的能力。这种竞争关系的有效性取决于细菌的菌株、物种和属，以获得可重复的结果。竞争排斥的另一种形式是有益细菌产生破坏性的代谢物。细菌素是一种抗菌代谢物，它们会影响病原体但不影响细菌素本身。根据它们的结构和功能，细菌素主要分为三大类[34]。Ⅰ类：含有羊毛硫氨酸残基的小肽；Ⅱ类：耐热且不含羊毛硫氨酸残基；Ⅲ类：被称为溶菌素，是大型、热敏感的肽聚糖水解酶。

（5）共栖　一个物种受益，而对另一个物种没有净正面或负面的影响[35]。在讨论微生物群时，许多研究认为宿主与微生物组之间的关系是共栖的。然而，当使用这个简单的定义时，并没有考虑到这些关系的复杂性。有文献将共栖关系描述为寄生与互利共生关系的分界线[28]，这种关系的总体影响是积极还是消极，很难准确评估。此外，这些影响难以精确测量，因此很难确定将微生物群放在共生关系连续谱（从互利共生到共栖再到寄生）中的哪个位置才是合适的。这群微生物被称为不确定的共生体。在某些情况下，一些细菌可以在不同环境中从互利共生转变为寄生。双相共生体可以被识别为互利共生或寄生，而不确定共生体则具有不确定的净效应。

积极的共栖关系包括为宿主提供必需的营养素，代谢不可消化的化合物，抵御机会致病菌的定植，促进肠道结构的发育，以及刺激免疫系统[36]（框1.1）。

框1.1　宿主与共生体关系的积极影响

- 为宿主提供必需的营养素
- 代谢不可消化的化合物
- 防止机会性病原体的定植
- 对肠道结构的发育做出贡献
- 刺激免疫系统

1.5 生态失调

由于宿主的遗传因素、感染性疾病、饮食或长期使用抗生素或其他破坏细菌的药物而导致微生物群落发生变化，这些对微生物群落结构的破坏被称为生态失调[10, 37]。一旦发生生态失调，正常的互动就会停止，宿主就会更容易受到疾病侵袭[10]。宿主正常微生物群的紊乱与犬猫多种病理状况有关，包括慢性肠炎、炎性肠病、急性出血性腹泻综合征、小肠狭窄或粘连、肿瘤、慢性肠套叠、甲状腺功能减退、糖尿病自主神经病变、硬皮病、移行性复合运动异常、萎缩性胃炎和胰腺外分泌功能不全[3]。表1.3列出了人类已知的一些肠道生态失调相关疾病。

表1.3 人类生态失调相关疾病

牙周病
神经系统疾病——抑郁症/焦虑症
呼吸系统疾病
皮肤病
肥胖
糖尿病
关节炎和关节疾病
炎性肠病
过敏性疾病
孤独症

资料来源：改编自DeGruttola等[38]、Sudhakara等[39]的研究。

三种类型的生态失调可能同时发生[10]：

（1）有益微生物的缺失　共生细菌可以通过多种机制对宿主生理产生积极影响以预防疾病。有益微生物群通过控制调节性T细胞（Treg细胞）来影响宿主免疫应答。Treg细胞是T淋巴细胞的一个特殊亚群，它们在决定共栖微生物的免疫耐受性方面起着关键作用。当有益微生物组发酵饮食产品时，它们可以产生短链脂肪酸（SCFAs），已被证明它可以调节Treg池以保护机体免受炎症和疾病状态（如结肠炎）的侵害。有益微生物还可能通过靶向细胞因子直接减轻炎症，并在调节恒定的自然杀伤T细胞（NKT细胞）方面发挥作用，这些细胞影响脂质抗原，以及先天性和适应性炎症反应。

（2）病原共生菌的增殖　病原共生菌在机会性增殖时可能产生有害影响。多项研究已经证明，病原共生菌可以通过利用炎症环境增加其数量。例如，动物接受抗生素治疗后，可使用磺化琥珀酸二辛酯钠盐诱导发生结肠炎，导致一种多重耐药的大肠埃希氏菌（*Escherichia coli*）菌株数量增加，并能够穿透肠道黏膜屏障发生细菌移位，从而导致败血症。

（3）多样性的丧失　多样性丰富的微生物群能为宿主带来健康益处。拥有更多样化和复杂性的生物群落能够提供更多的益处已被证实。一些研究发现，生命阶段后期的疾病进程差异与关键发育阶段微生物多样性较低有关。

1.6　益生菌

联合国粮食及农业组织（FAO）和世界卫生组织（WHO）将益生菌定义为："当摄入足够量时，能够为宿主带来健康益处的活微生物"[40-41]。传统上，以培养和发酵食品（如酸奶、泡菜等）形式存在的益生菌被认为对健康有益。目前研究显示，特定微生物菌株、菌种和亚种，通过与胃肠道常驻微生物群的共生作用，建立直接健康益处的关联性[42]。益生菌可用于调节胃肠道功能紊乱，并在某些情况下已被证实能够增强免疫应答。部分益生菌能够刺激抗炎物质的产生，并且可以通过双向通信机制与机体其他器官联系[42]（图1.1）。

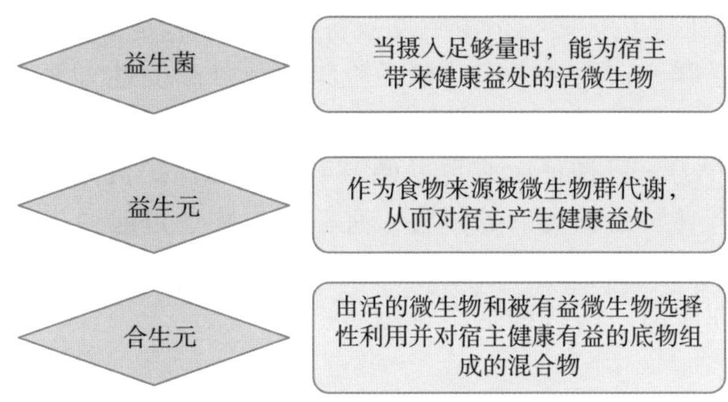

图1.1 益生菌、益生元和合生元定义

能够带来益处的益生菌具备以下特性：

（1）益生菌产品中的微生物群在摄入时是活的，并在货架期维持其活性[40, 43]。

（2）必须能够在胃肠道转运过程中存活，包括耐胃酸及抵抗肠道酶的消化作用[40, 43]。

（3）所使用的益生菌应当被认为是安全的[40, 43]。

（4）益生菌必须能够促进共生菌或者抑制病原菌在宿主体内的生长或定植。益生菌主要通过以下三种竞争和排斥机制来保护宿主免受致病菌的侵害。

① 细菌间对可用营养素的竞争[32]。

② 竞争肠道空间并作为物理屏障，阻止病原体附着在肠道表面[33, 43]。益生菌的作用可能是附着在肠道上皮细胞或胃肠道的受体上，从而阻止病原体的定植。

③ 分泌抗菌代谢物或介质，例如细菌素[34, 43]。

（5）摄入益生菌应能促进宠物的整体健康。其中一个积极作用的例子是对未消化的营养素进行发酵，进而产生SCFAs[44–45]。SCFAs能够滋养肠上皮细胞，促进肠壁健康。当SCFAs大量产生时，肠道pH降低，偏好碱性环境病原体的生长被抑制。

益生菌的主要用途包括：

（1）促进胃肠道微生物组的积极改变。上述益生菌的作用，能够促使宿主微生物群的多样性和密度恢复正常水平[45]。

（2）刺激或增强免疫应答，且不会引起炎症。益生菌通过与常驻微生物群、胃肠道上皮细胞及肠道免疫细胞的相互作用，局部和全身性地调节宿主胃肠道免疫系统[43, 46]。

（3）增加或刺激神经化学物质的产生，并与肠-脑轴相互作用[47]。作为精神益生菌被用于改善宠物的多种神经化学性疾病，如焦虑症。

（4）调节免疫系统，帮助应对压力，防止感染，促进生长发育，控制过敏反应，以及管理肥胖[44]。

益生菌的使用在某些情况下可能存在禁忌。例如，在宠物胃肠道屏障受损（即屏障功能障碍）的情况下，不建议口服益生菌（活菌），因为可能存在引发罕见且严重的细菌移位和败血症的风险，尤其是在使用未经监管产品的情况下[48]。

在北美，只要益生菌产品的标签上未标明任何健康声明就不会被归类为药品。而且，针对动物的营养品或补充剂类别尚未被正式认可，因此这些产品没有像药品那样受到同样的法规监管，包括对产品活性、剂量和有效期的审查。这种监管不足可能导致产品内容的不一致，引发以下担忧：

（1）产品实际成分与标签上指示的不符[49]。

（2）细菌可能无法存活，或者因缺乏载体而无法存活到效用位点[44]。

（3）产品可能无法达到预期益处，甚至可能具有致病性[37, 44, 49]。

（4）细菌未明确标注到亚种水平，可能不会对宿主带来相同或任何预期的益处[37]。

（5）产品中的细菌数量可能不足，因此无法产生相应的健康效应[50]。

（6）产品可能未经测试以识别特定的菌属和剂量，也未经过安全性、稳定性和一致的积极效果的测试[37, 50]。

（7）所使用的菌株可能会释放有害代谢物[43]。

（8）该菌株可能容易产生抗生素耐药性[44, 51]。

（9）细菌移位可能会引发感染[44, 48]。

1.7 益生元

与活微生物组成的益生菌不同，益生元主要是指宿主无法消化的营养成分，可作为食物来源被微生物群代谢，从而对宿主产生健康益处[40, 45, 52]。这些食物来源包括可被微生物群发酵的营养成分，可提高有益微生物的存活率。每种微生物群对食物来源偏好不同。不可消化营养物质的主要来源是糖类，目前商业益生元中常用的成分包括车前子壳和/或酵母细胞壁。当微生物群发酵纤维素时，可能会产生丁酸盐和乙酸盐等代谢物，这些SCFAs是结肠细胞的能量来源，并且可以提供其他多种健康益处[44-45]。

被归类为益生元的底物必须符合以下标准[53]：

（1）耐消化性—能够在胃的酸性环境中不被分解，不被消化酶水解，且不会被上消化道吸收。

（2）可发酵性—能够被肠道微生物群发酵。

（3）产生积极效应—能够选择性地促进肠道微生物群的生长和活性增强，从而对宿主健康产生有益影响。

益生元有多种类型，其中包括寡糖类，如低聚果糖（FOS）、低聚半乳糖、甘露寡糖（MOS）、低聚半乳糖（GOS）、果胶寡糖（POS）、菊粉、葡聚糖，以及非糖类，如黄烷醇。果聚糖、果胶、菊粉和黄烷醇主要来源于植物性食物，如水果和蔬菜。GOS可以来源于乳糖或者合成乳果糖，而抗性淀粉和葡聚糖则可能来源于植物及酵母细胞[53]。

1.8 合生元

由活微生物（益生菌）和被有益微生物选择性利用并给宿主带来健康益处的底物（益生元）组合而成的混合物，被称为合生元[54]。国际益生菌和益生元科学协会（ISAPP）还创建了另一种合生元类别，称为协同合生元，其定义为“底物旨在被共同施用的微生物选择性利用的一种合成制剂”[54]。这些术语应用于描述所含益生元可选择性促进特定益生菌生长的产品。

与益生菌一起给予特定益生元的目的包括[53]：

（1）在理想位置（即胃肠道）中选择性地支持偏好微生物群的生长。

（2）促进一种或多种对健康有益细菌的代谢。

1.9 生物标志物及其测量方法

生物标志物是指在生物介质中可以检测到的细胞、生化或分子指标，能够揭示正常或疾病过程的变化，以及对治疗干预的反应[55]。在评估健康或患病人群时，生物标志物作为一种工具，可以帮助预测疾病风险、确定病因、诊断、监测疾病进展、评估疾病消退或治疗效果。生物标志物可分为用于预测风险水平的暴露标志物和用于筛查、诊断、监测疾病进展的疾病标记物。生物标志物的检测和测量方法也可以根据研究目的分为靶向或非靶向两种[56]。当特定生物标志物与结果之间的关系已知时，通常用靶向方法来测量，这意味着对特定代谢物的定量分析。相反，非靶向方法允许采用更广泛的基于发现的策略，可测量到大量潜在的单一生物标志物或不同类别的生物标志物。

1.9.1 基因、基因组与基因组学

基因组是携带生物体所有遗传信息的脱氧核糖核酸（DNA）的完整集合[57]。DNA中编码的基因向细胞提供如何合成特定蛋白质的指令，然后这些蛋白质用于在体内执行各项功能。蛋白质的合成途径主要包括以下两个过程。

（1）转录　从DNA合成包括mRNA、tRNA、rRNA和非编码RNA在内的功能性核糖核酸（RNA），用于翻译过程。

（2）翻译　mRNA被翻译成氨基酸序列。最终形成的多肽链可进一步进行翻译后修饰及随后的酶促和非酶促改变，以增加蛋白质种类的数量。

基因组非常复杂，且受到环境因素的影响。微生物群及其相应的基因组已被证明在人类健康和疾病中扮演着重要角色。

全基因组关联研究（GWAS）是一项科学合作项目，旨在创建一个大型数据库，寻找人类基因组中的相似变异，以确定基因型和表型变异之间的联系[58]。微生物全基因组关联研究（mGWAS）解释了宿主遗传变异与微生物群之间的相互作用。

基因组学是指研究生物体的基因组，即整个基因组成的研究，包括基因之间及基因与生物体环境之间的相互作用[59-60]。这可能包括对基因组中所有核苷酸序列的分析，以及基因组的结构、功能、进化和图谱绘制，以理解生物体的全部遗传信息。二代测序技术使得研究宿主遗传学与微生物群之间的复杂相互作用成为可能[58]。

与研究单一生物体基因组的基因组学相比，元基因组学用于研究来自一个生物群落的基因组集合[61]。该平台可用于检测多个生物体的所有DNA序列，在无法或无需对微生物进行培养或分离时尤其有用。

最后，表观遗传学是指对内部和外部因素如何影响基因表达的研究[62-64]。表观遗传变化是可逆的，不会改变DNA的序列或基因型，但会影响DNA编码的方式——表型。表观遗传学可以通过以下三种方式影响基因表达：

（1）DNA甲基化　在DNA的特定位置添加一个化学基团，以“阻断”蛋白质“读取”基因[63-64]。随后，通过去甲基化过程可去除该化学基团。甲基化用于“沉默”或“关闭”基因，而去甲基化则“开启”基因。

（2）组蛋白（染色质）修饰　组蛋白是一类允许或阻止DNA被“读取”的蛋白质，取决于DNA缠绕在组蛋白上的紧密程度[64]。染色质是组蛋白和DNA结合形成的复合物。通过在组蛋白上添加或者移除化学基团来改变缠绕方式。被缠绕的基因被认为是“关闭”的，而未被缠绕的基因则被认为是“开启”或可被“读取”的。

(3) 非编码RNA　编码RNA用于合成蛋白质，而非编码RNA通过附着和分解编码RNA来帮助控制基因表达，使其无法用于合成蛋白质[63]。非编码RNA还可以通过使用其他蛋白质来修饰组蛋白，从而影响基因的“开启”和“关闭”。

表观遗传学可随着生长和发育而变化，其中一些变化是可逆的。这些变化可以通过影响免疫系统、因基因突变而引发肿瘤形成，以及根据孕期母体环境和行为影响胎儿表观遗传学来影响生物体健康[64]。已知的与表观遗传学变化相关的疾病包括认知功能障碍、呼吸系统疾病、心血管系统疾病、生殖系统疾病、自身免疫疾病、神经行为疾病，以及各种行为问题和癌症。表观遗传学修饰可以通过多种因素诱导，包括毒素暴露、妊娠和早期发育阶段的营养状况，以及诸如母婴护理、心理健康和老化过程等行为的影响。

1.9.2 代谢物、代谢物组与代谢物组学

微生物代谢和发酵产生的一系列小分子底物、中间体和产物，统称为代谢物[65]。微生物群代谢，以及发酵常量和微量营养素产生的大量多样的代谢物，能够与机体多个系统相互作用。特定微生物群衍生代谢物所产生的影响取决于多种因素，包括微生物菌株、提供的食物来源、所产生代谢物的量，以及宿主的健康状况(图1.2)。

目前已确定的5种肠道微生物群衍生代谢物包括：

(1) 细菌素　一种具有抗菌作用的蛋白质代谢物，与有益细菌协同作用，抑制潜在的有害细菌。细菌素与抗生素的协同作用可能有助于解决抗菌药物耐药性问题，作为未来治疗传染病的一种方法[34]。

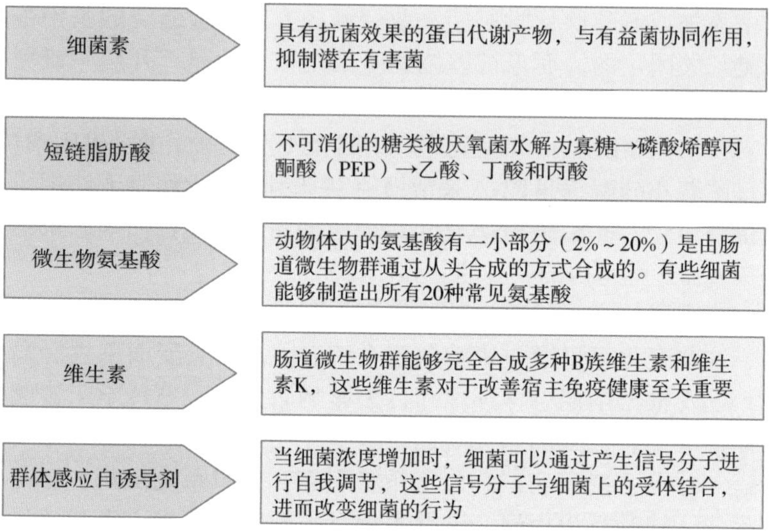

代谢物	主要功能
细菌素	具有抗菌效果的蛋白代谢产物，与有益菌协同作用，抑制潜在有害菌
短链脂肪酸	不可消化的糖类被厌氧菌水解为寡糖→磷酸烯醇丙酮酸（PEP）→乙酸、丁酸和丙酸
微生物氨基酸	动物体内的氨基酸有一小部分（2%～20%）是由肠道微生物群通过从头合成的方式合成的。有些细菌能够制造出所有20种常见氨基酸
维生素	肠道微生物群能够完全合成多种B族维生素和维生素K，这些维生素对于改善宿主免疫健康至关重要
群体感应自诱导剂	当细菌浓度增加时，细菌可以通过产生信号分子进行自我调节，这些信号分子与细菌上的受体结合，进而改变细菌的行为

图1.2　来自肠道微生物群的5种代谢物及其主要功能

（2）短链脂肪酸　是指宿主不可消化的糖类，比如某些纤维源，在厌氧细菌的作用下被分解成寡糖，进而转化为磷酸烯醇丙酮酸（PEP），最后根据不同来源的细菌，可转化为乙酸、丁酸和丙酸[66]。这些特定的代谢物因其对宿主的影响而被广泛研究[45]。

（3）微生物氨基酸　虽然肠道中的大多数氨基酸来源于含氮成分的摄入（包括动物、植物来源及宿主肌肉组织），但有一小部分是由肠道微生物群从头合成的。一些细菌能够合成所有20种常见氨基酸，有助于维持宿主的氨基酸平衡[66]。特别是微生物合成的赖氨酸，在人类、猪和小鼠的研究中已被证明其贡献了2%～20%的总循环量。

（4）维生素　部分维生素能够完全由肠道微生物群合成，包括多种B族维生素和维生素K，这些维生素能改善宿主的免疫健康——然而，在评估其作用时，必须考虑维生素的合成和吸收部位[67]。

（5）群体感应自诱导剂　随着时间的推移，特定区域的细菌浓度会逐渐累积增加。细菌通过产生和释放信号分子来感应细菌浓度，从而进行自我调节。这些信号分子与细菌上的受体结合，最终改变细菌的行为[66]。

代谢物具有以下多种功能。

(1) 作为宿主与微生物之间，以及细胞间联系的关键因素[65]。

(2) 通过一系列先天免疫受体进行信号传递，影响宿主的免疫系统[65, 68]，同时调节适应性免疫细胞（T淋巴细胞）的发育[66]。

(3) 通过信号传递（群体感应）来驱动微生物群组成和功能改变[66, 68]。

(4) 产生SCFAs，为宿主提供多种益处[45, 68]。

(5) 参与包括能量代谢在内的多种生理过程[65]。

(6) 作为多种疾病早期诊断的潜在生物标志物[65]。

(7) 通过以下方式直接杀死病原体：

① 破坏细菌的细胞结构。

② 干扰细菌的DNA、RNA和蛋白质代谢。

③ 共生菌和病原体之间的资源竞争。

④ 影响细胞的黏附和生物膜的形成。

⑤ 通过激活先天免疫系统来调节免疫应答[66]。

(8) 合成维生素和代谢部分矿物质[67] 代谢物组（metabolome）这一术语是指由宿主提供的富含营养的环境，与微生物群所产生的产物及代谢物共同构成的生化环境[69]。它为细胞活动和生理状态提供了功能性的阐释。

代谢物组包括简单的氨基酸和相关胺类、脂质、糖类、核苷酸、维生素，以及其他中间代谢物。代谢物组中的分子会根据被研究的生物体和细胞中发生的化学反应而变化。代谢物组学分析包括采用灵敏的色谱法结合质谱法——气相色谱-质谱法（GC-MS）和液相色谱-质谱法（LC-MS），以及核磁共振技术来识别和量化代谢组中的化合物[59]。

代谢物组学（metabolomics）是研究代谢物组的一个学科。该平台包括对生物样本中存在的代谢物进行定性和定量分析的比较[56, 65]。

代谢物组学通过分析化学和多变量数据分析提供了深入了解

代谢机制的窗口[59]。代谢物组学在疾病研究中的应用案例包括犬的某些肿瘤，以及将犬作为人类疾病的转化模型，相关数据可能双向受益[70-71]。

由于代谢物组的复杂性，代谢物组学研究中主要采用以下两种分析平台[56, 59, 71-73]。

（1）质谱法　在分析中能够达到较高的灵敏度。质谱法可能需要复杂的样品前处理，这可能导致某些化合物的损失。该技术在每个样品的代谢物检测范围方面可能受限，因此需要对多个样品进行不同的前处理以检测出尽可能多的代谢物。质谱法的类型包括以下几种。

① 气相色谱-质谱（GC-MS）法：最古老的定性代谢分析工具，同时提供高色谱分辨率。

② 液相色谱-质谱（LC-MS）法：灵敏度高，并能提供有关代谢物的结构信息。

③ 毛细管电泳-质谱（CE-MS）法：效率高，允许在较小的样品体积中分离化学性质多样的代谢物，几乎不需要预处理。

（2）核磁共振（NMR）　一种定量、高度可重现性且非破坏性的技术。需要相对较大的样品量，但几乎不需要样品前处理，可以在单个样品中分析多种代谢物。由于代谢物共振信号可能重叠，因此特异性有限。

这些技术进步使得我们能够在多个层面——从细胞器、细胞、组织/液体、器官到整个生物体——获取大量数据，为生物分子功能提供信息。代谢物组和代谢分析的数据库可通过以下在线平台获得：

① 人类代谢物组数据库——https：//hmdb.ca/ [74]

② 家畜代谢物组数据库——https：//lmdb.ca/ [75]

③ 牛代谢物组数据库——https：//bovinedb.ca/ [76]

④ 代谢分析——https：//www.metaboanalyst.ca/ [77]

1.9.2.1　代谢组学（metabonomics）

代谢组学是代谢物组学的一个特定分支，致力于研究生物系统的代谢特征如何响应环境暴露、病理生理事件及营养状况改变[56, 71, 78]。因此，这种代谢特征由宿主遗传因素和外部环境因素共同决定。这个术语并不常使用。然而，人们通常使用代谢物组学（metabolomics）这个术语用来涵盖被更为严格定义的代谢组学（metabonomics）。

1.9.3　蛋白质组与蛋白质组学

蛋白质组是一个生物体所表达的所有蛋白质的完整集合[79]。它反映了生物体基因组的表达情况，并积极响应各种因素，包括生物体的发育阶段，以及其他内部和外部条件。

“对细胞产生的蛋白质特性进行大规模研究，包括蛋白质的表达水平、转录后修饰及蛋白质相互作用，以便在蛋白质水平上全面了解疾病过程或细胞过程。”蛋白质组学旨在编码人类基因组的全部蛋白质产物。此外，还存在其他特定的“组学”研究，例如脂质组学，是对生物脂质进行研究[56]。蛋白质组学有以下3种主要策略来彰显其作用：

（1）蛋白质-蛋白质关联图谱。

（2）基于质谱的肽序列的基因组DNA序列。

（3）蛋白质定量表达。

术语表

生物标志物（biological marker，biomarker）：在生物介质（如组织、细胞或体液）中可测量的细胞、生化或分子变化，包括可被客观测量和评估的生物特征，作为正常生物过程、致病过程或对治疗干预的药理反应的指标。

共栖（commensalism）：一种共生关系，其中一个物种与宿主共同生活或生活在宿主体内，对宿主既无益也无害。

竞争（competition）：不同物种在同一生态系统中利用相似的

有限资源。

生态失调（dysbiosis）：与健康个体的菌群相比，常驻共生菌群的组成发生改变。

基因组（genome）：一个生物体中完整DNA（遗传信息）的集合，包括构建和维持该生物体整个生命所需的全部信息。

基因组学（genomics）：对生物体基因组（基因）的研究，包括这些基因之间的相互作用，以及基因与生物体环境之间的相互作用。

表观遗传学（epigenetics）：研究行为和环境如何影响基因的运作机制。

代谢物（metabolites）：代谢过程中产生的小分子底物、中间体和代谢物。

代谢物组（metabolome）：一个生物体中所有小分子化合物的集合。

代谢物组学（metabolomics）：一种测量和比较生物样品中大量代谢物的分析图谱技术。

代谢组学（metabonomics）：研究生物系统在病理生理刺激、毒性物质暴露或饮食变化等条件影响下，其代谢图谱的定量改变。

元基因组学（metagenomic）：研究来自混合生物群落遗传物质（基因组）的集合。

微生物组（microbiome）：是指生活在特定生态系统中的所有微生物——细菌、真菌、原生动物和病毒等的遗传物质。这些微生物群落存在于所有生物系统中，包括人类和其他动物体内，以及植物、土壤和海洋中。

微生物群（microbiota）：构成微生物组的单个细菌、真菌、病毒和原生动物。

互利共生（mutualism）：两个（或所有）物种在这种互利共生关系中都受益。

寄生（parasitism）：一种共生关系，其中一个物种以牺牲宿主为代价，与之同住、共生或寄生。

病原体（pathogens）：能够引起宿主疾病或病症的有害生物体。

益生元（prebiotics）：可被微生物群利用，进而对宿主有益的食物来源；通常无法被宿主消化，但可被微生物群快速发酵。

捕食（predation）：一个物种猎杀、杀死并消耗（另一个）物种的共生关系。

益生菌（probiotics）：对共生微生物群有益的活的微生物。

蛋白质组（proteome）：细胞产生的全套蛋白质。

蛋白质组学（proteomics）：对细胞产生的蛋白质进行的大规模研究；包括蛋白质的表达水平、转录后修饰和蛋白质相互作用，以在蛋白质水平上全面了解疾病过程或细胞过程。

短链脂肪酸（short-chain fatty acids，SCFAs）：微生物发酵的代谢物，主要是乙酸、丁酸和丙酸。

共生（symbiosis）：两种不同生物体之间的任何关系与互作，具体共生类型取决于一个或两个生物体是否从这种关系中受益。

合生元（symbiotic）：由益生菌和益生元组合而成的产品。

参考文献（原书*）

1 Consorium, T.H.M.P. (2012). Structure, function and diversity of the healthy human microbiome. *Nature* 486 (7402): 207–214.

2 Marchesi, J. (2017). What is a microbiome? https://microbiologysociety. org/blog/what-is-a-microbiome.html (accessed 11 May 2021).

3 Suchodolski, J. (2016). Diagnosis and interpretation of intestinal dysbiosis in dogs and cats. *The Veterinary Journal* 215: 30–37.

4 Ruan, W., Engecik, M., Spinler, J., and Versalovic, J. (2020). Healthy human gastrointestinal microbiome: composition and function after a decade of exploration. *Digestive Diseases and Sciences* 65: 695–705.

5 Shahab, M. and Shahab, N. (2022). Coevolution of the human host and gut microbiome: metagenomics of microbiota. *Cureus* 14 (6): e26310.

* 本书参考文献保留原版书格式。全书同。——编者注

6 Tengeler, A., Kozicz, T., and Kiliaan, A. (2018). Relationship between diet, the gut microbiota, and brain function. *Nutrition Reviews* 76 (8): 603–617.

7 Murtaza, N., Cuív, P., and Morrison, M. (2017). Diet and the microbiome. Gastroenterology Clinics of North America 46: 49–60.

8 Rowland, I., Gibson, G., Heinken, A. et al. (2018). Gut microbiota functions: metabolism of nutrients and other food components. *European Journal of Nutrition* 57.

9 Queirós, A., Faria, D., and Almeida, F. (2017). Strengths and limitations of qualitative and quantitative research methods. *European Journal of Education Studies* 3 (9): 369–387.

10 Petersen, C. and Round, J. (2014). Defining dysbiosis and its influence on host immunity and disease. *Cellular Microbiology* 16 (7): 1024–1033.

11 Alessandri, G., Argentini, C., Milani, C. et al. (2020). Catching a glimpse of the bacterial gut community of companion animals: a canine and feline perspective. *Microbial Biotechnology* 13 (6): 1708–1732.

12 Benyacoub, J., Czarnecki-Maulden, G., Cavadini, C. et al. (2003). Supplementation of food with enterococcus faecium (sf68) stimulates immune functions in young dogs. *Journal of Nutrition* 133 (4): 1158–1162.

13 Sauter, S., Benyacoub, J., Allenspach, K. et al. (2006). Effects of probiotic bacteria in dogs with food responsive diarrhoea treated with an elimination diet. *Journal of Animal Physiology and Animal Nutrition* 90: 269–277.

14 Bybee, S., Scorza, A., and Lappin, M. (2011). Effect of the probiotic enterococcus faecium sf68 on presence of diarrhea in cats and dogs housed in an animal shelter. *Journal of Veterinary Internal Medicine* 25 (4): 856–860.

15 Lappin, M., Satyaraj, E., and Czarnecki-Maulden, G. (2009). Pilot study to evaluate the effect of oral supplementation of enterococcus faecium sf68 on cats with latent feline herpesvirus 1. *Journal of Feline Medicine and Surgery* 11: 650–654.

16 Veir, J., Knorr, R., Cavadini, C. et al. (2007). Effect of supplementation with enterococcus faecium (sf68) on immune functions in cats. *Veterinary Therapeutics* 8 (4): 229–238.

17 Janeway, C. Jr., Travers, P., Walport, M., and Shlomchik, M. (2001). Infectious agents and how they cause disease. In: *Immunology: The Immune System in Health and Disease*. New York: Garland Science. https://www.ncbi.nlm.nih.

gov/books/NBK27114/.

18 Alexander, K., Kat, P., Wayne, R., and Fuller, T. (1994). Serologic survey of selected canine pathogens among free-ranging jackals in kenya. *Journal of Wildlife Diseases* 30 (4): 486–491.

19 Inpankaew, T., Hii, S., Chimnoi, W., and Traub, R. (2016). Canine vector-b orne pathogens in semi-domesticated dogs residing in northern cambodia. *Parasites & Vectors* 9 (253).

20 Day, M., Carey, S., Clercx, C. et al. (2020). Aetiology of canine infectious respiratory disease complex and prevalence of its pathogens in europe. *Journal of Comparative Pathology* 176: 86–108.

21 Riley, S., Foley, J., and Chomel, B. (2004). Exposure to feline and canine pathogens in bobcats and gray foxes in urban and rural zones of a national park in california. *Journal of Wildlife Diseases* 40 (1): 11–22.

22 Millán, J. and Rodriíguez, A. (2009). A serological survey of common feline pathogens in free-living european wildcats (*Felis silvestris*) in central spain. *European Journal of Wildlife Research* 55: 285–291.

23 Biek, R., Ruth, T., Murphy, K. et al. (2006). Factors associated with pathogen seroprevalence and infection in rocky mountain cougars. *Journal of Wildlife Diseases* 42 (3): 606–615.

24 Villeneuve, A., Polley, L., Jenkins, E. et al. (2015). Parasite prevalence in fecal samples from shelter dogs and cats across the canadian provinces. *Parasites & Vectors* 8: 281.

25 Weese, S., Nichols, J., Jalali, M., and Litster, A. (2015). The oral and conjunctival microbiotas in cats with and without feline immunodeficiency virus infection. *Veterinary Research* 46 (21): https:// doi.org/10.1186/s13567-014-0140-5.

26 Lubbs, D., Vester, B., Fastinger, N., and Swanson, K. (2009). Dietary protein concentration affects intestinal microbiota of adult cats: a study using dgge and qpcr to evaluate differencesin microbial populations in the feline gastrointestinal tract. *Journal of Animal Physiology and Animal Nutrition* 93: 113–121.

27 Hirsch, A. (2004). Plant-microbe symbioses: a continuum from commensalism to parasitism. *Symbiosis* 37 (1–3): 345–363.

28 Swain Ewald, H. and Ewald, P. (2018). Natural selection, the microbiome, and public health. *Yale Journal of Biology and Medicine* 91: 445–455.

29 Hsu, B., Gibson, T., Yeliseyev, V. et al. (2019). Dynamic modulation of the gut microbiota and metabolome by bacteriophages in a mouse model. *Cell Host & Microbe* 25: 803–814.

30 De Paepe, M. and Petit, M.-A. (2014). Killing the killers. *eLife* 3: e04168.

31 Smits, H. and Yazdanbakhsh, M. (2007). Chronic helminth infections modulate allergen-specific immune responses: protection against development of allergic disorders? *Annals of Medicine* 39 (6): 428–439.

32 Callaway, T., Anderson, R., Edrington, T. et al. (2013). Novel methods for pathogen control in livestock pre-harvest: an update. In: *Advances in Microbial Food Safety* (ed. J. Sofos), 275–304. Woodhead Publishing Series in Food Science, Technology and Nutrition.

33 Collado, M., Gueimonde, M., and Salminen, S. (2010). Probiotics in adhesion of pathogens: mechanisms of action. In: *Bioactive Foods in promoting health* (ed. R. Watson and V. Preedy), 353–370. Cambridge, MA: Academic Press.

34 Eijsink, V., Axelsson, L., Diep, D. et al. (2022). Production of class ii bacteriocins by lactic acid bacteria; an example of biological warfare and communication. *Probiotics and Antimicrobial Proteins* 8 (4): 177–182.

35 Mathis, K. and Bronstein, J. (2020). Our current understanding of commensalism. *Annual Review of Ecology, Evolution, and Systematics* 51: 167–189.

36 Martín, R., Miquel, S., Ulmer, J. et al. (2013). Role of commensal and probiotic bacteria in human health: a focus on inflammatory bowel disease. *Microbial Cell Factories* 12 (71): https://doi.org/10.1186/1475-2859-12-71.

37 Perez-Carrasco, V., Soriano-Lerma, A., Soriano, M. et al. (2021). Urinary microbiome: yin and yang of the urinary tract. *Frontiers in Cellular and Infection Microbiology* 11.

38 DeGruttola, A., Low, D., Mizoguchi, A., and Mizoguchi, E. (2016). Current understanding of dysbiosis in disease in human and animal models. *Inflammatory Bowel Diseases* 22 (5): 1137–1150.

39 Sudhakara, P., Gupta, A., Bhardwaj, A., and Wilson, A. (2018). Oral dysbiotic communities and their implications in systemic diseases. *Dentistry Journal* 6 (10).

40 Hill, C., Guarner, F., Reid, G. et al. (2015). The international scientific

association for probiotics and prebiotics consensus statement on the scope and appropriate use of the term probiotic. *Nature* 11: 506–514.

41 Food and Agricultural Organization of the United Nations and World Health Organization (2001). Health and nutritional properties of probiotics in food including powder milk with live lactic acid bacteria. www.who.int/foodsafety/publications/fs_management/en/probiotics. pdf (accessed 11 November 2022).

42 Johnson, B. and Klaenhammer, T. (2014). Impact of genomics on the field of probiotic research: historical perspectives to modern paradigms. *Antonie Van Leeuwenhoek* 106: 141–156.

43 Saarela, M., Mogensen, G., Fondén, R. et al. (2000). Probiotic bacteria: safety, functional and technological properties. *Journal of Biotechnology* 84: 197–215.

44 Grześkowiak, L., Endo, A., Beasley, S., and Salminen, S. (2015). Microbiota and probiotics in canine and feline welfare. *Anaerobe* 34: 14–23.

45 Gagné, J., Wakshlag, J., Simpson, K. et al. (2013). Effects of a synbiotic on fecal quality, short-chain fatty acid concentrations, and the microbiome of healthy sled dogs. *BMC Veterinary Research* 9 (246): https://doi.org/10.1186/1746-6148-9-246.

46 Lee, D., Goh, T., Kang, M. et al. (2022). Perspectives and advances in probiotics and the gut microbiome in companion animals. *Journal of Animal Science and Technology* 64 (2): 197–217.

47 Bercik, P., Park, A., Sinclair, D. et al. (2011). The anxiolytic effect of bifidobacterium longum ncc3001 involves vagal pathways for gut–brain communication. *Neurogastroenterology and Motility* 23 (12): 1132–1139.

48 Liong, M. (2008). Safety of probiotics: translocation and infection. *Nutrition Reviews* 66 (4): 192–202.

49 Siddiqi, R. and Moghadasian, M. (2020). Nutraceuticals and nutrition supplements: challenges and opportunities. *Nutrients* 12: https://doi.org/10.3390/nu12061593.

50 Weese, J. and Martin, H. (2011). Assessment of commercial probiotic bacterial contents and label accuracy. *Canadian Veterinary Journal* 52: 43–46.

51 Fatahi-Bafghi, M., Naseri, S., and Alizehi, A. (2022). Genome analysis of probiotic bacteria for antibiotic resistance genes. *Antonie Van Leeuwenhoek* 115: 375–389.

52 Strompfová, V., Lauková, A., and Cilik, D. (2013). Synbiotic administration of canine-derived strain lactobacillus fermentum ccm 7421 and inulin to healthy dogs. *Canadian Journal of Microbiology* 59 (5): 347–352.

53 Pandey, K., Naik, S., and Vakil, B. (2015). Probiotics, prebiotics and synbiotics – a review. *Journal of Food Science and Technology* 52 (12): 7577–7587.

54 Swanson, K., Gibson, G., Hutkins, R. et al. (2020). The international scientific association for probiotics and prebiotics (isapp) consensus statement on the definition and scope of synbiotics. *Nature* 17: 687–701.

55 Mayeux, R. (2004). Biomarkers: potential uses and limitation. *NeuroRx* 1: 182–188.

56 Rezzi, S., Ramadan, Z., Fay, L., and Kochhar, S. (2007). Nutritional metabonomics: applications and perspectives. *Journal of Proteome Research* 6: 513–525.

57 Goldman, A. and Landweber, L. (2016). What is a genome? *PLoS Genetics* 12 (7): https://doi.org/10.1371/journal.pgen.1006181.

58 Awany, D., Allall, I., Dalvie, S. et al. (2019). Host and microbiome genome-wide association studies: current state and challenges. *Frontiers in Genetics* 9: 637.

59 Zhang, X., You, L., Wang, W., and Xiao, K. (2015). Novel omics technologies in food nutrition. In: *Genomics, Proteomics and Metabolomics in Nutraceuticals and Functional Foods* (ed. D. Bagchi, A. Swaroop, and M. Bagchi), 46–65. Chichester: Wiley.

60 Mellersh, C. (2008). Give a dog a genome. *The Veterinary Journal* 178: 46–52.

61 Chiu, C. and Miller, S. (2019). Clinical metagenomics. *Nature Reviews* 20: 341–355.

62 Jablonka, E. and Lamb, M. (2002). The changing concept of epigenetics. *Annals of the New York Academy of Sciences* 981: 82–96.

63 Berger, S., Kouzarides, T., Shiekehattar, R., and Shilatifard, A. (2009). An operational definition of epigenetics. *Genes & Development* 23: 781–783.

64 Weinhold, B. (2006). Epigenetics: the science of change. *Environmental Health Perspectives* 114 (3): A160–A167.

65 Agus, A., Clément, K., and Sokol, H. (2020). Gut microbiota-derived metabolites as central regulators in metabolic disorders. *Gut* 70: 1174–1182.

66 Li, Z., Quan, G., Jiang, X. et al. (2018). Effects of metabolites derived from gut microbiota and hosts on pathogens. *Fronteirs in Cellular and Infection Microbiology* 8: 314.

67 Guetterman, H., Huey, S.L., Knight, R. et al. (2021). Vitamin b-1 2 and the gastrointestinal microbiome: a systematic review. *Advances in Nutrition* 13 (2): 530–558.

68 Levy, M., Thaiss, C., and Elinav, E. (2016). Metabolites: messengers between the microbiota and the immune system. *Genes & Development* 30: 1589–1597.

69 Honneffer, J., Steiner, J., Lidbury, J., and Suchodolski, J. (2017). Variation of the microbiota and metabolome along the canine gastrointestinal tract. *Metabolomics* 13 (26): https://doi.org/10.1007/s11306-017-1165-3.

70 Zhang, J., Wei, S., Liu, L. et al. (2012). Nmr-based metabolomics study of canine bladder cancer. *Biochimicha et Biophysica Acta* 1822: 1807–1814.

71 Carlos, G., dos Santos, F., and Fröchlich, P. (2020). Canine metabolomics advances. *Metabolomics* 16.

72 Gika, H., Theodoridis, G., Plumb, R., and Wilson, I. (2014). Current practice of liquid chromatography–mass spectrometry in metabolomics and metabonomics. *Journal of Pharmaceutical and Biomedical Analysis* 87: 12–25.

73 García-P érez, I., Whitfield, P., Bartlett, A. et al. (2008). Metabolic fingerprinting of schistosoma mansoni infection in mice urine with capillary electrophoresis. *Electrophoresis* 29: 3201–3206.

74 Centre, T.M.I. (2022). The human metabolome database. https://hmdb.ca (accessed 27 July 2022).

75 Centre, T.M.I. (2022). Livestock metabolome database. https://lmdb.ca (accessed 27 July 2022).

76 Centre, T.M.I. (2022). Bovine metabolome databse. https://bovinedb.ca (accessed 27 July 2022).

77 MetaboAnalyst (2022). Metaboanalyst 5.0. https://www.metaboanalyst.ca (accessed 27 July 2022).

78 Antcliffe, D. and Gordon, A. (2016). Metabonomics and intensive care. *Critical Care* 20: 68.

79 Westergren-Thorsson, G., Marko-Vagra, G., Malmsröm, J., and Larsen, K. (2006). Proteome. In: *Encyclopedia of Respiratory Medicine* (ed. G. Laurent and S. Shapiro), 527–532. Cambridge, MA: Academic Press.

2 胃肠道微生物组的功能

2.1 胃肠道微生物组的定义

微生物组是指在一个特定栖息地或生态系统内所有微生物群落的总和[1]。在本文背景下，它指的是存在于犬猫胃肠道中的微生物群落总和。微生物组承担着多种已知的功能，并对宿主的生理功能产生重要影响。微生物群的许多作用具有多功能性，能够在宿主体内产生广泛的影响或激发宿主体内多个区域的改变。虽然其中许多功能将在后续章节中详细探讨，但本章将简要概述胃肠道微生物组在代谢功能中的作用，了解它们如何帮助宿主抵御非有益菌或潜在的病原共生菌，以及如何维持某些器官和细胞的结构，并参与宿主的双向通信。

2.2 代谢功能

胃肠道中的微生物群可以在肠道内对摄入的营养素发挥特定的局部代谢功能，这些功能包括调节消化、提取和吸收营养素、排泄代谢副产物、改变肠道通透性和蠕动，以及激素的分泌[2-4]。此外，微生物产生的代谢物及更广泛的代谢组可能对宿主胃肠道以外的生理和代谢状态产生影响。例如，胃肠道内产生的代谢物可能通过门静脉进入循环系统，随后运输到肝脏[2]。肝脏作为第二道防线，过滤可能被肠道吸收的有害物质。尽管许多代谢物在肝脏中会被改变或降解，但也有一些代谢物会被肝脏中的酶转化为具有生物活性的代谢物。通过这种方式，微生物来源的代谢物可能成为具有生物活性的代谢物，并在远离胃肠道的部位对宿主产生影响。

已知多种微生物群能够代谢或发酵宿主摄入的常量和微量营养素，进而产生种类极为多样的代谢物[5]。这些代谢物随后可以与机体多个系统相互作用。代谢物可能参与多种生理过程，对维持宿主系统的正常功能至关重要。特定微生物群衍生的代谢物的影响取决于多种因素，包括特定的微生物种类、提供的食物来源、产生的代谢物体积及宿主的健康状况。

2.2.1 短链脂肪酸

宿主无法消化的糖类，如某些纤维来源，可被厌氧细菌水解为寡糖，进而转化为磷酸烯醇丙酮酸，并最终转化为短链脂肪酸(SCFAs)，如乙酸、丁酸和丙酸，这一过程因营养素和细菌来源不同而不同[2, 6–8]（表2.1）。

表2.1 短链脂肪酸（SCFA）及其在体内的主要作用和相关细菌

丁酸（丁酸盐）	**丙酸**（丙酸盐）	**乙酸**（乙酸盐）
• 丁酸是结肠上皮细胞的主要能量来源 • 丁酸具有强大的抗癌活性	• 丙酸是上皮细胞的另一种能量来源 • 丙酸能减少肝脏的葡萄糖产生	• 乙酸是含量最丰富的短链脂肪酸 • 乙酸为外围组织提供能量 • 乙酸有助于胆固醇代谢和脂肪生成
由厚壁菌门毛螺菌科细菌和普氏栖粪杆菌产生	由拟杆菌属细菌（*Bacteroides* species）、阴性球菌纲细菌（Negativicutes）和梭菌属细菌（*Clostridium* species）产生	由许多种类的细菌产生，对普氏栖粪杆菌的生长是必需的

(1) 丁酸（丁酸盐） 是结肠上皮细胞的主要能量来源，具有抗炎和抗癌活性[6, 9–11]。此外，有证据表明丁酸盐能够激活肠道的糖异生途径，帮助调节葡萄糖和能量平衡。在犬的微生物组中，丁酸盐的主要生产者包括栖粪杆菌属（*Faecalibacterium*）、厚壁菌门、梭杆菌科（Fusobacteriaceae）和毛螺菌科（Lachnospiraceae）

细菌[5]，而在像猫这样的肉食动物和低糖饮食的杂食犬中，丁酸盐的合成主要来源于与梭菌科（Clostridiaceae）和梭杆菌属（*Fusobacterium*）细菌相关的蛋白质发酵[12-16]。

（2）丙酸（丙酸盐） 是上皮细胞的另一种能量来源。它在肠道中转化为葡萄糖后，会被转运到肝脏，并在肝脏减少葡萄糖的产生。在犬猫中，丙酸盐主要由拟杆菌门和梭菌科的细菌产生[11, 17]。

（3）乙酸（乙酸盐） 是含量最丰富的短链脂肪酸，尽管其具体作用仍在研究之中。乙酸可能被用作外周组织的能量来源，并且在某些物种中，它可能在胆固醇代谢和脂肪生成中发挥作用，并有助于调节食欲[18-19]。此外，乙酸盐作为其他细菌的辅因子和代谢物，对某些细菌种类的生长可能是必需的。

蛋白质衍生物和氨基酸的发酵也会导致一些短链脂肪酸的产生。天冬氨酸、丙氨酸、苏氨酸和蛋氨酸是丙酸盐的主要来源，而谷氨酸、赖氨酸、组氨酸、半胱氨酸、丝氨酸和蛋氨酸的发酵主要产生丁酸盐[8]。

2.2.2 气体

气体是厌氧微生物发酵过程的产物。细菌产生的气体主要由氢气、二氧化碳、甲烷和氮气组成。发酵过程中产生的特有气味，特别是蛋白质腐败产生的难闻气味，来源于氨、硫化物、吲哚、酚类和挥发性胺类物质[20-21]。虽然某些气体可作为能量来源，但其他气体可能会对宿主造成病理影响。腐败产生的化合物被认为可能促进结肠癌的发展，并且可能加剧潜在的健康问题，如溃疡性结肠炎[21]。

2.2.3 氨基酸

尽管肠道中大多数氨基酸来源于摄入的高蛋白质食物（包括

动物和植物来源，以及微生物和宿主脱落组织的消化），但有一小部分氨基酸是由肠道微生物群从头合成的。一些肠道微生物能合成全部（20种）构成蛋白质的氨基酸，这有助于维持宿主的氨基酸稳态[22]。微生物合成的氨基酸对宿主氨基酸状况的贡献因物种而异。在反刍动物中，微生物蛋白和必需氨基酸的合成极为重要，有时甚至可以完全满足动物的需求[23]。在非反刍动物中，长期以来人们更关注饮食蛋白，而微生物合成的氨基酸往往被忽视。然而，有研究表明，微生物合成的赖氨酸在人类、猪和大鼠中占循环赖氨酸总量的2%～20%，这意味着即使在单胃动物中，微生物合成的氨基酸也可能是必需氨基酸的重要来源[24]（图2.1）。

单个氨基酸的浓度也会影响整体氨基酸的利用。例如，L-谷氨酰胺可以调节精氨酸、丝氨酸和天冬氨酸的细菌代谢，并减少必需和非必需氨基酸的分解[8]。丁酸盐和丙酸盐也在某些氨基酸和肽的合成过程中发挥作用。

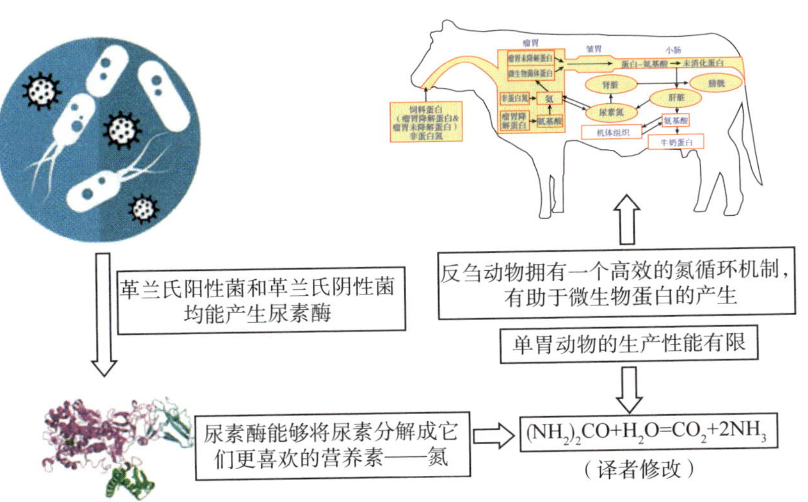

图2.1　微生物群对氨基酸合成的贡献。虽然肠道中的大多数氨基酸来源于含成分的摄入（动物和植物来源，以及宿主肌肉组织），但微生物群也能从头合成一小部分氨基酸

2.2.4 维生素和矿物质

小动物胃肠道微生物组中的许多微生物能够合成维生素，特别是甲基萘醌和叶绿醌（维生素K的形式）及B族维生素，包括生物素、钴胺素（维生素B_{12}）、叶酸（维生素B_9）、吡哆醇（维生素B_6）、核黄素（维生素B_2）和硫胺素（维生素B_1）[25]。其他微生物可能无法从头合成维生素，但可以通过其他生物体产生的辅因子来吸收和转化维生素[26]。除了这些更广泛的功能外，一些维生素可能在局部应用中发挥作用，例如提高肠道屏障功能，或帮助肠道上皮细胞吸收营养素[27]。例如，已有研究表明维生素B_{12}可以影响胃肠道微生物组的组成[28]。对于22项来自不同受试者（体外、动物和人类）的分析研究发现，大多数研究报告称维生素B_{12}与肠道中细菌的α多样性（物种丰富度）和β多样性（物种间差异）的改变、结肠细菌的相对丰度和短链脂肪酸的产生相关[29]。维生素A、维生素B_2、维生素D和维生素E可能会增加共生菌的丰度，而维生素A、维生素B_2、维生素B_3、维生素C和维生素K可能会增加或维持胃肠道微生物组的微生物多样性[26]。维生素D可以改变菌种数量（多样性或丰富度），而维生素C可以影响短链脂肪酸的产生。维生素E可能会增加产生短链脂肪酸的物种数量。

尽管微生物无法合成矿物质，因为矿物质是无机物质，但它们可能会影响宿主对摄入矿物质的吸收和利用[30]。此外，饮食中矿物质含量反过来也会调节肠道微生物组[31]。

2.3 结构功能

2.3.1 紧密连接和肠道通透性

肠道上皮细胞由连接复合体相互连接，其中包括紧密连接、黏附连接和桥粒[32]。这些连接复合体机械性地将细胞密封，形成肠道上皮的屏障功能，但每个复合体的通透性不同，允许水和小分子通过的能力也不同。紧密连接是由与细胞骨架相连的特定蛋白质组成的狭窄的黏附结构，在相邻上皮细胞之间形成连接点或融合点。它们的通透性会随着对细胞内外刺激的响应而波动。紧密连接的部分功能是通过被动调节包括常量营养素、微量营养素和细胞通信分子在内的分子跨上皮运动来维持细胞极性。在疾病状态下，紧密连接功能障碍可能导致通透性增加，这可归因于细菌毒素、细胞因子、激素和药物的影响，并且在某些情况下受到这些因素的调节[33]。

在胃肠道上皮细胞与肠腔内容物（包括微生物组）之间存在一个双层黏液层[34]。这层黏液可防止一些肠腔内的微生物与上皮细胞直接接触。肠道杯状细胞分泌的黏液糖蛋白形成了一个较致密且无微生物的内黏液层，以及一个提供糖类作为常驻微生物群营养来源的外黏液层。在维持胃肠道结构方面，微生物发挥多种功能，可激活受体，从而触发对促进黏膜屏障功能至关重要的多种信号通路[35]。这些功能包括：

（1）通过诱导蛋白质表达，维持肠道上皮绒毛之间的桥粒[35]。

（2）通过与微生物细胞壁中的肽聚糖相互作用，增强紧密连接[35]。

（3）通过细胞因子诱导肠道上皮细胞的凋亡（细胞死亡）[35]。

（4）增加内源性大麻素的合成，减少代谢内毒素血症[35]。

（5）通过转录因子的诱导，促进肠道微血管的发展[35]。

（6）维持细胞表面和亚细胞水平的黏膜糖基化模式[35]。

（7）合成抗菌蛋白[35]。

2.4 保护功能

2.4.1 细菌素

细菌素是一种具有抗菌作用的蛋白质代谢物，它们与有益细菌协同作用，抑制潜在的病原体[36]。细菌素和抗生素的协同作用有助于解决抗菌药物耐药性问题，从而有望成为未来治疗传染性疾病的一种策略[22]（图2.2）。

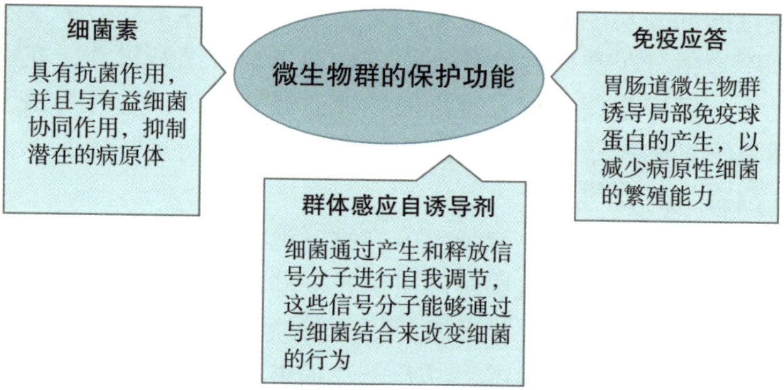

图2.2 微生物群的保护功能

细菌素通过以下方式直接杀死病原体[35-36]：

（1）破坏细菌细胞结构。

（2）干扰细菌的DNA、RNA和蛋白质代谢。

（3）在共生细菌和病原体之间竞争资源。

（4）影响细胞黏附和生物膜形成。

（5）通过激活先天免疫来调节免疫系统。

2.4.2 群体感应

随着时间的推移，若某个区域的细菌浓度逐渐累积增加，某些微生物便会通过产生并释放信号分子进行自我调节，以此来检测和控制细菌的浓度[37]。这些信号分子与细菌表面的受体相结合，从而引发细菌行为的改变。

2.4.3 免疫应答

肠道中的共生微生物群能够通过诱导局部的免疫球蛋白的产生来维持肠道屏障的功能，从而降低病原菌的繁殖能力。例如，革兰氏阴性微生物（如拟杆菌属）能够激活肠道中的树突状细胞，促进黏膜IgA的表达[35]。此外，共生微生物群还能通过多种机制来限制细菌的移位。

2.5 参与双向轴通信

不同的生理系统之间可以通过代谢物，更确切地说，是通过代谢物组来进行沟通[19]。由多种微生物群产生的代谢物能够穿过上皮细胞，进入肝门静脉循环。一些代谢物，如短链脂肪酸，甚至能够穿过血脑屏障，从而对神经系统产生影响[38]。此外，肝脏、肾脏，以及随之关联的泌尿系统等替代系统也会受到代谢物的影响。例如，胃肠道中过量尿毒症毒素的产生被认为与肾脏疾病的发展有关[39]。

2.6 章节概要

- 胃肠道微生物组是一个多样化的微生物群落，它们通过多种方式与宿主动物相互作用。
- 肠道中的微生物可以代谢或以其他方式改变某些摄入的营养素，且能从头合成营养素供宿主动物吸收利用。
- 短链脂肪酸由结肠中的微生物合成，对结肠细胞的健康具有重要作用。
- 肠道微生物通过刺激肠道壁发生物理和免疫学变化来维持一种既对必需物质（如营养素）具有通透性又能阻止病原体渗透的屏障。

- 胃肠道微生物组并不是静态的，而是处于动态变化和适应的过程中。

参考文献（原书）

1 Marchesi, J. (2017). What is a microbiome? https://microbiologysociety.org/blog/what-is-a microbiome.html (accessed 11 May 2022).

2 Olofsson, L. and Bäckhed, F. (2022). The metabolic role and therapeutic potential of the microbiome. *Endocrine Reviews* 43: 907–926.

3 Costa, M. and Weese, J. (2018). Understanding the intestinal microbiome in health and disease. *Veterinary Clinics of North America: Equine* 34: 1–12.

4 Lee, D., Goh, T., Kang, M. et al. (2022). Perspectives and advances in probiotics and the gut microbiome in companion animals. *Journal of Animal Science and Technology* 64 (2): 197–217.

5 Pilla, R. and Suchodolski, J. (2021). The gut microbiome of dogs and cats, and the influence of diet. *Veterinary Clinics of North America:Small Animal Practice* 51: 605–621.

6 Swanson, K., Grieshop, C., Flickinger, E. et al. (2002). Fructooligosaccharides and lactobacillus acidophilus modify gut microbial populations, total tract nutrient digestibilities and fecal protein catabolite concentrations in healthy adult dogs. *Journal of Nutrition* 132: 3721–3731.

7 Gagné, J., Wakshlag, J., Simpson, K. et al. (2013). Effects of a synbiotic on fecal quality, short-chain fatty acid concentrations, and the microbiome of healthy sled dogs. *BMC Veterinary Research* 9: 246.

8 Rowland, I., Gibson, G., Heinken, A. et al. (2018). Gut microbiota functions: metabolism of nutrients and other food components. *European Journal of Nutrition* 57: 1–24.

9 Roediger, W. (1982). Utilization of nutrients by isolated epithelial cells of the rat colon. *Gastroenterology* 83 (2): 424–429.

10 Lazarova, D. and Brodonaro, M. (2017). P300 knockout promotes butyrate resistance. *Journal of Cancer* 8: 3405–3409.

11 Tizard, I. and Jones, S. (2018). The microbiota regulates immunity and immunologic diseases in dogs and cats. *Veterinary Clinics of North America:*

Small Animal Practice 48: 307–322.

12 Potrykus, J., White, R., and Bearne, S. (2008). Proteomic investigation of amino acid catabolismin the indigenous gut anaerobe fusobacterium varium. *Proteomics* 8: 2691–2703.

13 Bermingham, E., Young, W., Kittelmann, S. et al. (2013). Dietary format alters fecal bacterial populations in thedomestic cat (felis catus). *Microbiology Open* 2 (1): 173–181.

14 Bermingham, E., Young, W., Butowski, C.F. et al. (2018). The fecal microbiota in the domestic cat (felis catus) is influenced by interactions between age and diet; a five year longitudinal study. *Frontiers in Microbiology* 9: 1231.

15 Bermingham, E., Maclean, P., Thomas, D. et al. (2017). Key bacterial families (clostridiaceae, erysipelotrichaceae and bacteroidaceae) are related to the digestion of protein and energy in dogs. *PeerJ* 5: e3019.

16 Sandri, M., Dal Monego, S., Conte, G. et al. (2017). Raw meat based diet influences faecal microbiome and end products of fermentation in healthy dogs. *BMC Veterinary Research* 13: 65.

17 Van den Abbeele, P., Moens, F., Pignataro, G. et al. (2020). Yeast-derived formulations are differentially fermented by the canine and feline microbiome as assessed in a novel in vitro colonic fermentation model. *Journal of Agricultural and Food Chemistry* 68: 13102–13110.

18 Frost, G., Sleeth, M., Sahuri-Arisoylu, M. et al. (2014). The shortchain fatty acid acetate reduces appetite via a central homeostatic mechanism. *Nature Communications* 5: 3611.

19 Perry, R., Peng, L., Barry, N. et al. (2016). Acetate mediates a microbiome–brain–β-cell axis to promote metabolic syndrome. *Nature* 534: 213–217.

20 Pinna, C., Vecchiato, C., Cardenia, V. et al. (2017). An in vitro evaluation of the effects of a yucca schidigera extract and chestnut tannins on composition and metabolic profiles of canine and feline faecal microbiota. *Archives of Animal Nutrition* 71 (5): 395–412.

21 Hussein, H., Flickinger, E., and Fahey, G. Jr. (1999). Petfood applications of inulin and oligofructose. *Journal of Nutrition* 129 (7): 1454S–1456S.

22 Mousa, W., Chehadeh, F., and Husband, S. (2022). Recent advances in understanding the structure and function of the human microbiome. *Frontiers in Microbiology* 13: 825338.

23 Wu, G., Bazer, F., Dai, Z. et al. (2014). Amino acid nutrition in animals: protein synthesis and beyond. *Annual Review of Animal Biosciences* 2: 387–417.

24 Metges, C. (2000). Contribution of microbial amino acids to amino acid homeostasis of the host. *Journal of Nutrition* 130 (7): 1857S–1864S.

25 Swanson, K., Dowd, S., Suchodolski, J. et al. (2011). Phylogenetic and gene-centric metagenomics of canine intestinal microbiome reveals similarities with humans and mice. *The ISME Journal* 5: 639–649.

26 Pham, V., Dold, S., Rehman, A. et al. (2021). Vitamins, the gut microbiome and gastrointestinal health in humans. *Nutrition Research* 95: 35–53.

27 Uebanso, T., Shimohata, T., Mawatari, K., and Takahashi, A. (2020). Functional roles of b-vitamins in the gut and gut microbiome. *Molecular Nutrition & Food Research* 64: e2000426.

28 Xu, Y., Xiang, S., Ye, K. et al. (2018). Cobalamin (vitamin b12) induced a shift in microbial composition and metabolic activity in an in vitro colon simulation. *Frontiers in Microbiology* https://doi.org/10.3389/ fmicb.2018.02780.

29 Manúsdottir, S., Ravcheev, D., de Crécy-Lagard, V., and Thiele, I. (2015). Systematic genome assessment of b-vitamin biosynthesis suggests co-operation among gut microbes. *Frontiers in Genetics* https://doi.org/10.3389/ fgene.2015.00148.

30 Barone, M., D'Amico F, Brigidi P, Turroni S.(2022). Gut microbiome–micronutrient interaction: the key to controlling the bioavailability of minerals and vitamins? *BioFactors* 48 (2): p. 307–314.

31 Pereira, A., Pinna, C., Biagi, G. et al. (2020). Supplemental selenium source on gut health: insights on fecal microbiome and fermentation products of growing puppies. *FEMS Microbiology Ecology* 96: fiaa212.

32 Jergens, A., Parvinroo, S., Kopper, J., and Wannemuehler, M. (2021). Rules of engagement: epithelial-microbe interactions and inflammatory bowel disease. *Frontiers in Medicine* 8: 669913.

33 Gasbarrini, G. and Montalto, M. (1999). Structure and function of tight junctions. Role in intestinal barrier. *Italian Journal of Gastroenterologyand Hepatology* 31 (6): 481–488.

34 Kleessen, B. and Blaut, M. (2005). Modulation of gut mucosal biofilms. *British Journal of Nutrition* 93 (Suppl. 1): S35–S40.

35 Jandhyala, S., Talukdar, R., Subramanyam, C. et al. (2015). Role of the normal gut microbiota. *World Journal of Gastroenterology* 21 (29): 8787–8803.

36 Eijsink, V., Axelsson, L., Diep, D. et al. (2022). Production of class ii bacteriocins by lactic acid bacteria; an example of biological warfare and communication. *Probiotics and Antimicrobial Proteins* 8 (4): 177–182.

37 Obst, U. (2007). Quorum sensing: bacterial chatting. *Analytical andBioanalytical Chemistry* 387: 369–370.

38 Cannas, S., Tonini, B., Belà, B. et al. (2021). Effect of a novel nutraceutical supplement (relaxigen pet dog) on the fecal microbiome and stress-r elated behaviors in dogs: a pilot study. *Journal of Veterinary Behavior* 42: 37–47.

39 Chen, Y.-Y., Chen, D.-Q., Chen, L. et al. (2019). Microbiome– metabolome reveals the contribution of gut–kidney axis on kidney disease. *Journal of Translational Medicine* 17: 5.

3 胃肠道微生物组的起源和发展

3.1 子宫内

人们普遍认为，机体微生物组的初始定植始于分娩过程，这时胎儿开始接触到母体的微生物群[1-2]。传统观点认为，子宫内不存在功能性的微生物组；然而最近的研究表明，在犬的子宫内膜[3]，以及健康妊娠的子宫、胎盘、羊水、胎粪和脐带血中发现了微生物群落[4]。因此，胎儿微生物组早期的定植可能始于子宫内，尽管正常健康微生物组的发育可能依赖于分娩过程中母体微生物组的接触[4]。

微生物组研究通过利用“宾主共栖”，即实验性地在鸟类、鱼类、昆虫和哺乳动物中建立“无菌状态”开展相关研究[5]。术语“无菌”特指不存在任何可检测到的微生物（包括细菌、真菌、病毒、寄生虫和原生动物）的动物[6]。第一只无菌动物是在1896年由Nuttall和Thierfelder培育出的，他们使用一只豚鼠，但由于当时缺乏足够的营养学知识及合适的设备，这只豚鼠仅存活了13d。1946年，第一批无菌大鼠和小鼠群体诞生。1981年，Wostmann发现无菌动物的心脏、肺、肝脏更小，肠道壁更薄，且胃肠道运动较弱[7]。此外，它们的整体生长受阻，需要大量营养丰富的食物来维持，但即使如此也不能完全缓解这种状况。在健康动物体内引入肠道微生物群可以显著改善健康，这表明了肠道微生物在维持动物健康方面的重要作用。如今，研究人员仍然利用这些动物来解释胃肠道微生物组如何影响宿主的生理和代谢[5-6]。术语“悉生”指的是被选择性定植了一种或多种细菌菌株的无菌动物[5]，尽管有时这些词（“无菌”和“悉生”）被互换使用。目前，已经制定了在不同物种中建立无菌状态的规程。例如，一些无菌啮齿动物模型是通过剖宫产出生的，其理念是胎儿在子宫内是处于无菌状态的，在这个规程中，带有胎儿的整个子宫被取出并放置在无菌隔离器中，随后取出胎儿，并在无菌条件下由无菌代孕母亲或通过喂食消毒的奶制品抚养[6]。这些“无菌”啮齿动物随后被用于繁殖，以产生无菌的后代。

利用当前技术和研究，特别是无菌动物模型，人们普遍认为子宫是无菌的，即子宫内没有功能性微生物组[2, 6]。然而，通过细菌移位，可能会有来自母体的短暂细菌与胎儿及正在发育的组织（如胎盘、脐带等）接触。母体固有微生物组中的短暂微生物群，通过胎儿对这些微生物群的免疫和化学接触，在胎儿免疫系统的成熟过程中发挥作用。研究发现，胎儿胎粪或脐带血中检测到的细菌类型与母体微生物群存在关联，尽管一些研究人员认为，需要更多的证据来证明子宫内存在功能性微生物组，而不仅仅是短暂细菌的存在[2]。细菌到达胎儿的另一种方式可能是通过偶然感染——当母体发生急性或慢性感染穿过胎盘时，可能直接感染胎儿[8]。

3.2 影响微生物群最初定植的因素

微生物暴露的多样性可能因众多内在和外在因素的不同而存在差异。胃肠道微生物组被认为从出生开始时不断发育，并在生命的最初几周、几个月及几年内继续演变和成熟，这一过程受到特定物种的影响[4, 9]（图3.1）。

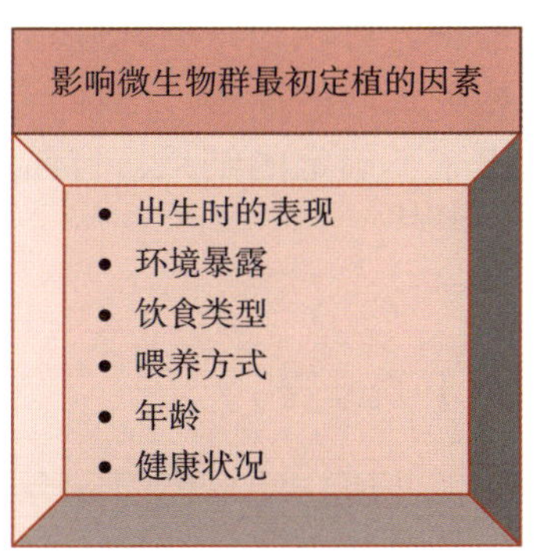

图3.1 影响微生物组最初定植的因素

3.2.1 出生时的情况

胎儿微生物组的初始发育始于出生时的首次暴露，阴道分娩与剖宫产出生的婴儿在最初的微生物暴露上存在差异[10–11]。在犬猫等动物中，母体通过舔舐幼崽，使其接触到母体的口腔微生物。经阴道分娩的新生儿通常会被来自阴道和粪便的微生物定植。例如，在幼犬中，出生后几天内就能在它们的口腔中培养出葡萄球菌属（*Staphylococcus*）、肠杆菌属（*Enterobacter*）菌株和大肠埃希氏菌，而剖宫产出生的幼犬则缺少这些菌种，但能培养出经阴道分娩出生的幼犬中没有的链球菌属（*Streptococcus*）和梭菌属菌株[11]。这与犬的阴道和口腔菌群的研究报告相吻合，并与犬的分娩过程相符，其中一些幼犬可能会带着完整的羊膜出生，将幼犬与阴道菌群隔离开来，直到母犬用牙齿撕开膜，在这个过程中使幼犬接触其口腔微生物[12]。

为了增加剖宫产婴儿的胃肠道微生物组多样性，人们提出了一种称为阴道播种的方法，即从母亲那里取得阴道拭子，在分娩后涂抹在新生儿的皮肤、口鼻等部位[13]。在人类中，剖宫产率与哮喘、特应性疾病及免疫疾病的发生率呈正相关。理论上，通过阴道播种，可以允许胎儿肠道“正常”地暴露和定植微生物，以减少相关疾病的风险。然而，无论是人类还是伴侣动物的研究都显示出了不确定的结果，目前还没有足够的证据来支持或反驳这一做法[13–14]。

3.2.2 环境暴露

新生儿所在的环境同样会影响其最初定植的微生物种类。新生幼犬和幼猫由于行动能力有限，它们的大部分微生物暴露主要来自于与母体的互动[12]。在人类婴儿中，与其他个体身体接触，甚至共享空气，都是影响其环境微生物暴露的其他因素[15]。对犬猫而言，这些接触可能包括与宠物主人的互动、家中的其他宠物，以及产仔环境。在断奶等压力时期，新生儿接触的病原体也会产生影响，这可能导致疾病风险增加[16]。

3.2.3 饮食类型和喂养方式

母乳中的成分有助于新生儿微生物组的建立，而其他物种的乳汁或商业配方奶可能缺失某些特殊成分。母乳最初富含初乳，它不仅是营养和免疫球蛋白的来源，还有助于婴儿消化系统的成熟[11]。在人类中，母乳喂养的婴儿其微生物组中富含乳杆菌属、葡萄球菌属、双歧杆菌属和拟杆菌属，而配方奶喂养的婴儿胃肠道微生物组则以兼性厌氧菌［如肠杆菌科（Enterobacteriaceae）细菌］和与炎症相关的微生物为主，如罗氏菌属（*Roseburia*）细菌、梭菌属细菌和厌氧菌属（*Anaerostipes*）细菌[2, 9]。配方奶喂养的人类婴儿的微生物组成熟速度较快，更接近成人微生物组的构成[2]。母乳中含有对婴儿及其胃肠道微生物组有益的营养成分，包括被认为是益生元的寡糖，它们具有抗菌和抗黏附的特性[2]。这些寡糖有助于增加胃肠道微生物组中特定细菌种群（如双歧杆菌属细菌）的密度[2]。母乳中不仅含有通过肠-乳腺途径在免疫介导细胞中转移到乳腺的胃肠道微生物，甚至可能包含来自口腔的微生物[9]。这些菌群可以在新生儿初次喂养的初乳中被检测到。母乳中的细菌是新生儿在阴道分娩之后第二大重要的细菌暴露源[9]。近期研究[12]发现，从母犬分娩后采集的12份初乳/乳汁样本中没有一份是无菌的[12]。在这些样本中检测到的细菌包括葡萄球菌、肠球菌（*Enterococci*）及大肠埃希氏菌，其中50%的初乳样本和17%的乳汁样本中分离出了大肠埃希氏菌。变形菌属（*Proteus* spp.）细菌中的奇异变形杆菌（*P. mirabilis*）在50%的初乳样本和33.3%的乳汁样本中被分离出来。此外，还检测到5种其他细菌，但每种只在1个样本中被发现[8]。

断奶期间的饮食变化能够改变胃肠道微生物组中微生物的密

度和多样性[9]。在一项小型研究中，研究人员从出生起跟踪了5窝小猫，发现经剖宫产出生与经阴道分娩的幼猫，以及摄入母乳与配方奶的幼猫的口腔微生物组存在差异。口腔微生物组的多样性在出生时（第0周）最低，在第8周时最高。一旦所有幼猫都转为商业类型的饮食，其微生物组的组成变化会趋于一致。商业饮食的类型本身也显示出口腔细菌种群的差异。食用干粮的小猫卟啉单胞菌属（*Porphyromonas* spp.）细菌和密螺旋体属（*Treponema* spp.）细菌增加，而食用湿罐头的小猫则显示出库恩氏壳状菌（*Conchiformibius kuhniae*）的增加[6]。

3.2.4 年龄

年龄在微生物组的建立过程中起着重要作用，胃肠道微生物的早期定植对于建立对入侵病原体的防御至关重要[9]。胃肠道微生物的定植过程迅速，在出生后的24h内就会发生，细菌数量与母体相当[8]。许多研究指出，在生命的最初几周内，胃肠道微生物组的多样性和这些不同菌群的密度会频繁变化。在人类中，通过阴道分娩和剖宫产出生的婴儿的微生物群组差异在1个月左右不再明显[9]。对幼犬粪便微生物组的研究显示，出生后24h内，其粪便微生物群与母体样本相似，随后在最初的21d内，微生物的密度和多样性逐渐增加[12]。到了第56天，幼犬粪便微生物群与母体样本存在显著差异，从第1天到第63天，结肠远端厌氧细菌的比例总体呈上升趋势[8]。另一项研究分析了幼犬出生后2个月的粪便微生物群，并将其与母犬的粪便微生物群（拟杆菌门、厚壁菌门、梭杆菌门、放线菌门和变形菌门）进行比较，发现在2日龄的幼犬中，厚壁菌门这一主要细菌门类内存在高度变异性，而母犬的同一菌门则表现出较低变异性。当幼犬达到56日龄（即8周龄）时，其粪便微生物群更接近于母犬（图3.2）[7]。在人类中，胃肠道微生物组被认为在3岁时达到稳定状态[8]。

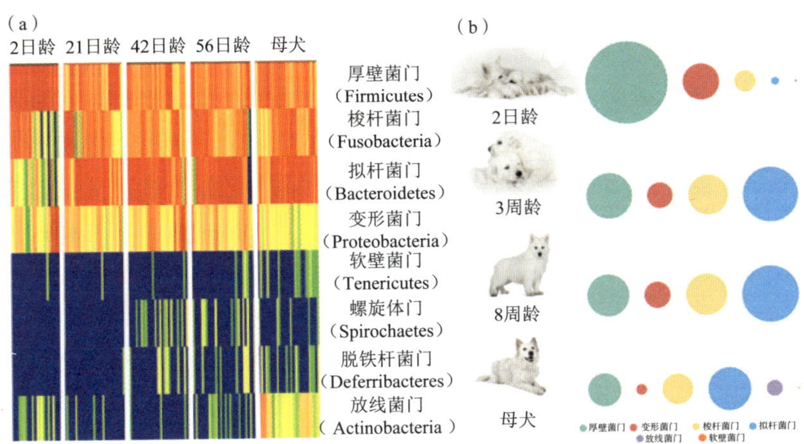

图3.2 (a) 优势细菌门的变化。在幼犬和母犬的粪便样本中取样，检测细菌的丰度。丰度的减少用绿色和蓝色条表示，而丰度的增加用红色和橙色条表示。(b) 随着年龄增长，幼犬中细菌门的丰度变化。来源：Wostmann[7]。知识共享许可：https://creativecommons.org/licenses/by/4.0/

3.3 微生物组发展过程中的失调

与成熟的个体状态相比，青少年微生物组的密度较低，并且极易受到不稳定因素的影响，例如抗生素治疗或发生疾病[15-19] (图3.3)。另一个常见的发现是，在抗菌药物治疗后，微生物组的失调状态持续存在。接受阿莫西林/克拉维酸或多西环素治疗的幼猫，血清和粪便代谢组的变化至少部分归因于抗生素对微生物组的影响，这些变化在治疗结束后可持续长达10个月[17]。

从“无菌”小鼠的研究中可以了解到，胃肠道微生物组对于正常免疫系统的成熟是必需的。“无菌”小鼠表现以下特征：肠相关淋巴组织（GALT）的发育减弱、T细胞和B细胞数量减少、抗菌肽减少、黏液层变薄、派伊尔结数量减少，导致免疫耐受性降低和对食物抗原产生严重的过敏反应。这些结果表明，“无菌”小

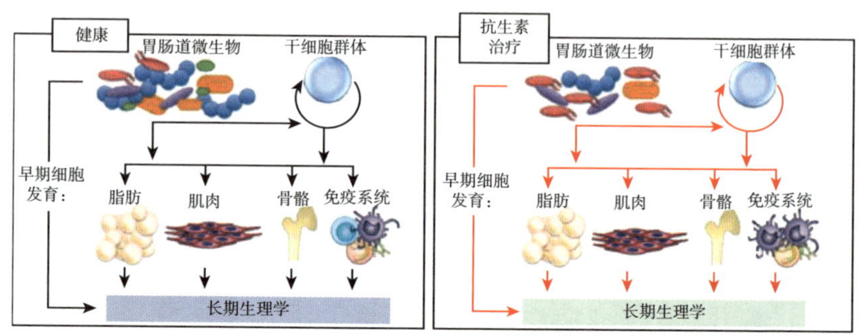

图3.3　抗生素使用导致胃肠道微生物变化，影响干细胞群体和长期生理学。来源：Del Carro 等[12]。知识共享许可：https://creativecommons.org/licenses/by/4.0/

鼠缺乏正常功能的胃肠道微生物组[20-21]。另一个考虑因素是，自身免疫性疾病可能与肠道通透性增加有关[22]。在生命的最初阶段，共生菌群的动态变化与一个不成熟或减弱的免疫系统相结合，可能导致更高的感染风险或疾病易感性[23]。因此，确保微生物组在生命早期的完整性和适当的成熟至关重要。

在人类中，微生物组和免疫系统发育期间与失调相关的疾病包括哮喘（呼吸系统疾病）、过敏、肥胖、糖尿病和炎性肠病[22]。缺乏特定微生物种类或组合，可能会因为特定微生物种群密度的降低而导致代谢物产量不足，或者因为特定微生物种群或其代谢物产量的减少引起宿主生理功能的变化，又或者病原体能够在原本不被允许定植或定居的地方生存，这些情况都可能促成相关疾病的发病机制。微生物丰富度低与促炎性微生物种类的增加、胰岛素抵抗、血脂异常和显著的炎症表型有关[22]。在幼年时期的微生物组中，必须考虑到免疫系统未成熟这一因素，这可能导致其与功能健全、免疫系统成熟的宠物在健康结果上存在差异。

遗传因素在疾病发生风险中起着重要作用，并且不同性别之间的结果也有所差异。例如，一项在小鼠中的研究发现，早期对“无菌”小鼠的抗生素治疗增加了糖尿病的发生率，但仅限于雄性小鼠[24]。另一项对超过12 000名人类儿童进行的长达数年的研究发现，在生命的前6年，只有男童在新生儿期暴露于抗生素后体重和身高增长显著减少[25]。当从新生儿期接受抗生素治疗的男孩粪便移植到“无菌”小鼠时，只有雄性小鼠而非雌性小鼠出现了显著的生长抑制。在新生儿期后、6岁之前接受抗生素治疗的儿童，其身体质量指数（BMI）显著增高。该研究中，在新生儿期接受抗生素治疗的儿童，其粪便中的微生物多样性及双歧杆菌密度直至2岁时仍处于较低水平。

3.4 关键营养因素

3.4.1 母体初乳和母乳

在接触到母体自身的微生物组之后，母乳可能是对新生儿天然胃肠道微生物组而言第二大具有影响力的微生物来源。从营养角度来看，尽管初乳的能量含量较低，但它提供了必要的营养素，尤其是母体免疫球蛋白，对于消化道的成熟至关重要。犬的初乳中含有20～30g/L的IgG，而猫的初乳中IgG含量为40～50g/L[26]。犬猫新生幼崽在出生后的前12～16h内需要通过被动获取IgG来刺激免疫保护。初乳中的IgG在最初24h内会减少50%，这突显了新生儿早期摄入初乳的重要性。

与初乳相比，乳汁的能量含量更高，并含有额外的营养成分，如乳聚糖——包括寡糖、糖蛋白、糖肽和糖脂。有趣的是，尽管乳腺需要消耗大量能量来产生乳聚糖，但这些成分对于新生哺乳动物来说是不可消化的。乳聚糖，尤其是乳寡糖，具有益生元的作用，通过预防性地结合细菌、病毒和毒素，保护和促进有益微生物的生长，如双歧杆菌，从而促进免疫系统发育并增强肠道上皮屏障功能[27-28]。此外，乳汁中含有大量微生物，据报道，人类乳汁中的微生物数量可达到10^3～10^5CFU/mL[5]，这有助于新生儿肠道的早期定植，并为免疫功能尚未健全的机体提供防御病原体的益处[29]。

3.4.2 益生元

由于母乳中含有大量不可消化的寡糖，理想情况下，幼崽的饮食应包含足够的益生元。在饮食中加入益生元可能有助于幼崽顺利过渡到新的饮食，并继续支持其免疫系统和肠道健康，这包括但不限于提供微生物产生的SCFAs。实际上，与未喂食益生元的幼犬相比，喂食益生元的幼犬其粪便中的乳杆菌（*Lactobacilli*）数量和SCFAs含量更高，且在感染沙门氏菌属（*Salmonella*）时，这些幼犬的临床症状严重程度有所减轻[30]。一些促进生长的治疗性胃肠道饮食中含有可供选择的益生元补充剂①。

3.4.3 非母体初乳

在犬猫的饮食中添加非犬科/猫科哺乳动物的初乳已被证明可以刺激宠物断奶后的免疫系统。一项针对16周龄幼猫的研究发现，与对照组相比，补充牛初乳的幼猫对狂犬病疫苗的抗体反应更快、更强，粪便中的IgA表达增加[31]。另一项研究显示，给刚断奶的幼犬补充牛初乳后粪便质量有所改善[32]。此外，在充满压力的断奶期，补充牛初乳可能对幼仔有益，而且在多次接种疫苗加强针期间，也可以持续补充牛初乳，以帮助增强幼犬的免疫力（图3.4）。

3.4.4 商业母乳替代品

宠物母乳替代品通常由其他物种的母乳制成，并根据犬或猫对能量、必需蛋白质、脂肪酸、维生素和矿物质的需求进行配制。然而，一项比较15种商业犬用母乳替代品与5份犬母乳样本的研

① 希尔斯健康成长幼猫/幼犬粮、雷恩临床营养生长期/胃肠道敏感型粮GI、皇家宠物专用生长期幼猫/幼犬粮、普瑞纳胃肠道健康配方粮EN。

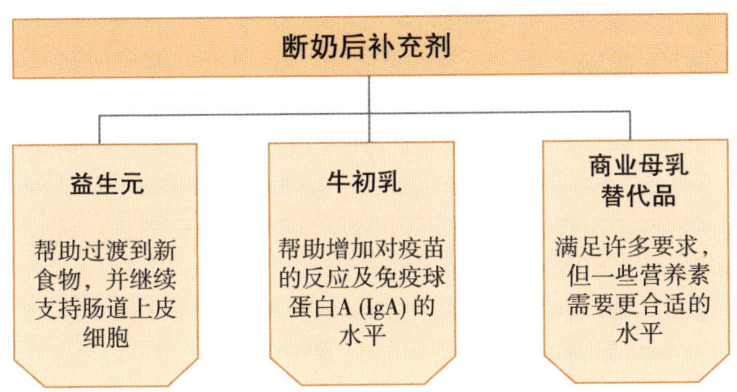

图3.4　断奶后使用不同补充剂的注意事项

究发现，所有母乳替代品都含有超出犬母乳样本范围的大量必需营养素。大多数产品都需要更合适的钙、氨基酸和必需脂肪酸的浓度，以及提供更详细的喂养指导[33]。显然，提供犬或猫的乳汁比使用其他哺乳动物的母乳制成的母乳替代品更为理想。

3.5　章节概要

- 通过研究宾主共栖，即创造一个“无菌状态”，来评估微生物组对发育中动物的影响。
- 新生儿接触微生物可能因出生方式、饮食类型、喂养方式、宿主年龄和健康状况而异。
- 在人类研究中，疾病状态与发育过程中的早期微生物失调有关。
- 年龄在微生物组的建立过程中起着重要作用，胃肠道微生物早期的定植对于建立对入侵病原体的抵抗力至关重要。
- 母乳的成分通过各种营养素和微生物塑造新生儿微生物组的发育，这些营养素和微生物可能不会通过其他物种的乳汁或商业配方奶粉提供。

参考文献（原书）

1 Tal, S., Tikhonov, E., Aroch, I. et al. (2021). Developmental intestinal microbiome alterations in canine fading puppy syndrome: a prospective observational study. *NPJ Biofilms and Microbiomes* 7 (1): https://doi.org/10.1038/s41522-021-00222-7.

2 Blaser, M., Devkota, S., McCoy, K. et al. (2021). Lessons learned from the prenatal microbiome controversy. *Microbiome* 9 (8).

3 Lyman, C., Holyoak, G., Meinkoth, K. et al. (2019). Canine endometrial and vaginal microbiomes reveal distinct and complex ecosystems. *PLoS One* 14 (1): e0210157.

4 Pipan, M., Kajdic, L., Kalin, A. et al. (2020). Do newborn puppies have their own microbiota at birth? Influence of type of birth on newborn puppy microbiota. *Theriogenology* 152: 18–28.

5 Fontaine, C., Skorupski, A., Vowles, C. et al. (2015). How free of germs is germ-free? Detection of bacterial contamination in a germ free mouse unit. *Gut Microbes* 6 (4): 225–233.

6 Qv, L., Yang, Z., Yao, M. et al. (2020). Methods for establishment and maintenance of germ-free rat models. *Frontiers in Microbiology* 11.

7 Wostmann, B. (1981). The germfree animal in nutritional studies. *Annual Review of Nutrition* 1: 257–279.

8 Dubey, J., Buxton, D., and Wouda, W. (2006). Pathogenesis of bovine neosporosis. *Journal of Comparative Pathology* 134: 267–289.

9 Guard, B., Mila, H., Steiner, J. et al. (2017). Characterization of the fecal microbiome during neonatal and early pediatric development in puppies. *PLoS One* 12 (4): e0175718.

10 Spears, J., Vester Boler, B., Gardner, C., and Li, Q. (2017). Development of the oral microbiome in kittens. In: *Companion Animal Nutrition (CAN) Summit: The Nexus of Pet and Human Nutrition: Focus on Cognition and the Microbiome*, 4–7. Helsinki.

11 Kačírová, J., Hornákocá, L., Madari, A. et al. (2021). Cultivable oral microbiota in puppies. *Folia Veterinaria* 65 (3): 69–74.

12 Del Carro, A., Corrò, M., Bertero, A. et al. (2022). The evolution of dam-litter microbial flora from birth to 60 days of age. *BMC Veterinary Research* 18 (95): 1.

13 Kelly, J., Nolan, L., and Good, M. (2021). Vaginal seeding after cesarean birth: can we build a better infant microbiome? *Med* 8: 889–891.

14 Da Silva, S., Apparicio, M., Cardozo, M. et al. (2022). Colonization of canine intestinal microbiota and the effects of route of delivery and vaginal seeding: preliminary results. *Reproduction in Domestic Animals* 57: 50–50.

15 Chong, C., Bloomfield, F., and O'Sullivan, J. (2018). Factors affecting gastrointestinal microbiome development in neonates. *Nutrients* 10: 274.

16 Li, Y., Guo, Y., and Wen, Z. (2018). Weaning stress perturbs gut microbiome and its metabolic profle in piglets. *Nature* 8: 1–2.

17 Stavroulaki, E., Suchodolski, J., Pilla, R. et al. (2022). The serum and fecal metabolomic profiles of growing kittens treated with amoxicillin/ clavulanic acid or doxycycline. *Animals* 12: 330.

18 Burton, E., O'Connor E, Ericsson A, Franklin C, Evaluation of fecal microbiota transfer as treatment for postweaning diarrhea in research-colony puppies. *Journal of the American Association for Laboratory Animal Science*, 2016. 55(5): p. 582–587.

19 Deusch, O., O'Flynn C, Colyer A et al., Deep illumina-based shotgun sequencing reveals dietary effects on the structure and function of the fecal microbiome of growing kittens. *PLoS One*, 2014. 9(7) e101021.

20 Hill, D. and Artis, D. (2010). Intestinal bacteria and the regulation of immune cell homeostasis. *Annual Review of Immunology* 28: 623–667.

21 Gill, N. and Finlay, B. (2011). The gut microbiota: challenging immunology. *Nature Reviews Immunology* 11: 636–637.

22 Vangoitsenhoven, R. and Cresci, G. (2020). Role of microbiome and antibiotics in autoimmune diseases. *Nutrition in Clinical Practice* 35 (3): 406–416.

23 Hoffmann, A., Proctor, L., Surette, M., and Suchodolski, J. (2016). The microbiome: the trillions of microorganisms that maintain health and cause disease in humans and companion animals. *Veterinary Pathology* 53 (1): 10–21.

24 Candon, S., Perez-Arroyo, A., Marquet, C. et al. (2015). Antibiotics in early life alter the gut microbiome and increase disease incidence in a spontaneous mouse model of autoimmune insulin-dependent diabetes. *PLoS One* 10 (5): e0125448.

25 Uzan-Yulzari, A., Turta, O., Belogolovski, A. et al. (2021). Neonatal antibiotic exposure impairs child growth during the first six years of life by perturbing intestinal microbial colonization. *Nature Communications* 12: 1–2.

26 Chastant-Maillard, S., Maillard, S., Aggouni, C. et al. (2017). Canine and feline colostrum. *Reproduction in Domestic Animals* 52 (Suppl. 2): 148–152.

27 Rostami, S., Bénet, T., Spears, J. et al. (2014). Milk oligosaccharides over time of lactation from different dog breeds. *PLoS One* 9 (6): e99824.

28 Milani, C., Mangifesta, M., Mancabelli, L. et al. (2017). Unveiling bifidobacterial biogeography across the mammalian branch of the tree of life. *The ISME Journal* 11: 2834–2847.

29 Ge, Y., Zhu, W., Chen, L. et al. (2021). The maternal milk microbiome in mammals of different types and its potential role in the neonatal gut microbiota composition. *Animals* 11: 3349.

30 Czarnecki-Maulden, G. (2008). Effect of dietary modulation of intestinal microbiota on reproduction and early growth. *Theriogenology* 70: 286–290.

31 Gore, A., Satyaraj, E., Labuda, J. et al. (2021). Supplementation of diets with bovine colostrum influences immune and gut function in kittens. *Frontiers in Veterinary Science* 8: 675712.

32 Giffard, C., Seino, M., Markwell, P., and Bektash, R. (2004). Benefits of bovine colostrum on fecal quality in recently weaned puppies. *Journal of Nutrition* 134: 2126S–2127S.

33 Heinze, C., Freeman, L., Martin, C. et al. (2014). Comparison of the nutrient composition of commercial dog milk replacers with that of dog milk. *Journal of the American Veterinary Medical Association* 244 (12): 1413–1422.

4　影响微生物组多样性和密度的因素

微生物组的组成是不断变化和适应的，这取决于宿主自身和其所处环境的变化（图4.1）。多样性和密度是描述群落生态属性的两种方式，多样性与生物体的种类有关，密度则与每种生物的数量及生物总量有关[1]。通常，人们简单地认为“越多越好”适用于多样性和密度；然而，人们对微生物组的了解有限，不应仅依据多样性和密度来确切评估微生物群落的健康状况，必须结合宿主动物个体的情况来综合考虑。多样性可以通过不同的应用软件来测量，以描述存在的物种数量，以及它们的相对丰度和彼此之间的关系（第6章）。

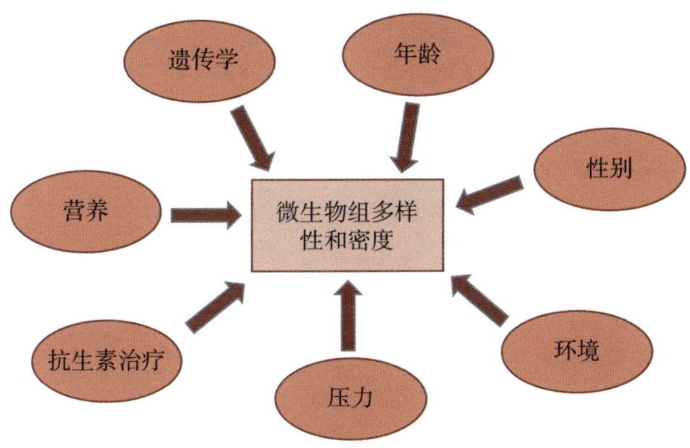

图4.1　影响微生物组多样性和密度的7个因素

4.1　生理因素

4.1.1　遗传学

尽管人们并不清楚具体是如何影响的，但已经认识到，常驻微生物群的遗传因素会对宿主产生影响，而宿主的遗传因素似乎也会影响其微生物组的组成[2]。一项研究表明，与无亲缘关系的犬相比，遗传亲缘关系较近的犬之间粪便微生物组具有更高的相似性[3]，人类研究也发现了类似的结果，特异性宿主基因元件与胃肠道微生物组的遗传性有关[4-5]。例如，在人类中，*LCT*基因（负责编码乳糖酶的基因）的存在与双歧杆菌属的丰富度之间存在显著关联[6]。然而，表观遗传学也发挥着作用，尽管存在这种遗传因素，但它会受到饮食的影响，特别是乳糖的摄入。正如在人类的研究中所表述的，宿主遗传因素可进一步影响胃肠道微生物组的遗传性[7]（图4.2）。

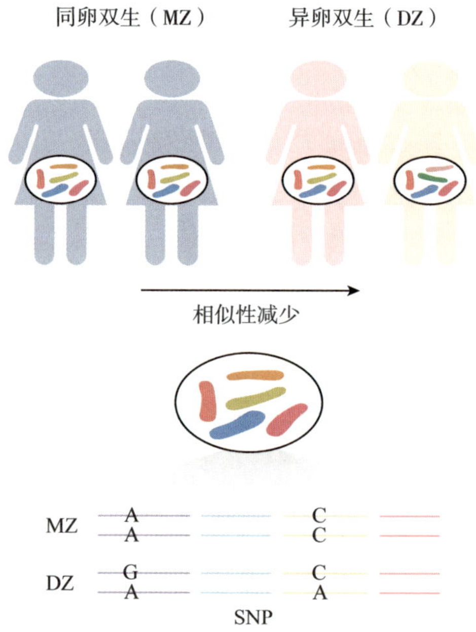

图4.2　同卵双生双胞胎显示出更多的微生物相似性，而异卵双生双胞胎则显示出更多的多样性。来源：Hand等[3]。知识共享许可：https://creativecommons.org/licenses/by/4.0

4.1.2 年龄

年龄是影响微生物组构成的一个重要因素，微生物组的变化与不同的生命阶段有关，尤其是在生长阶段及老年或老年时期。生命的第一阶段包括微生物群在宿主体内的定植和微生物组的建立（第3章）。这个关键时期涉及免疫系统的发育和成熟，以及先锋微生物群定植对一些代谢和免疫功能的影响[8-12]。随着新生儿从母源营养过渡到固体食物，微生物群也受到生长阶段饮食变化的影响[13]。当犬猫长到大约5月龄时，胃肠道微生物组似乎稳定下来，并且与母体的微生物组成相似[10, 12]。

在正常情况下，成年阶段的胃肠道微生物组已充分形成且保持稳定（表4.1）[14-16]。然而，由于环境因素的影响，如突然的饮食变化或药物治疗，可能会导致微生物组发生改变或失调[17]。随着宠物进入老年阶段，与年龄相关的因素可能会使微生物组的丰富度和功能发生变化。消化营养素能力的改变可能会影响提供给微生物群落的营养素的含量和类型[18-19]。一项研究表明，与同龄、同品种、同饮食的年轻犬相比，老年犬粪便中有益双歧杆菌和乳杆菌的密度降低，而产气荚膜梭菌（*Clostridium perfringens*）的密度增加[20]。反过来，微生物组的变化可能会影响老年犬的炎症和免疫[21]。因此，增强微生物组和胃肠道功能的支持措施可能有助于延长宠物的最佳健康状况和寿命，但还需要进一步的研究来确定如何实现这一目标。

表4.1　年龄差异对微生物组的稳定性和变化的影响

幼年	成年	老年
正在发育中的微生物群，极易受到变化影响	相对稳定，除非受到影响因素的干扰	老化可能会影响营养素的吸收，并改变微生物组

4.1.3 性别

胃肠道微生物组可能在维持性激素稳态中发挥作用[22]，在某些物种中，性别似乎也会影响微生物组[23]。例如，雌性小鼠在青春期前后显示出相似的微生物组组成，而雄性小鼠的微生物组组成则有所不同，这表明雄性性激素可能影响胃肠道微生物群[23]。此外，去势后的雄性小鼠胃肠道微生物组在青春期前后与雌性小鼠的组成更为相似，而与未去势的雄性小鼠不同。当为这些去势后的小鼠注射睾酮时，其微生物组的组成则更接近于青春期后的雄性小鼠。据报道，将雌性供体小鼠的粪便微生物群移植到雄性小鼠身上似乎对激素水平没有影响，而将青春期完整的雄性小鼠供体的微生物群转移到未成熟雌性小鼠身上，会导致雌性小鼠的睾酮水平升高[24]。然而，在猫、犬和马中，性别似乎并不会影响肠道或上皮的微生物群[16, 25]。

4.1.4 营养

鉴于饮食中的营养素能够滋养宿主动物及其微生物群，宿主动物所摄入食物的营养成分和可消化性对肠道微生物组的组成产生显著影响也就不足为奇了。

常量营养素的组成——蛋白质、脂肪、糖类——可以影响肠道常驻微生物的种类和代谢过程[18, 26]。元基因组（即微生物群的基因和基因组的总和），能够响应饮食成分的变化而发生改变，以便更好地利用可用的底物[27]。此外，微生物种群本身也会发生变化，以最佳地利用可用底物[28-31]。因此，与饮食摄入更加严格和同质化的动物相比，具有更多杂食性或多样化饮食习惯的动物体内通常含有更为丰富的微生物群落[1, 32]。富含动物组织的饮食，包括以生肉为基础的饮食，其提供的蛋白质和脂肪比例会更高，这会导致与蛋白质和脂肪代谢相关的微生物的相对丰度增加，如梭杆菌属和梭菌属。而与糖类发酵相关的微生物则减少[26, 33–34]。相比之下，饲喂富含高植物纤维饮食的犬表现出拟杆菌属、梭菌属和梭杆菌属细菌的相对丰度减少，而双歧杆菌属、布劳特氏菌属（*Blautia*）、乳杆菌属、螺杆菌属（*Helicobacter*）和巨单胞菌属（*Megamonas*）细菌的相对丰度增加[31]。

不仅营养成分是引起肠道微生物组变化的一个因素，摄入营养素的可消化性也起着一定作用。可消化和可吸收的营养素可能被宿主在小肠的前端吸收和利用，而在肠道远端随着营养素的吸收减少，留下难以消化的营养素供常驻微生物发酵。对于宿主难以消化但可被微生物发酵的化合物在大肠中作为能量来源被微生物群利用。这能够促进特定类群的生长和代谢物的增加。根据生长类群和产生的代谢物，不可消化的化合物可能对宿主动物的健康有益，也可能有害[32, 35–36]。营养素的质量可能会改变无法在宿主小肠中吸收的不可消化的化合物的数量。这推动了通过在饮食中添加不可消化成分（通常是纤维）来调控肠道微生物群及其代谢产物生成的实验研究[37–38]。

关于营养素类型和可消化性的进一步讨论可以在第5章中找到。

4.1.5 环境

“环境”这一术语具有广泛的涵盖性，包括所有非宿主因素。如前所述，饮食摄入属于环境因素范畴，此外，宿主与周围环境组分的物理接触及相互作用亦为环境因素的重要组成部分，具体包括与动物、土壤、空气、花粉、居住环境、生活条件的接触，以及与病原体和寄生虫的相互作用。

在新生儿早期定植阶段，环境可能对微生物组产生最直接和最迅速的影响——如第3章所述。由于新生幼犬和幼猫的行动能力有限，它们大部分的微生物暴露来自于与母体互动[10, 12]。一旦到达成年阶段，胃肠道微生物组的组成则会相对稳定，并且能够抵御大多数外部环境因素的影响[14, 16]。同样，由于犬或猫的皮肤表面大部分被浓密的毛发覆盖，因此健康的皮肤能够维持一个稳定的微环境和微生物组[39]。然而，环境变量，如是否有跳蚤的存在，以及室内外活动时间的长短，似乎对健康犬的皮肤微生物群没有太大影响[40]（框4.1）。

框4.1 抗菌药物耐药性

抗菌药物耐药性现象允许微生物进化以适应抗菌机制，并在其他同种微生物因抗微生物治疗而被抑制或杀灭的情况下存活下来。

世界卫生组织估计，到2050年，与抗菌药物耐药性相关的死亡人数可能达到1 000万人[52]。目前认为造成这一现象的主要驱动因素是抗菌药物的不当使用，包括在人类和非人类动物上。

2015年，美国兽医内科学会（ACVIM）发布了一份关于动物抗菌药物治疗性使用的共识声明，涉及抗菌药物耐药性[53]。这份文件提出了减少抗菌药物耐药性风险和发生的行动建议，包括预防疾病的发生、减少抗菌药物的总体使用，以及改善抗菌药物的使用方式。

4.2 病理生理因素

4.2.1 压力

压力可表现为多种形式。在本讨论的背景中，“压力”指的是在特定“应激源”作用下，机体产生相应的代谢或激素反应。压力可分为物理性压力和心理性压力。物理性压力源于具有挑战性的活动或环境条件的相互作用[41]，而心理性压力则可能由新环境、噪声、与亲人的分离等因素引起[42]。对于犬，焦虑和压力可能会引发胃肠道疾病，破坏肠道屏障，诱导炎症并改变肠道微生物组[43-44]。通过营养补充剂来调控微生物组已被证明可以改善压力期间的幼犬粪便中厚壁菌门和乳杆菌属细菌的丰度，进而增加粪便短链脂肪酸的含量并降低腹泻的发病率[43-44]，甚至母体压力也可能影响新生儿的微生物组。在人类中，处于高压力状态的母体，其婴儿肠道中变形菌门细菌丰度较高，而乳杆菌属细菌和双歧杆菌属细菌的丰度降低，这可能与肠道炎症和过敏性疾病发展等病理状况相关[45]。

肠道微生物组可能不仅受到压力的影响，自身也可能参与心理性压力的产生。在“无菌”小鼠中的研究表明，将焦虑小鼠或暴露于慢性不可预测轻度应激的供体小鼠的结肠微生物群移植到“无菌”受体小鼠体内，会导致受体小鼠出现更高水平的焦虑和抑郁样行为[46]。关于肠-脑轴的更多讨论可以在第16章中找到。

4.2.2 药物治疗

4.2.2.1 抗菌药物

抗菌药物常用于伴侣动物的多种情况，范围从预防性围手术期抗生素治疗到急性感染治疗，以及抗生素敏感性疾病的慢性管理，例如抗生素反应性肠病（第15章）。无论是通过肠内还是肠外给药，全身性抗菌治疗都会影响胃肠道微生物组。抗菌药物不会消灭胃肠道内的所有微生物，但会选择性地消除对所用药物敏感的微生物。这可能导致某些物种的生长发生变化，从而引起代谢改变，及病原体定植的易感性增加[17]（图4.3）。

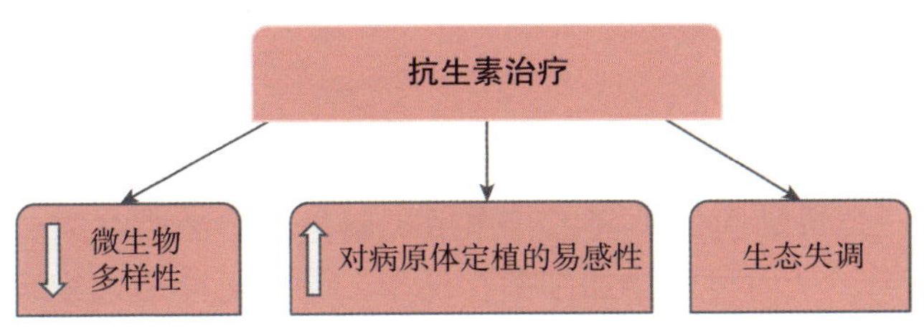

图4.3　抗生素治疗对微生物群的影响

即使治疗停止，抗菌药物引起的改变也可能不会迅速恢复到治疗前的状态，可能存在长期的生态失调，且受影响的微生物组可能无法恢复到治疗前的定植状态[47]。微生物失调可能对宿主的肠道健康产生负面影响，如微生物胆汁酸代谢减少。

抗菌药物在慢性肠病中的使用：甲硝唑是一种抗生素和抗原虫药物，常用于治疗宠物的急性或慢性腹泻[17, 48]。尽管治疗可以迅速缓解症状，但对该药物的过度使用和滥用引起了人们的关注。一项关于犬的研究发现，为期14d的甲硝唑治疗方案会导致微生物组组成发生显著的变化，包括产短链脂肪酸的关键细菌（厚壁菌门细菌）的减少[47]。在接受治疗后的犬粪便失调指数显著增加，且这种失调状态在抗生素治疗停止4周后仍然明显。粪便代谢物也出现明显改变，粪便总乳酸含量增加，而次级胆汁酸去氧胆酸和石胆酸含量减少。

泰乐菌素是一种抑菌性抗生素，常用于治疗犬的急性或慢性腹泻。与甲硝唑一样，使用泰乐菌素治疗通常能够使腹泻症状得到缓解，但症状常在停药后复发，因此常常需要长期或重复治疗[49]。已有的研究表明，泰乐菌素的使用会影响微生物组，导致微生物失调和粪便代谢变化，主要表现为梭杆菌科和韦荣氏球菌科（Veillonellaceae）细菌的减少，肠球菌属（*Enterococcus*）样细菌、巴斯德氏菌属某些种（*Pasteurella* spp.）、迪茨氏菌属某些种（*Dietzia* spp.）和大肠埃希氏菌样细菌的增加，以及微生物胆汁酸代谢的减少，这些变化在停药8周后或更长时间内仍可检测到[50–51]。

4.2.2.2 其他药物

非抗菌性的治疗药物也可能对微生物组产生影响。质子泵抑制剂是一类胃黏膜保护剂，其作用机制是能够减少盐酸分泌，改变胃酸pH，从而可能增加细菌存活率，并有可能引起细菌的定植和失调[54]。此外，这种对正常微生物组的干扰可能会增加由非甾体抗炎药引起的肠道上皮细胞损伤的风险。在猫中，已有研究表明质子泵抑制剂奥美拉唑对微生物组存在具体影响[55]。

4.3 章节概要

- 宿主基因可能对肠道微生物组的组成产生一定影响。
- 微生物组的变化与不同的生命阶段有关，特别是在早期生长发育阶段。
- 同一物种的个体之间，其微生物组可能因性别和生殖状态不同而有所差异。
- 宿主的营养状况可直接影响肠道微生物组。
- 压力可能导致肠道微生物失调，甚至母体压力也可能影响新生儿肠道微生物组的组成。
- 系统性抗菌药物的使用与肠道微生物多样性降低有关，即使其被用于治疗胃肠道疾病。
- 抗菌药物并不能清除肠道内所有微生物，但会选择性地消除对药物作用机制敏感的微生物。
- 微生物具备快速进化的特性，且已演化出多种机制以逃避抗微生物药物的作用。

参考文献（原书）

1 Reese, A. and Dunn, R. (2018). Drivers of microbiome biodiversity: a review of general rules, feces, and ignorance. *MBio* 9: e01294–e01218.

2 Barko, P., McMichael, M., Swanson, K., and Williams, D. (2018). The gastrointestinal microbiome: a review. *Journal of Veterinary Internal Medicine* 32: 9–25.

3 Hand, D., Wallis, C., Colyer, A., and Penn, C. (2013). Pyrosequencing the canine faecal microbiota: breadth and depth of biodiversity. *PLoS One* 8 (1): e53115.

4 Khachatryan, Z., Ktsoyan, Z., Manukyan, G. et al. (2008). Predominant role of host genetics in controlling the composition of gut microbiota. *PLoS One* 3 (8):

e3064.

5 Goodrich, J., Davenport, E., Beaumont, M. et al. (2016). Genetic determinants of the gut microbiome in UK twins. *Cell Host & Microbe* 19: 731–743.

6 Cahana, I. and Iraqi, F. (2020). Impact of host genetics on gut microbiome: take-home lessons from human and mouse studies. *Animal Models and Experimental Medicine* 3: 229–236.

7 Kurilshikov, A., Wijmenga, C., Fu, J., and Zhernakova, A. (2017). Host genetics and gut microbiome: challenges and perspectives. *Trends in Immunology* 38 (9): 633–647.

8 Tal, S., Tikhonov, E., Aroch, I. et al. (2021). Developmental intestinal microbiome alterations in canine fading puppy syndrome: a prospective observational study. *NPJ Biofilms and Microbiomes* 7 (1): 52.

9 Pipan, M., Kajdic, L., Kalin, A. et al. (2020). Do newborn puppies have their own microbiota at birth? Influence of type of birth on newborn puppy microbiota. *Theriogenology* 152: 18–28.

10 Guard, B., Mila, H., Steiner, J. et al. (2017). Characterization of the fecal microbiome during neonatal and early pediatric development in puppies. *PLoS One* 12 (4): e0175718.

11 Spears, J.K., Vester Boler, B., Gardner, C., and Li, Q. (2017). Development of the oral microbiome in kittens. In: *Companion Animal Nutrition (CAN) Summit: The Nexus of Pet and Human Nutrition: Focus on Cognition and the Microbiome*, 4–7. Helsinki.

12 Del Carro, A., Corrò, M., Bertero, A. et al. (2022). The evolution of dam-litter microbial flora from birth to 60 days of age. *BMC Veterinary Research* 18: 95.

13 Deusch, O., O'Flynn, C., Colyer, A. et al. (2014). Deep illumina-b ased shotgun sequencing reveals dietary effects on the structure and function of the fecal microbiome of growing kittens. *PLoS One* 9 (7): e101021.

14 Allaway, D., Haydock, R., Lonsdale, Z. et al. (2020). Rapid reconstitution of the fecal microbiome after extended diet-induced changes indicates a stable gut microbiome in healthy adult dogs. *Applied and Environmental Microbiology* 86 (13): e00562–e00520.

15 Tizard, I. and Jones, S. (2018). The microbiota regulates immunity and immunologic diseases in dogs and cats. *Veterinary Clinics of North America: Small Animal Practice* 48: 307–322.

16 Deusch, O., O'Flynn, C., Colyer, A. et al. (2015). A longitudinal study of the feline faecal microbiome identifies changes into early adulthood irrespective of sexual development. *PLoS One* 10 (12): e0144881.

17 Suchodolski, J. (2016). Diagnosis and interpretation of intestinal dysbiosis in dogs and cats. *The Veterinary Journal* 215: 30–37.

18 Bermingham, E., Young, W., Butowski, C. et al. (2018). The fecal microbiota in the domestic cat (felis catus) is influenced by interactions between age and diet; a five year longitudinal study. *Frontiers in Microbiology* 9: 1231.

19 Jia, J., Frantz, N., Khoo, C. et al. (2011). Investigation of the faecal microbiota of geriatric cat. *Letters in Applied Microbiology* 53: 288–293.

20 Simpson, J., Martineau, B., Jones, W. et al. (2002). Characterization of fecal bacterial populations in canines: effects of age, breed and dietary fiber. *Microbial Ecology* 44: 186–197.

21 Gomes, M.D.O., Beraldo, M., Putarov, T. et al. (2011). Old beagle dogs have lower faecal concentrations of some fermentation products and lower peripheral lymphocyte counts than young adult beagles. *British Journal of Nutrition* 106: S187–S190.

22 Koyasu, H., Takahashi, H., Yoneda, M. et al. (2022). Correlations between behavior and hormone concentrations or gut microbiome imply that domestic cats (felis silvestris catus) living in a group are not like 'groupmates'. *PLoS One* 17 (7): e0269589.

23 Org, E., Mehrabian, M., Parks, B. et al. (2016). Sex differences and hormonal effects on gut microbiota composition in mice. *Gut Microbes* 7 (4): 313–322.

24 Markle, J., Frank, D., Mortin-Toth, S. et al. (2013). Sex differences in the gut microbiome drive hormone-dependent regulation of autoimmunity. *Science* 339 (6123): 1084–1088.

25 Ross, A., Müller, K., Weese, S., and Neufeld, J. (2018). Comprehensive skin microbiome analysis reveals the uniqueness of human skin and evidence for phylosymbiosis within the class mammalia. *Proceedings of the National Academy of Sciences of the United States of America* 115 (25): ES786–ES795.

26 Butowski, C., Moon, C., Thomas, D. et al. (2022). The effects of raw-meat diets on the gastrointestinal microbiota of the cat and dog: a review. *New Zealand Veterinary Journal* 70 (1): 1–9.

27 Young, W., Moon, C., Thomas, D. et al. (2016). Pre-and post-weaning diet alters the faecal metagenome in the cat with differences in vitamin and carbohydrate metabolism gene abundances. *Scientific Reports* 6: 1–6.

28 Coelho, L., Kultima, J., Costea, P. et al. (2018). Similarity of the dog and human gut microbiomes in gene content and response to diet. *Microbiome* 6 (72): 1.

29 Wakshlag, J., Simpson, K., Struble, A., and Dowd, S. (2011). Negative fecal characteristics are associated with pH and fecal flora alterations during dietary change in dogs. *International Journal of Applied Research in Veterinary Medicine* 9 (3): 278–283.

30 Hang, I., Rinttila, T., Zentek, J. et al. (2012). Effect of high contents of dietary animal-derived protein or carbohydrates on canine faecal microbiota. *BMC Veterinary Research* 8: 90.

31 Lin, C.-Y., Jha, A., Oba, P. et al. (2022). Longitudinal fecal microbiome and metabolite data demonstrate rapid shifts and subsequent stabilization after an abrupt dietary change in healthy adult dogs. *Animal Microbiome* 4: 46.

32 Wernimont, S., Radosevich, J., Jackson, M. et al. (2020). The effects of nutrition on the gastrointestinal microbiome of cats and dogs: impact on health and disease. *Frontiers in Microbiology* 11: 1266.

33 Schmidt, M., Unterer, S., Suchodolski, J. et al. (2018). The fecal microbiome and metabolome differs between dogs fed bones and raw food (barf) diets and dogs fed commercial diets. *PLoS One* 13 (8): e0201279.

34 Kerr, K., Vester Boler, B., Morris, C. et al. (2012). Apparent total tract energy and macronutrient digestibility and fecal fermentative end-product concentrations of domestic cats fed extruded, raw beef-b ased, and cooked beef-based diets. *Journal of Animal Science* 90 (2): 515–522.

35 Barry, K., Middelbos, I., Vester Boler, B. et al. (2012). Effects of dietary fiber on the feline gastrointestinal metagenome. *Journal of Proteome Research* 11: 5924–5933.

36 Pilla, R. and Suchodolski, J. (2021). The gut microbiome of dogs and cats, and the influence of diet. *Veterinary Clinics of North America: Small Animal Practice* 51: 605–621.

37 Fritsch, D., Wernimont, S., Jackson, M., and Gross, K. (2019). Select dietary fiber sources improve stool parameters, decrease fecal putrefactive metabolites, and deliver antioxidant and anti-i nflammatory plant polyphenols to the lower gastrointestinal tract of adult dogs. *The FASEB Journal* 33 (S1): 587–581.

38 Panasevich, M., Kerr, K., Dilger, R. et al. (2015). Modulation of the faecal microbiome of healthy adult dogs by inclusion of potato fibre in the diet. *British Journal of Nutrition* 113: 125–133.

39 Cuscó, A., Belanger, J., Gershony, L. et al. (2017). Individual signatures and environmental factors shape skin microbiota in healthy dogs. *Microbiome* 5: 139.

40 Hoffmann, A., Patterson, A., Diesel, A. et al. (2014). The skin microbiome in healthy and allergic dogs. *PLoS One* 9 (1): e83197. 41 Bradley, D., Swaim, S., Vaughn, D. et al. (1996). Biochemical and histopathological evaluation of changes in sled dog paw skin associated with physical stress and cold temperatures. *Veterinary Dermatology* 7: 203–208.

42 Part, C., Kiddie, J., Hayes, W. et al. (2013). Physiological, physical and behavioural changes in dogs (canis familiaris) when kennelled: testing the validity of stress parameters. *Physiology & Behavior* 133: 260–271.

43 Cannas, S., Tonini, B., Belà, B. et al. (2021). Effect of a novel nutraceutical supplement (relaxigen pet dog) on the fecal microbiome and stress-related behaviors in dogs: a pilot study. *Journal of Veterinary Behavior* 42: 37–47.

44 Yang, K., Deng, X., Jian, S. et al. (2022). Gallic acid alleviates gut dysfunction and boosts immune and antioxidant activities in puppies under environmental stress based on microbiome–metabolomics analysis. *Frontiers in Immunology* 12: 813890.

45 Zijlmans, M., Korpela, K., Riksen-Walraven, J. et al. (2015). Maternal prenatal stress is associated with the infant intestinal microbiota. *Psychoneuroendocrinology* 53: 233–245.

46 Li, N., Wang, Q., Wang, Y. et al. (2019). Fecal microbiota transplantation from chronic unpredictable mild stress mice donors affects anxiety-l ike and depression-like behavior in recipient mice via the gut microbiotainflammation-brain axis. *Stress* 22 (5): 592–602.

47 Pilla, R., Gaschen, F., Barr, J. et al. (2020). Effects of metronidazole on the fecal microbiome and metabolome in healthy dogs. *Journal of Veterinary Internal Medicine* 34: 1853–1866.

48 Hall, E. (2011). Antibiotic-responsive diarrhea in small animals. *Veterinary Clinics of North America: Small Animal Practice* 41 (2): 273–286.

49 Westermarck, E., Skrzypczak, T., Harmoinen, J. et al. (2005). Tylosin-responsive chronic diarrhea in dogs. *Journal of Veterinary Internal Medicine* 19: 177–186.

50 Suchodolski, J., Dowd, S., Westermarck, E. et al. (2009). The effect of the macrolide antibiotic tylosin on microbial diversity in the canine small intestine as demonstrated by massive parallel 16s rrna gene sequencing. *BMC Microbiology* 9: 210.

51 Manchester, A., Webb, C., Blake, A. et al. (2019). Long-term impact of tylosin on fecal microbiota and fecal bile acids of healthy dogs. *Journal of Veterinary Internal Medicine* 33: 2605–1617.

52 Bozkir, V. (2021). *High-Level Interactive Dialogue on Antimicrobial Resistance*. New York: United Nations.

53 Weese, J., Giguère, S., Guardabassi, L. et al. (2015). Acvim consensus statement on therapeutic antimicrobial use inanimals and antimicrobial resistance. *Journal of Veterinary Internal Medicine* 29: 487–498.

54 Marks, S., Kook, P., Papich, M. et al. (2018). Acvim consensus statement: support for rational administration of gastrointestinal protectants to dogs and cats. *Journal of Veterinary Internal Medicine* 32: 1823–1840.

55 Schmid, S., Suchodolski, J., Price, J., and Tolbert, M. (2018). Omeprazole minimally alters the fecal microbial community in six cats: a pilot study.

5 必需营养素和微生物群

胃肠道（GI）系统，包括其中的常驻微生物群，与营养物质的供给相互作用并作出响应。机体摄入的营养成分能够影响微生物群的多样性和密度、细菌衍生代谢物、微生物群的功能、基因含量以及基因的影响，还会影响宿主的生理和代谢[1-2]。在犬猫中，微生物组的差异可以从不同饮食组成和食物形态的组别中观察到[3-12]。

研究表明，胃肠道微生物群的组成能够迅速响应饮食干预，尤其是当饮食中的常量营养素发生改变时。然而，如果饮食改变未能持续进行，这些变化可能仅是暂时性的[1-2]。例如，在一项研究中，健康的犬类在连续32周仅被饲喂纯化氨基酸和易于消化的淀粉后，其微生物类群及其遗传潜能迅速适应了纯化饮食。当这些犬类重新恢复至对照饮食时，其微生物组的组成再次回到了基线状态[13]。

在考虑通过营养干预来改变健康状况时，一个核心概念是：每种营养素只有在以适合个体需求的数量或比例提供时，才能满足其需求甚至提供益处；营养素的数量并非越多越好，过量可能会通过过度产生特定营养素的微生物代谢物而对宿主健康产生负面影响。

5.1 蛋白质

尽管蛋白质被认为是一种必需营养素，但现实中，在饮食中提供蛋白质的目的是为了满足宠物对氨基酸的需求。大多数犬猫食品中使用动物蛋白质作为营养来源，因为它们含有更完整的氨基酸谱，与犬猫作为肉食性动物的生理特性相契合，且是宠物主人的首选成分[14]。尽管蛋白质的来源在未来几年内可能会有所演变，但目前宠物中大多数饮食主要以动物蛋白为主，而植物蛋白通常作为补充。虽然也有一些完全基于植物的饮食，但还有一些饮食包含昆虫蛋白来源。

胃肠道微生物参与膳食蛋白质的消化、吸收和代谢过程。犬猫在小肠中吸收氨基酸；未被消化和/或吸收的蛋白质和氨基酸到达肠道后段时，会被常驻微生物群代谢发酵[15]。

蛋白质对胃肠道微生物组的影响有三个主要因素：数量（摄入的蛋白质总量）、比例（蛋白质与糖类等其他能量来源成分的比率）和质量（可消化性和氨基酸组成）[2]。在这些因素之间找到平衡，将有助于实现蛋白质的理想供给，以确保宿主和胃肠道微生物群的能量需求得到充分满足（图5.1）。

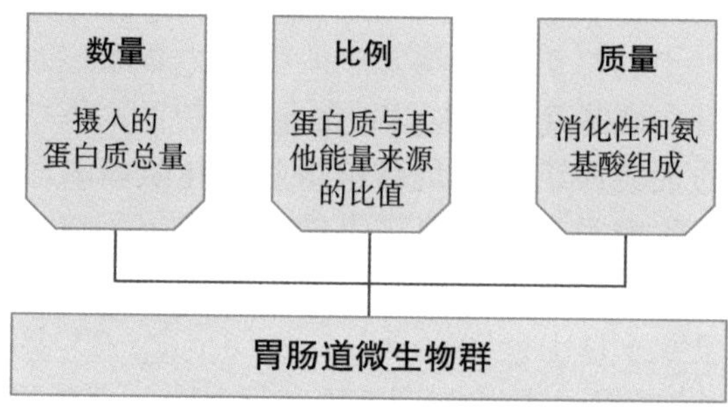

图5.1　影响胃肠道微生物群的因素。影响胃肠道微生物群的因素之间的平衡将实现蛋白质的理想供应，从而确保宿主及胃肠道微生物群的能量需求得到充分满足

5.1.1　数量

尽管已经确定了犬猫的最低蛋白质需求量[16]，但其“最佳”蛋白质摄入量目前尚不清楚，且可能因个体间的差异而异，这种差异基于多种宿主特异性和环境因素。目前，宠物主人似乎更倾向于高蛋白饮食[17]。高蛋白饮食与犬猫粪便中变形菌门的丰度较高有关[18]。根据特定微生物的组成，高丰度可能与肠道微生

物失调有关，例如肠道病原体如大肠埃希氏菌、空肠弯曲杆菌（*Campylobacter jejuni*）、肺炎克雷伯氏菌（*Klebsiella pneumoniae*）、鼠伤寒沙门氏菌（*Salmonella typhimurium*）和小肠结肠炎耶尔森氏菌（*Yersinia enterocolitica*）（以上菌种均属于变形菌门）的数量增加。此外，变形菌门细菌丰度的增加与犬猫的胃肠道炎症有关[19-20]。在一项研究中，高蛋白摄入（以干物质基础计为45.77%），与健康犬的微生物蛋白水解活性增加，以及循环中的尿毒症毒素和炎症标志物水平升高相关[8]。具体来说，色氨酸和酪氨酸经微生物发酵分别产生吲哚硫酸盐和对甲酚。过量蛋白质的摄入或摄入难以消化的蛋白质，或两者兼有，可能会加重慢性炎症，特别是对动物的肾脏有害。然而，蛋白质摄入量达到多少才构成过量，目前尚未明确界定。

5.1.2 比例

蛋白质与非蛋白质能量的比例是实现蛋白质平衡的另一个重要因素。特别是，蛋白质与糖类的比例可以影响胃肠道微生物组的组成[4, 21]。例如，断奶后摄入中等蛋白和中等糖类或高蛋白和低糖类饮食的幼猫，其粪便微生物组成、血液代谢物和血液激素存在差异[21]。在犬的研究中也报道，饲喂高蛋白和低糖类或中等蛋白高糖类饮食的犬之间也存在不同的微生物组成和遗传潜力[4]。有趣的是，与瘦犬相比，肥胖犬的这种效应更为显著，这表明通过饮食常量营养素组成来调节肠道微生物组，或许能够改善体重减轻或维持体重。理想情况下，为宠物提供适当的蛋白质与非蛋白质能量比例较单纯提供超出动物需求的蛋白质更可取。然而，目前膳食蛋白质与非蛋白质能量的理想比例尚未明确。

5.1.3 质量

摄入的蛋白质需要通过胃酸和蛋白水解酶进行蛋白水解（水

解），将其消化成肽（氨基酸链），宠物可以从中吸收游离氨基酸、二肽（两个氨基酸结合在一起）或寡肽（短氨基酸序列结合在一起）。通常，这一过程是宿主消化的一部分，然而，目前市场上存在一些治疗性饮食，提供一些小分子质量的水解蛋白化合物①。

该过程的目标是提供一种能够逃逸肠道免疫系统识别的蛋白质，以便更好地消化、吸收，并给会对完整蛋白质产生不良反应的宠物提供支持[22]。虽然水解蛋白更易消化，但似乎并不会过度影响胃肠道微生物组[23]。

蛋白质的整体消化性及其所含氨基酸可能会影响胃肠道微生物组的组成。适量易消化、高质量的蛋白质（即与犬猫需求相关的平衡氨基酸组成）可以满足宠物的消化需求，仅剩很少的未消化蛋白质到达后肠，而大量难以消化的蛋白质（或肠道吸收能力差的宠物肠道中高消化性的蛋白质）则在肠道后段变成微生物可利用的代谢物。微生物分解氨基酸的过程称为腐败，根据微生物种类、它们的遗传能力和存在的特定氨基酸，可能产生多种潜在的代谢物[11]。如前所述，一些蛋白质发酵产物可能对宿主有害，因此减少未消化蛋白到达肠道后段是维护动物健康和福祉的重要措施。

5.2 糖类

糖类，尤其是不可消化的糖类（纤维），是调节胃肠道微生物组及维护宿主健康的关键，因为某些微生物发酵糖类产生的代谢物具有积极影响，包括短链脂肪酸（SCFAs），如丁酸盐、乙酸盐和丙酸盐。尽管可消化糖类并非犬和猫的必需营养素[16]，但其主要功能是为细胞提供能量来源。糖类包括简单和复杂的形式，可以根据分子组成进一步分为四大类：单糖、双糖、寡糖和多糖，具体见图5.2。经消化后，糖类被还原为简单糖，这些简单糖可以

① 希尔斯低敏处方粮z/d、普瑞纳水解蛋白处方粮HA、皇家兽医专用超低敏水解蛋白处方粮、皇家宠物专用低敏水解蛋白处方粮。

被氧化或发酵，以提供电子并生成能量储存分子三磷酸腺苷[24]。糖类这一术语涵盖了广泛的营养素，为宿主提供能量，包括宿主可消化的来源（如淀粉、糖类），宿主酶不可消化但胃肠道微生物可代谢的来源（可发酵纤维），以及宿主和微生物都不可消化的来源（不可发酵纤维）。

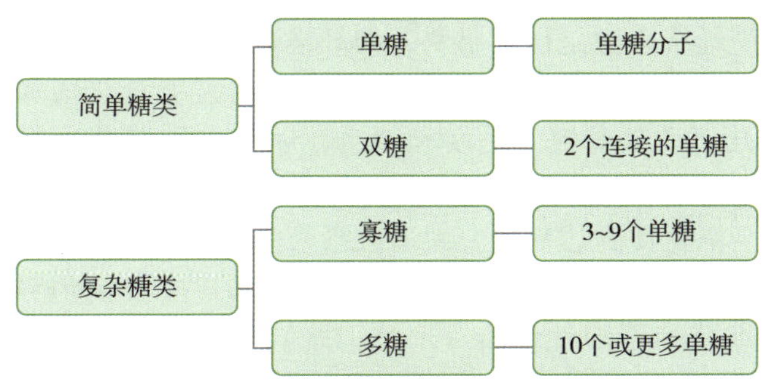

图5.2　糖类的类别和分子组成

5.2.1　简单糖类

简单糖类由单糖和双糖组成，通常被称为糖。单糖（例如葡萄糖、半乳糖、果糖）是糖类中最简单的分子形式。它们通过小肠中的各种转运蛋白被迅速吸收，并通过门静脉循环进入肝脏[24]。双糖（例如蔗糖、乳糖、麦芽糖）由两个单糖分子连接而成，需要由胰腺分泌的淀粉酶水解成单糖，之后再被宿主吸收。虽然大多数简单糖类都能被宿主吸收，但到达后肠而未被吸收的糖可能会改变胃肠道微生物组的组成。大鼠研究中，在生命早期接触葡萄糖和果糖能够改变微生物组成，减少普雷沃氏菌属（*Prevotella*）和毛螺菌科细菌的数量，同时增加拟杆菌属、另枝菌属（*Alistipes*）、乳杆菌属、狭义上的梭菌属、双歧杆菌科（Bifidobacteriaceae）和副萨特氏菌属（*Parasutterella*）细菌的数量[25]。

5.2.2 复杂糖类

复杂糖类由寡糖（由3～9个单糖组成）和多糖（由10个或更多单糖组成）构成，它们对宿主消化有较强的抵抗力[24]。复杂糖类包括淀粉、糖原和非淀粉多糖，后者也被称为纤维。虽然大多数传统纤维来源是植物材料，如纤维素、花生壳和甜菜浆，但人们对酵母细胞壁成分和“动物纤维”的兴趣日益增加，例如昆虫的几丁质外骨骼、毛发和羽毛，以及它们对微生物组的影响[26-28]。淀粉可以被宿主消化成其组成的单糖，但抗性淀粉可能未经完全消化便到达后肠。大多数摄入的纤维对宿主而言几乎完全不可消化，可相对完整地到达后肠。根据其在水中的溶解能力，可将纤维分为不溶性纤维（不溶于水）和可溶性纤维（可溶于水）；根据胃肠道微生物的发酵程度，也可将纤维分为可发酵或不可发酵纤维。这些不同类型的纤维以不同的方式与胃肠道微生物相互作用。通常，商业宠物食品产品不会明确标注添加不同类型膳食纤维的含量。在北美，宠物食品标签上唯一必须标注的是粗蛋白含量[29]。特别是当纤维被用于追求特定疗效时，为每只宠物找到合适的纤维组合和纤维含量或将成为一种挑战。

5.2.2.1 溶解性

溶解性是指纤维在水中溶解的能力，对纤维的功能有着显著影响。可溶性纤维能够吸收水分进入胃肠道，并形成一种黏稠状物质。黏稠度与纤维的分子质量或链长成正比[10]。通常情况下，可溶性纤维更容易被微生物发酵[9]。过量摄入可溶性纤维可能会导致分泌性（水样）腹泻。

不溶性纤维具有稳固的细胞结构，能够抵抗酶解。不溶性纤维的例子包括纤维素、木质素和半纤维素[10]。这些纤维就像天然的去角质剂，在胃肠道中刮擦[9]。这种行为可以增加黏液的产生，并有助于增强胃肠道的屏障功能[11]（图5.3）。

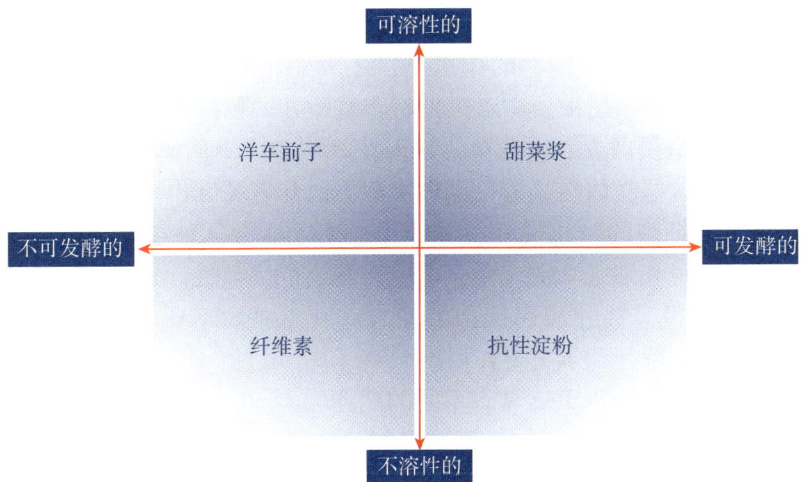

图5.3 宠物食品行业中常见的纤维和复杂糖类的发酵性和溶解性范围。左上象限的发酵性较低，右上象限的发酵性较高。同样，上半象限的溶解性较高，下半象限的溶解性较低。来源：Panasevich 等[3]。知识共享许可：https://creativecommons.org/licenses/by/4.0/

5.2.2.2 发酵性

不同来源的膳食纤维在可发酵性及其被胃肠道微生物代谢的程度方面存在差异。可发酵性可能表现为快速或缓慢的发酵过程。例如，寡糖对某些胃肠道微生物具有高度可发酵性，能够迅速产生 SCFAs。大量研究已探讨了胃肠道微生物代谢膳食纤维的益处，这些相互作用产生的代谢物及其代谢组对宿主健康具有积极影响。以下是胃肠道微生物代谢膳食纤维的一些潜在益处：

（1）为微生物提供能量源，促进微生物组中特定菌群的生长。

（2）降低结肠pH，为微生物完成重要代谢过程（如7-α脱羟基化）提供理想环境。该过程由特定细菌介导，能够将初级胆汁酸转化为次级胆汁酸。

（3）通过为上皮细胞提供能量源来改善胃肠道健康。

（4）部分代谢物能够穿过血脑屏障，从而影响代谢和神经功能。

（5）在厌氧微生物的作用下，生成如SCFAs等对健康有益的代谢物。SCFAs已被证实对宿主有多重益处，包括能够抑制调节基因表达的组蛋白去乙酰化酶，以及激活对SCFAs敏感的G-蛋白偶联受体。这些受体在调节代谢和炎症方面起着关键作用。SCFAs还能够改变细胞的趋化性和吞噬作用，诱导活性氧种类的产生，影响细胞增殖和细胞功能，以及改善胃肠道的完整性。此外，SCFAs还具有抗炎、抗肿瘤和抗菌的特性。在这些SCFAs的生产者中，厚壁菌门细菌起到了重要作用。

不同类型的SCFAs具有不同的功能：

（1）丁酸（丁酸盐） 是结肠细胞的主要能量来源，并且具有显著的抗癌作用。此外，有证据显示丁酸盐能够激活肠道的糖异生作用，帮助调节血糖和能量平衡。丁酸盐的主要生产者是厚壁菌门细菌，包括一些毛螺菌科细菌和普氏栖粪杆菌[7]。

（2）丙酸（丙酸盐） 为上皮细胞提供了额外的能量来源。在肠道中转化为葡萄糖后，被运送到肝脏，减少肝脏的葡萄糖生成。丙酸盐主要由拟杆菌属、厌氧菌属和梭菌属细菌产生[7]。

（3）乙酸（乙酸盐） 是含量最丰富的短链脂肪酸，被外周组织用作能量来源，有助于胆固醇代谢和脂质生成，在小鼠研究中已被证实能够调节食欲[7, 12]。它也是其他细菌的辅助因子和代谢产物，对某些细菌的生长至关重要。例如，普氏栖粪杆菌在没有乙酸盐的情况下无法在培养基中生长。乙酸盐由许多细菌产生，而前面提到的特定细菌则主要在肠道中产生[7]。

饮食纤维具有多种改善健康的潜在功效：

（1）在患有慢性肠炎犬的饮食中添加可发酵纤维，可能会改善生态失调，并影响微生物组，使其更接近于没有胃肠道疾病犬[30-31]。

（2）膳食纤维的发酵过程可能会减少腐败性支链SCFA（如异丁酸、2-甲基丁酸和异戊酸）的产生，增加乙酸的含量，并促进有益的直链SCFA的生产（如乙酸、丙酸和丁酸）[3, 30, 32-33]。

（3）在富含蛋白质的饮食中加入纤维，可能会减少腐败的硫化物、吲哚和氨的产生[33]。

（4）富含多酚的纤维发酵可能会产生具有抗炎作用的代谢产物[30, 32]。

（5）不溶性纤维可以增加粪便的排出量、水分含量和排便频率[34]。

（6）可溶性和不溶性纤维的混合物可以吸收水分并稀释食物中的热量，增加餐量，可能还会增加饱腹感和餐后满足感，这些对体重管理和减肥有积极的效果[35]。

（7）膳食纤维可以改善血糖控制，特别是在血糖调节受损的动物中，这可能是通过改变糖类的吸收或提高胰岛素敏感性来实现的[36]。

（8）某些类型的纤维可能会影响胃的排空和肠道蠕动，从而减少猫吞食毛发后引发毛球症的临床表现[37]。

纤维也可能对健康产生负面影响：

（1）过度发酵可能会产生大量气体，导致明显的肠鸣音、腹胀和腹部不适感。

（2）如果可溶性纤维的摄入量超过动物的耐受程度，可能会导致粪便量增加、质地变软甚至变稀[38]。

（3）可溶性纤维或不可溶性纤维的过量摄入可能会降低食物中常量营养素的消化率[39]。

不可吸收合成双糖（如乳果糖和乳糖醇）在临床上常被用于治疗便秘和肝性脑病[40]。合成双糖的泻药效应有助于缓解便秘。此外，合成双糖能够减少氨的产生，这归因于其益生元效应，能够调节胃肠道微生物组。

5.3　脂肪

在犬猫的饮食中，关于脂肪对微生物组的影响目前尚未得到深入探究。在人类和小鼠的研究中发现，高脂肪饮食（占每日摄入热量的45%～60%）似乎对胃肠道微生物组产生了不良影响，导致其多样性减少[2]。人们推测，高脂肪的饮食可能通过宿主与微生物组的免疫介导机制，对微生物组产生不利影响。这一点在犬猫的研究中尚未得到证实。除了总脂肪摄入量之外，不同种类的脂肪酸及其对胃肠道的具体影响也值得关注。有一些脂肪酸可以被视为益生元，通过与胃肠道微生物组的相互作用，对宿主的健康产生积极影响。例如，一项针对小鼠的研究表明，亚油酸的微生物代谢物能够增强上皮屏障功能，并减轻由牙周致病菌引起的损伤[41]。

5.4 维生素和矿物质

与常量营养素（蛋白质、脂肪和糖类）一样，微量营养素（维生素和矿物质）也可能对宿主的微生物群产生一定影响。尽管在其他物种中，微量营养素在宿主的新陈代谢和组织正常功能中的作用已被发现，但在犬和猫的研究中甚少。

5.4.1 维生素

众所周知，胃肠道微生物因能够合成维生素而备受关注，而摄入的维生素与肠道微生物组之间的相互作用也同样值得关注。摄入的维生素可以通过以下几种方式影响肠道微生物组：

（1）直接的抗菌作用。

（2）调控细菌的能量代谢过程。

（3）影响宿主的免疫应答。

另外，作为维生素的制造者，微生物组能够满足自身对维生素的需求，从而在一定程度上调节微生物组的组成。

5.4.1.1 脂溶性维生素

维生素A：维生素A的吸收率极高，在人体中吸收率可达到

90%[42]。相比之下，维生素A的前体类胡萝卜素吸收率可能比较低，如β-胡萝卜素，因此更容易被肠道微生物群所利用。目前，关于维生素A或类胡萝卜素能直接影响微生物组的证据尚不充分；与维生素A摄入相关的微生物组的组成变化可能是由于维生素A对宿主肠道黏膜屏障的影响[42]。可以明确的是，为了保持肠道微生物的健康发展，个体对维生素A的需求是必不可少的。

维生素D：维生素D与维生素A相似，在小肠中能够高效吸收，并且在维持肠道健康方面起着重要作用。众所周知，虽然维生素D的主要功能与钙的稳定和骨骼代谢相关，然而维生素D受体还存在于包括犬肠道在内的多种非骨骼组织中[43]。事实上，目前的研究认为摄入的维生素D能够通过激活肠道中的维生素D受体而影响人类微生物组[42]。在一项研究中，将维生素D_3混合制成结肠递送胶囊供人类服用，结果发现粪便微生物组发生了变化[44]。在另一项人类研究中，维生素D_3以传统方式给药，未采用肠溶包衣或保护措施来防止其在小肠中被吸收。结果发现，这种给药方式改变了上消化道（胃部）的微生物组，而下消化道（肠道）的微生物组未受影响[45]。这提示微生物组的变化可能与维生素D的吸收和宿主维生素D受体的激活有关，同时维生素D也可能直接作用于微生物本身。

需要注意的是，饮食中的维生素D能够以两种不同的形式存在：一种是维生素D_2，又称为麦角钙化醇，主要来源于酵母和真菌；另一种是维生素D_3，也称作胆钙化醇，主要来自动物的组织和分泌物，同时在一些藻类和地衣中也能找到其踪迹[46-47]。一项针对断奶仔猪的研究发现，在断奶仔猪的饮食中补充维生素D_2会导致普雷沃氏菌属细菌的丰度降低，同时乙酸盐、丁酸盐和丙酸盐的含量增加[48]。而另一项研究显示，在断奶仔猪的饮食中补充25-羟基维生素D_3时，链球菌科细菌的数量减少，而毛螺菌科细菌的数量增加[49]。因此，维生素D对胃肠道微生物组的影响可能取决于其摄入的形式。

维生素E：与维生素A和维生素D不同，维生素E在人体内的吸收率较低且更不稳定，导致更多的维生素E滞留在肠道内，并与微生物相互作用[42]。然而在人类研究领域中，至今尚无充分可靠的证据表明维生素E对微生物组有直接影响。因此，针对这一领域，我们还需开展更为深入的研究工作。

维生素K：在某种程度上与维生素D相似，也存在多种形式——饮食中的维生素K主要来源于植物成分的叶绿醌，同时，在发酵食品中也可以找到由微生物合成的甲基萘醌[42]。甲基萘醌类同样是由肠道微生物合成的。实际上，在犬肠道元基因组中，参与维生素K生物合成的基因占据了重要地位[50]。尽管肠道微生物在维生素K的生产中起到了关键作用，但维生素K对微生物本身的影响却鲜为人知。在人类微生物组中，醌类已被识别为支持特定微生物物种生长的辅因子，这表明无论是摄入还是内源合成的维生素K，都可能选择性地促进特定微生物的生长，进而影响微生物组的组成[51]。

5.4.1.2 水溶性维生素

B族维生素在体内含量较低时，其吸收过程通过主动运输；而当含量较高时，则通过被动扩散的方式吸收，这一过程主要在小肠内进行[52]。B族维生素可通过日常饮食摄取，同时，许多维生素在体内也能由肠道微生物群合成，这一过程主要在大肠中进行。肠道微生物合成B族维生素的能力受多种因素影响，其中饮食是最关键的因素之一。富含复杂糖类的饮食能够显著促进人类肠道微生物群合成B族维生素，并达到最大合成量[53]。微生物的合成作用显著提升了粪便中B族维生素的检测量，在某些特定情况下，粪便中的维生素含量甚至会超出摄入的维生素总量。目前，尚不明确微生物合成的B族维生素中有多少能够被宿主吸收，以及宿主对B族维生素的需求中有多少是通过这些内源性合成途径得到满足的[42]。

硫胺素（维生素B_1）：肠道微生物能够合成硫胺素，尽管人类结肠上皮细胞具有高亲和力的硫胺素转运蛋白，但就满足结肠细胞的日常需求而言，微生物合成的硫胺素微乎其微[53-54]。研究发现，当小鼠被喂食缺乏硫胺素的饲料时，会迅速出现硫胺素缺乏的症状，这一现象支持了这样一个观点，即微生物合成的硫胺素量不足以满足宿主的需求[55]。尽管如此，硫胺素对于某些特定肠道细菌的生长是必不可少的，这说明硫胺素在调节肠道微生物组结构方面起到了重要作用[54]。

核黄素（维生素B_2）：在对人类肠道微生物的研究评估中，有超过一半的微生物被报道拥有合成核黄素的遗传潜力[53-54, 56]，并且在小鼠和人类的大肠内，已经确认存在功能性的核黄素转运蛋白。研究推测，这些微生物合成的核黄素可能在满足宿主的需求方面起到重要作用，并且通过选择性地促进或抑制各种微生物的生长来调节肠道微生物组的组成[54]。

烟酸（维生素B_3）：许多哺乳动物，如犬等，均具备色氨酸内源性合成烟酸的能力，但猫缺乏这种能力[16]。胃肠道中的微生物同样能够将色氨酸转化为烟酸，并且人类结肠上皮细胞拥有能够吸收烟酸的转运蛋白[53]。烟酸对于维持宿主的肠屏障功能至关重要。因此，维生素通过这种方式影响微生物群，且烟酸通过其抗氧化、抗炎和抗内毒素的活性直接影响肠道健康[42]。另外，缺少烟酸合成所需酶的微生物物种，必须依赖肠道内环境中的烟酸来促进其生长，因此烟酸在调控微生物组的组成方面起到了重要作用。

泛酸（维生素B_5）**与生物素**（维生素B_7）：哺乳动物结肠上皮细胞内存在一种特殊的转运蛋白，它能够促进泛酸和生物素（维生素B_7）的吸收，结肠对这两种维生素的吸收作用，很大程度上也满足了宿主体内对这些维生素的需求[53, 57]。在人类胃肠道微生物组中，许多主要微生物门类以及特定物种合成泛酸的能力较为有限。这些微生物大多从其他微生物的泛酸代谢物中获取原料，以此来合成它们所需的泛酸[42]。相比之下，约40%的人类肠道微生物被广泛用于合成生物素[56]。此外，还有一些微生物需要依赖生物素，表明生物素在调节肠道微生物组方面也具有重要作用。

吡哆醇（维生素B_6）：人类肠道微生物群能够大量合成吡哆醇，可以满足宿主的营养需求[56]。这种维生素在调节肠道炎症方面发挥着重要作用，是核黄素和烟酸代谢过程中不可或缺的辅因子[42]。

叶酸（维生素B_9）：与吡哆醇类似，大约40%的人类肠道微生物携带编码叶酸合成途径的基因。多种哺乳动物的结肠中存在叶酸转运蛋白，这表明微生物合成的叶酸对满足宿主需求有重要贡献[42, 56]。然而，在犬猫体内，叶酸的吸收主要发生在小肠的近端部分。因此，若观察到叶酸的吸收增加，则表明小肠内产叶酸的微生物群可能发生了病理性积累，这种情况可以通过血清中叶酸水平的升高来证实。在微生物群中，叶酸能在不依赖宿主叶酸水平的情况下，独立地对微生物的功能产生影响[42]。

钴胺素（维生素B_{12}）：在犬猫体内，钴胺素的吸收主要依靠一种位于回肠的复杂受体介导机制[59]。因此，对于这些动物而言，微生物在回肠远端合成的钴胺素对于宿主来说是不可利用的。在人类胃肠道微生物中，大约40%的微生物基因组中包含钴胺素生物合成途径的基因，而超过80%的编码基因用于合成依赖钴胺素的酶[56, 60]。钴胺素可能具有影响胃肠道微生物群体密度和多样性的能力，这是因为肠道内的细菌会相互竞争，以摄取和代谢这种维生素[61]（表5.1）。

表5.1 维生素对胃肠道微生物组的作用

维生素	作用
维生素A、维生素D、维生素E、维生素B_2（核黄素）、β-胡萝卜素	增加共生菌的丰度
维生素A、维生素B_2（核黄素）、维生素B_3（烟酸）、维生素C和维生素K	增加或维持微生物多样性
维生素D	改变微生物组的多样性
维生素C	增加SCFAs的产生
维生素B_2（核黄素）、维生素E	增加产生SCFAs的物种数量

5.4.2 矿物质

矿物质，在溶液中有时也被称为电解质，也可能与肠道微生物相互作用。以氧化锌为例，长期以来一直被用于减少断奶仔猪因应激引起的腹泻。氧化锌对细菌具有直接的毒性作用，而对哺乳动物细胞则相对无害[62]。因此，在断奶仔猪的饮食中添加矿物质，可以减少特定时期内的微生物失调和病原菌的增殖。研究表明，这种添加方式对微生物组有短暂及长期的影响[48, 63-64]。锌也被证实能够调节微生物组，并在人类和其他动物中调节肠道上皮屏障功能[65]。在另一项研究中，已证实铁的状态对小鼠的微生物组产生了影响。乳杆菌属菌株能够感知肠道环境中的铁含量，并通过与宿主的相互作用，减弱宿主对铁的吸收能力[66]。

5.5 营养素的加工和可消化性

可消化性是维持宿主动物及其微生物群所需营养素的关键因素。高消化性的成分更容易被宿主分解和吸收，在肠腔内留下极少的成分与胃肠道微生物相互作用，尤其是在肠道远端的部位。相比之下，饮食中不可消化的部分会到达大肠，在那里它们可能会为胃肠道微生物群提供能量和营养来源[1, 3, 7, 67]。因此，饮食的可消化性对肠道微生物组的密度和多样性有着重要影响。

饮食的可消化性受成分类型、成分和饮食的加工方式及两者之间相互作用的影响。如前文所述，纤维提供了可被结肠微生物发酵的不可消化的糖类。通常可消化的淀粉通过水分和热量的糊化作用可能变得更容易消化，但经过加工后的淀粉也可能变得不可消化，如通过高温高压的挤压或加热的方式，这种淀粉也被称为抗性淀粉[24]。采用较为温和的加工方法，如“人类食用级别”的烹饪，可能导致食物可消化性、营养可用性、抗营养因子的变性和通过消灭潜在致病微生物提高食品的安全性等方面之间的不同平衡[10]。

尽管加工常用于改善宠物食品的可消化性、营养素可用性和安全性，但同时也存在弊端。晚期糖基化终末产物（AGEs）是由还原糖与蛋白质、核酸或脂质中的氨基团结合形成的化合物[68]。

一些AGEs，如美拉德复合物（来自蛋白质中的氨基酸，通常是赖氨酸），可能被宿主吸收（但未被利用），而过量的产物则会逃避吸收并被结肠微生物降解[69]。在一项大鼠的研究中，AGEs已被证实能够减少肠道微生物组的多样性和丰富度，尤其是参与糖类代谢并产生SCFA的菌种，同时也增加了潜在致病菌种和代谢物的丰度，包括脱硫弧菌属（*Desulfovibrio*）细菌和拟杆菌属细菌，以及氨和支链脂肪酸[68]。总的来说，这些对微生物组和代谢物组的改变可能会损害结肠黏膜完整性，并推测与慢性炎症有关[68-70]。需要开展进一步的研究，以明确饮食中AGEs可能对宠物健康产生的影响，并寻找能够减少犬猫食品中AGEs含量的解决方案。

5.6 章节概要

- 不同组成和加工类型的饮食之间可以观察到微生物组结构的差异。
- 微生物组分类的变化已被证明能够对饮食干预产生迅速的响应。
- 胃肠道微生物参与蛋白质消化，包括吸收和代谢饮食中的蛋白质。未消化的氨基酸可以被代谢成多种微生物衍生的代谢物。
- 不可消化的纤维可被结肠微生物发酵，从而产生有益的短链脂肪酸。
- 脂肪含量高的饮食（占每日能量摄入量的45%～60%）可能对胃肠道微生物组产生负面影响。
- 与常量营养素类似，微量营养素（维生素和矿物质）也与微生物组的改变有关。

- 饮食中不可消化的部分可能会被胃肠道微生物发酵，从而影响微生物的密度和多样性。

参考文献（原书）

1 Pilla, R. and Suchodolski, J. (2021). The gut microbiome of dogs and cats, and the influence of diet. *Veterinary Clinics of North America: Small Animal Practice* 51: 605–621.

2 Wernimont, S., Radosevich, J., Jackson, M. et al. (2020). The effects of nutrition on the gastrointestinal microbiome of cats and dogs: impact on health and disease. *Frontiers in Microbiology* 11: 1266.

3 Panasevich, M., Kerr, K., Dilger, R. et al. (2015). Modulation of the faecal microbiome of healthy adult dogs by inclusion of potato fibre in the diet. *British Journal of Nutrition* 113: 125–133.

4 Li, Q., Lauber, C., Czarnecki-Maulden, G. et al. (2016). Effects of the dietary protein and carbohydrate ratio on gut microbiomes in dogs of different body conditions. *MBio* 8: e01703–e01716.

5 Sandri, M., Monego, S.D., Conte, G. et al. (2017). Raw meat based diet influences faecal microbiome and end products of fermentation in healthy dogs. *BMC Veterinary Research* 13: 65.

6 Schmidt, M., Unterer, S., Suchodolski, J. et al. (2018). The fecal microbiome and metabolome differs between dogs fed bones and raw food (barf) diets and dogs fed commercial diets. *PLoS one* 13 (8): e0201279.

7 Coelho, L., Kultima, J., Costea, P. et al. (2018). Similarity of the dog and human gut microbiomes in gene content and response to diet. *Microbiome* 6: 72.

8 Ephraim, E., Cochrane, C.-Y., and Jewell, D. (2020). Varying protein levels influence metabolomics and the gut microbiome in healthy adult dogs. *Toxins* 12: 517.

9 Ephraim, E. and Jewell, D. (2020). Effect of added dietary betaine and soluble fiber on metabolites and fecal microbiome in dogs with early renal disease. *Metabolites* 10: 370.

10 Do, S., Phungviwatnikul, T., de Godoy, M., and Swanson, K. (2021). Nutrient digestibility and fecal characteristics, microbiota, and metabolites in dogs fed human-grade foods. *Journal of Animal Science* 99 (2): skab028.

11 Bermingham, E., Maclean, P., Thomas, D. et al. (2017). Key bacterial families (clostridiaceae, erysipelotrichaceae and bacteroidaceae) are related to the digestion of protein and energy in dogs. *PeerJ* 5: e3019.

12 Bermingham, E., Young, W., Butowski, C. et al. (2018). The fecal microbiota in the domestic cat (*felis catus*) is influenced by interactions between age and diet; a five year longitudinal study. *Frontiers in Microbiology* 9: 1231.

13 Allaway, D., Haydock, R., Lonsdale, Z. et al. (2020). Rapid reconstitution of the fecal microbiome after extended diet-induced changes indicates a stable gut microbiome in healthy adult dogs. *Applied and Environmental Microbiology* 86 (13): e00562–e00520.

14 Dodd, S., Cave, N., Abood, S. et al. (2020). An observational study of pet feeding practices and how these have changed between 2008 and 2018. *Veterinary Record* 186: 643.

15 Hendriks, W. and Sritharan, K. (2002). Apparent ileal and fecal digestibility of dietary protein is different in dogs. *Journal of Nutrition* 132: 1692S–1694S.

16 National Research Council (2006). *NRC, Nutrient Requirements of Dogs and Cats*. Washington, DC: National Research Council.

17 Okin, G. (2017). Environmental impacts of food consumption by dogs and cats. *PLoS One* 12 (8): e0181301.

18 Moon, C., Young, W., Maclean, P. et al. (2018). Metagenomic insights into the roles of proteobacteria in the gastrointestinal microbiomes of healthy dogs and cats. *Microbiology Open* 7: e00677.

19 Vázquez-Baeza, Y., Hyde, E., Suchodolski, J., and Knight, R. (2016). Dog and human inflammatory bowel disease rely on overlapping yet distinct dysbiosis networks. *Nature Microbiology* 1: 1–5.

20 Suchodolski, J., Markel, M., Garcia-Mazcorro, J. et al. (2012). The fecal microbiome in dogs with acute diarrhea and idiopathic inflammatory bowel disease. *PLoS One* 7 (12): e51907.

21 Hooda, S., Boler, B.V., Kerr, K. et al. (2013). The gut microbiome of kittens is affected by dietary protein:carbohydrate ratio and associated with blood metabolite and hormone concentrations. *British Journal of Nutrition* 109: 1637–1646.

22 Cave, N. (2006). Hydrolyzed protein diets for dogs and cats. *Veterinary Clinics of North America: Small Animal Practice* 36: 1251–1268.

23 Pilla, R., Guard, B., Steiner, J. et al. (2019). Administration of a synbiotic containing enterococcus faecium does not significantly alter fecal microbiota richness or diversity in dogs with and without food-responsive chronic enteropathy. *Frontiers in Veterinary Science* 6: 277.

24 Rankovic, A., Adolphe, J., and Verbrugghe, A. (2019). The role of carbohydrates in the health of dogs. *Journal of the American Veterinary Medical Association* 255 (5): 546–554.

25 Noble, E., Hsu, T., Jones, R. et al. (2017). Early-life sugar consumption affects the rat microbiome independently of obesity. *Journal of Nutrition* 147: 20–28.

26 Jarett, J., Carlson, A., Serao, M. et al. (2019). Diets with and without edible cricket support a similar level of diversity in the gut microbiome of dogs. *PeerJ* 7: e7661.

27 de Oliveira Matheus, L., Risolia, L., Ernandes, M. et al. (2021). Effects of saccharomyces cerevisiae cell wall addition on feed digestibility, fecal fermentation and microbiota and immunological parameters in adult cats. *BMC Veterinary Research* 17: 351.

28 Depauw, S., Hesta, M., Whitehouse-Tedd, K. et al. (2013). Animal fibre: the forgotten nutrient in strict carnivores? First insights in the cheetah. *Journal of Animal Physiology and Animal Nutrition* 97: 146–154.

29 AAFCO, Official Publication (2020). *Champaign*. Illinois: Association of American Feed Control Officials.

30 Jackson, M. and Jewell, D. (2019). Balance of saccharolysis and proteolysis underpins improvements in stool quality induced by adding a fiber bundle containing bound polyphenols to either hydrolyzed meat or grain-rich foods. *Gut Microbes* 10 (3): 298–320.

31 Rossi, G., Cerquetella, M., Gavazza, A. et al. (2020). Rapid resolution of large bowel diarrhea after the administration of a combination of a high-fiber diet and a probiotic mixture in 30 dogs. *Veterinary Sciences* 7: 21.

32 Fritsch, D., Wernimont, S., Jackson, M., and Gross, K. (2019). Select dietary fiber sources improve stool parameters, decrease fecal putrefactive metabolites, and deliver antioxidant and anti-i nflammatory plant polyphenols to the lower gastrointestinal tract of adult dogs. *The FASEB Journal* 33 (S1): 587.

33 Simpson, J., Martineau, B., Jones, W. et al. (2002). Characterization of fecal bacterial populations in canines: effects of age, breed and dietary fiber. *Microbial Ecology* 44: 186–197.

34 Loureiro, B., Sakomura, N., Vaconcellos, R. et al. (2016). Insoluble fibres, satiety and food intake in cats fed kibble diets. *Journal of Animal Physiology and Animal Nutrition* 101: 824–834.

35 Weber, M., Bissot, T., Servet, E. et al. (2007). A high-p rotein, high-fiber diet designed for weight loss improves satiety in dogs. *Journal of Veterinary Internal Medicine* 21: 1203–1208.

36 Nelson, R., Scott-Moncrieff, J., Feldman, E. et al. (2002). Effect of dietary insoluble fiber on control of glycemia in cats with naturally acquired diabetes mellitus. *Journal of the American Veterinary Medical Association* 216: 1082–1088.

37 Dann, J., Adler, M., Duffy, K., and Giffard, C. (2004). A potential nutritional prophylactic for the reduction of feline hairball symptoms. *Journal of Nutrition* 134: 2024S–2125S.

38 Sunvold, G., Fahey, G., and Reinhart, G. (1995). Dietary fiber for cats: in vitro fermentation of selected fiber sources by cat fecal inoculum and in vivo utilization of diets containing selected fiber sources and their blends. *Journal of Animal Science* 73 (8): 2329–2339.

39 Kienzle, E., Meyer, H., and Schneider, R. (1991). Investigations on palatability, digestibility and tolerance of low digestible food components in cats. *Journal of Nutrition* 121 (11): S56–S57.

40 Ding, J.-H., Jin, Z., Yang, X.-X. et al. (2020). Role of gut microbiota via the gut-liver-b rain axis in digestive diseases. *World Journal of Gastroenterology* 26 (40): 6141–6142.

41 Yamada, M., Takahashi, N., Matsuda, Y. et al. (2018). A bacterial metabolite ameliorates periodontal pathogen-induced gingival epithelial barrier disruption via gpr40 signaling. *Scientific Reports* 8: 1–2.

42 Pham, V., Dold, S., Rehman, A. et al. (2021). Vitamins, the gut microbiome and gastrointestinal health in humans. *Nutrition Research* 95: 35–53.

43 Cartwright, J., Gow, A., Milne, E. et al. (2018). Vitamin d receptor expression in dogs. *Journal of Veterinary Internal Medicine* 32: 764–774.

44 Pham, V., Fehlbaum, S., Seifert, N. et al. (2021). Effects of colon-t argeted vitamins on the composition and metabolic activity of the human gut microbiome – a pilot study. *Gut Microbes* 13 (1): 1875774.

45 Bashir, M., Prietl, B., Tauschmann, M. et al. (2016). Effects of high doses of vitamin d3 on mucosa-associated gut microbiome vary between regions of the human gastrointestinal tract. *European Journal of Nutrition* 55: 1479–1489.

46 Ljubic, A., Thulesen, E., Jacobsen, C., and Jakobsen, J. (2021). Uvb exposure stimulates production of vitamin d3 in selected microalgae. *Algal Research* 59: 102472.

47 Wang, T., Bengtsson, G., Kärnefelt, I., and Björn, L. (2001). Provitamins and vitamins d2 and d3 in cladinia spp. Over a latitudinal gradiet: possible correlation with uv levels. *Journal of Photochemistry and Photobiology B: Biology* 62: 118–122.

48 Dowlcy, A., Sweeney, T., Conway, E. et al. (2021). Effects of dietary supplementation with mushroom or vitamin d2-enriched mushroom powders on gastrointestinal health parameters in the weaned pig. *Animals* 11: 3603.

49 Zhang, L., Yang, M., and Piao, X. (2021). Effects of 25-h ydroxyvitamin d3 on growth performance, serum parameters, fecal microbiota, and metabolites in weaned piglets fed diets with low calcium and phosphorus. *Journal of the Science of Food and Agriculture* 102 (2): 597–606.

50 Swanson, K., Dowd, S., Suchodolski, J. et al. (2011). Phylogenetic and gene-centric metagenomics of canine intestinal microbiome reveals similarities with humans and mice. *The ISME Journal* 5: 639–649.

51 Fenn, K., Strandwitz, P., Stewart, E. et al. (2017). Quinones are growth factors for the human gut microbiota. *Microbiome* 5: 1.

52 Zeisel, S. (1998). *Dietary Reference Intakes for Thiamin, Riboflavin, Niacin, Vitamin b6, Folate, Vitamin b12, Pantothenic Acid, Biotin, and Choline*. Washington, DC: Food and Nutrition Board, Institute of Medicine.

53 Said, H. (2013). Recent advances in transport of water-soluble vitamins in organs of the digestive system: a focus on the colon and the pancreas. *American Journal of Physiology Gastrointestinal and Liver Physiology* 305 (9): G601–G610.

54 Uebanso, T., Shimohata, T., Mawatari, K., and Takahashi, A. (2020). Functional roles of b-vitamins in the gut and gut microbiome. *Molecular Nutrition & Food Research* 64: 2000426.

55 Kunisawa, J., Sugiura, Y., Wake, T. et al. (2015). Mode of bioenergetic metabolism during b cell differentiation in the intestine determines the distinct requirement for vitamin b1. *Cell Reports* 13: 122–131.

56 Magnúsdóttir, S., Ravcheev, D., de Crécy-Lagard, V., and Thiele, I. (2015). Systematic genome assessment of b-vitamin biosynthesis suggests co-operation among gut microbes. *Frontiers in Genetics* 6: 148.

57 Ghosal, A., Lambrecht, N., Subramanya, S. et al. (2012). Conditional knockout of the slc5a6 gene in mouse intestine impairs biotin absorption. *American Journal of Physiology Gastrointestinal and Liver Physiology* 304 (1): G64–G71.

58 Suchodolski, J. (2016). Diagnosis and interpretation of intestinal dysbiosis in dogs and cats. *The Veterinary Journal* 215: 30–37.

59 Ruaux, C., Steiner, J., and Williams, D. (2005). Early biochemical and clinical responses to cobalamin supplementation in cats with signs of gastrointestinal disease and severe hypocobalaminemia. *Journal of Veterinary Internal Medicine* 19: 155–160.

60 Degnan, P., Barry, N., Mok, K. et al. (2014). Human gut microbes use multiple transporters to distinguish vitamin b12 analogs and compete in the gut. *Cell Host & Microbe* 15 (1): 47–57.

61 Xu, Y., Xiang, S., Ye, K. et al. (2018). Cobalamin (vitamin b12) induced a shift in microbial composition and metabolic activity in an in vitro colon simulation. *Frontiers in Microbiology* 9: 2780.

62 Xie, Y., He, Y., Irwin, P. et al. (2011). Antibacterial activity and mechanism of action of zinc oxide nanoparticles against *campylobacter jejuni*. *Applied and Environmental Microbiology* 77 (7): 2325–2331.

63 Li, Y., Guo, Y., Wen, Z. et al. (2018). Weaning stress perturbs gut microbiome and its metabolic profle in piglets. *Nature* 8: 1–2.

64 Starke, I., Pieper, R., Neumann, K. et al. (2013). The impact of high dietary zinc oxide on the development of the intestinal microbiota in weaned piglets. *FEMS Microbiology Ecology* 87: 416–427.

65 Usama, U., Khan, M., and Fatima, S. (2018). Role of zinc in shaping the gut microbiome; proposed mechanisms and evidence from the literature. *Journal of Gastrointestinal & Digestive System* 8 (1): 548.

66 Das, N., Schwartz, A., Barthel, G. et al. (2020). Microbial metabolite signaling is required for systemic iron homeostasis. *Cell Metabolism* 31: 115–130.

67 Middelbos, I., Boler, B., Qu, A. et al. (2010). Phylogenetic characterization of fecal microbial communities of dogs fed diets with or without supplemental dietary fiber using 454 pyrosequencing. *PLoS one* 5 (3): e9768.

68 Qu, W., Yuan, X., Zhao, J. et al. (2017). Dietary advanced glycation end products modify gut microbial composition and partially increase colon permeability in rats. *Molecular Nutrition & Food Research* 61 (10): 1700118.

69 van Rooijen, C., Bosch, G., Poel, A.v. et al. (2013). The maillard reaction and pet food processing: effects on nutritive value and pet health. *Nutrition Research Reviews* 26: 130–148.

70 Teodorowicz, M., Hendriks, W., Wichers, H. et al. (2018). Immunomodulation by processed animal feed: the role of maillard reaction products and advanced glycation end-products (ages). *Fronteirs in Immunology* 9: 2088.

6 当前的微生物组分析方法

不同的方法能够解答不同的问题，在微生物组研究领域中，选择合适的研究方法至关重要。

方法的创新有助于推动科学进步，这一点在微生物学领域尤为明显。回顾历史发现，微生物学之父安东·范·列文虎克在1676年首次通过显微镜观察到“微小的动物”（细菌和其他微生物），从而揭示了微观世界的奥秘。直到19世纪，培养方法的诞生使得微生物学家能够分离并表征与宿主相关的细菌、真菌、原生动物和病毒，进而促进了医学在诊断和治疗传染病方面的发展。这些基于培养的方法使许多病原体能够通过表型特征（如对染色剂的反应、培养需求以及生长特征）得以鉴定。事实上，基于培养的方法至今仍是兽医临床上许多感染性疾病的一线诊断手段。

20世纪70年代中期，微生物学领域掀起了一场革命，Carl Woese和George Fox在当时提出使用核糖体RNA作为遗传标记来表征微生物。通过测序16S核糖体RNA，他们构建了首个系统发育树，用以描述进化关系并区分趋同相似性与同源相似性[1]。随着自动测序技术的发明[2]，这种方法彻底改变了微生物的研究与分类。独立于培养的测序方法开始用于表征那些无法通过传统培养手段获得的环境微生物群落及宿主相关微生物群落，其研究始于黄石国家公园Octopus温泉中发现的一个相对简单的微生物群落[3]。1983年，Kary Mullis发明了聚合酶链式反应（PCR），以及其他分子技术和测序技术的进步，使得我们能够更深入地揭示那些难以通过传统培养方法获得的微生物群落的特征。

标记基因（如16S核糖体RNA基因，即16S rRNA基因）是理想的微生物分类标记，因为它们包含进化速率较慢的DNA区域，这些区域与进化速率较快的区域相邻。其他经常使用的标记基因还包括用于真核生物的18S核糖体RNA（rRNA）基因，以及用于真菌的核糖体内部转录间隔区（ITS）基因。这些保守区域与高变异性区域之间紧密相邻，因此可以设计针对保守区域的PCR引物，通过这些引物对邻近的可变区域进行扩增和测序，进而检测生物体的进化史信号（图6.1）。

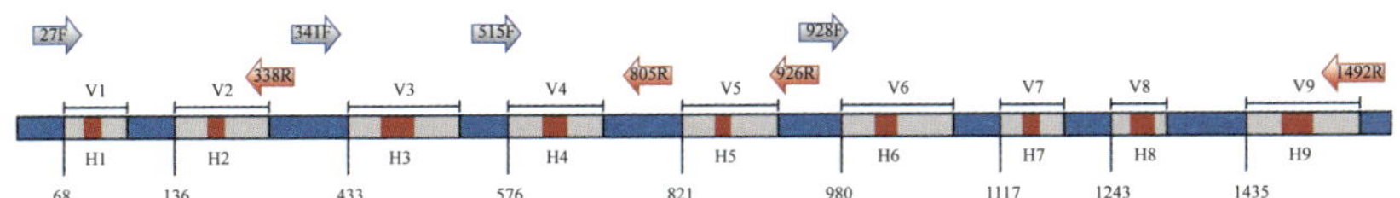

图6.1　16S rRNA基因中保守、可变和超可变区域示意图。保守区域用蓝色表示，9个可变区域（V1～V9）用灰色表示，超可变区域用红色表示（H1～H9）。常用的正向和反向引物以箭头表示

通过测序标记基因，如16S rRNA基因位点，并将其与参考数据库进行比较，基于核苷酸序列对细菌进行系统发育分类（或识别），同时计算与识别匹配的测序读数的副本数量。因此，DNA测序技术可以用来对不同种类的微生物进行分类和表征，其作用几乎相当于微生物的图鉴[4]。基于这项基础研究的系统发育方法，如今被广泛应用于表征高度多样化的微生物群落，其中包括肠道微生物组。

尽管隔离微生物可能是理解其生物学特性的最佳方式，但现在人们普遍认识到，传统的微生物学方法不是确定微生物分类或系统发育特性的最佳途径，尤其是对于特征不明显、表型可变或难以培养的有机体。DNA测序技术的出现，克服了分离微生物的需求，使人们能够基于遗传物质发现新的微生物种类。据估计，在实验室中能够培养的每一个细菌种类，在自然界中可能还有至少100个细菌种类尚未被分离。因此，人们目前所认识、已分离的微生物种类，仅仅是微生物多样性的冰山一角。

6.1　微生物组表征的重要性

微生物组分析是评估特定样本中微生物多样性的方法，这些

样本可能包括粪便、皮肤和口腔刮取物或拭子，以及血液等。通过使用上述系统发育方法对整个微生物组进行全面表征，不仅可以检测到特定的病原体，还能提供关于可能缺失或与健康个体相比相对丰度有差异的共生微生物的信息。目前，人们在识别任何特定个体的“健康”微生物种群及其丰度方面仍面临诸多挑战。因为即使在同一种动物中，也有许多因素会影响微生物组的构成(第4章)。

尽管微生物组分析在学术研究中已经开展了数十年，但其在兽医学领域的应用还处于起步阶段。在人类医学和兽医学的研究中，人们发现许多疾病状态下微生物群落的模式发生了改变，这表明微生物组检测将会是一种具有前景的诊断工具[5]。此外，微生物组具有可被操纵的潜力，并且能够快速响应诸如饮食干预和粪便微生物群移植（fecal microbiota transplantation，FMT）等变化。

肠道微生物组中的微生物多样性、不同微生物之间的功能冗余及代谢的灵活性共同增强了其对抗生素治疗等干扰的恢复力[6]。然而，抗生素[7]和其他药物[8]的暴露可能会降低肠道微生物组的微生物多样性和功能丰富性。肠道微生物群中的有益细菌可能因抗生素等必要的治疗手段而受到非靶向性负面影响，因此识别这些影响或许能够为采取恢复性措施提供依据。

从临床角度看，预测个体对于各类干预措施的反应，如一个疗程的抗生素治疗，以及对恢复性措施的响应，在饮食中加入益生元纤维、服用益生菌或进行粪便微生物群移植，有助于实施个性化治疗，以及将治疗效果最大化，同时能尽量减少损害。由于个体可能对这类干预反应有很大差异，因此微生物组恢复的治疗方法可能从包括对微生物组组成的个性化评估中获益。

6.2 样本收集和保存方法

美国国立卫生研究院（NIH）赞助的人类微生物组项目揭示

了比以往更多的细节，即人体如何拥有众多不同的生态位，每个生态位都拥有特定的微生物群种类和数量[9]。这些不同的生态位需要不同的收集技术。例如，干拭子常用于从皮肤[10]、耳道[11]、口腔[12]、眼睛[13]和阴道表面采集样本。牙科样本则常采用纸尖收集法。对于在机体低生物量区域收集的干拭子样本和牙科样本必须立即进行处理或冷冻保存[14]。当预期细菌DNA含量较低时，例如血液样本[15]，采取特别的预防措施以实现污染最小化至关重要。污染可能发生在收集点（如针穿透皮肤表面）、医院环境及实验室处理过程中。血液样本通常用含有乙二胺四乙酸（EDTA）的血液收集管保存或冷冻保存。

粪便样本常作为一种非侵入性诊断样本，用于评估肠道微生物组。在微生物组研究中，对人类样本的存储条件、存储时间和保存方法，确实是影响微生物组成分析结果的重要因素[16]，且可能会导致微生物组成的变化。但在兽医领域，这些因素并不显著[17]。然而，捕捉肠道微生物组快照（即通过特定的检测方法获取的肠道微生物群在某一特定时间点的组成和状态）的黄金标准是使用新鲜粪便样本。这些样本应当在室温下尽快处理，以收集后的4h内及冷藏条件下48h内处理为最佳。然而，由于这种情况在实际操作中往往难以实现，通常采用样本保存的方法，包括干燥样本、使用保存缓冲液及冷冻保存等。

乙醇作为一种经济实惠的试剂，能够为粪便样本提供稳定性和可复制性。在一项研究中[18]，作者比较了不同的保存方法，发现使用70%乙醇保存粪便并进行均质化处理，其DNA浓度和菌群组成与新鲜样本最为接近，这一方法在没有冷冻设备的现场、实验室和临床环境中凸显了潜在的应用价值。也有报道称这种乙醇浓度（70%）能够有效保存蜘蛛猴的粪便[19]。而95%的乙醇在未进行均质化处理时对犬的粪便样本更为适用[20]。一些粪便保存缓冲液中含有Tris-EDTA，它通过溶解细胞膜来使DNA溶解，并螯合催化DNase（脱氧核糖核酸酶）的金属离子。然而，由于对EDTA毒性的担忧[21]，它并不适合家庭使用，并且在临床使用时需要按照危险废物进行处理。

6.3 当前的微生物组分析方法

目前有多种关于微生物组的分析方法，包括显微镜检查、实验室培养、使用定量PCR（qPCR）的PCR检测套组、扩增子测序、元基因组鸟枪法测序（shotgun metagenomic sequencing）、RNA测序及代谢物组学（表6.1）。最合适的方法取决于预期收集的数据类型。在肠道微生物组分析中，细菌通常是研究的重点，一部分原因是肠道微生物组主要由细菌构成，另一部分原因是目前关于细菌的表征和分类比真菌、原生动物或病毒更为全面和详细。然而，越来越多的证据表明，真菌在胃肠道疾病中具有重要作用，尤其是人类体内的酵母菌纲（Saccharomycetes）物种和念珠菌属某些种（*Candida* spp.）[22]。此外，犬的肠道真菌分析也显示出相似的结果[23-24]，这进一步证实了真菌在肠道健康中的潜在影响。

表6.1 当前用于微生物组表征分析的方法

方法	表征分析
显微镜检查	微生物表型研究，这些表型对于区分不同分类群并不可靠。已开发了针对荧光原位杂交（FISH）的分子探针。局限性：需要事先了解感兴趣的目标，并且最适合用于生活在平整表面的群落，如口腔生物膜
培养	用于单独培养微生物单个细胞的液体或固体培养基，对于评估微生物的生物学和生理学特征至关重要。在病原体和抗菌药物耐药性筛查方面仍具有相关性。局限性：不一定能代表体内的活力情况，并非所有微生物都能被培养出来
qPCR	已开发了一些套组来靶向检测微生物组中的少数微生物，包括失调指数（DI）。这种方法经济、快速（几小时），结果分析简单明了。局限性：与FISH类似，qPCR套组在检测目标明确且数量较少时效果最佳。通常，套组可根据特定条件进行优化，例如慢性肠病的DI，因此其应用范围比基于发现的扩增子测序和元基因组学方法窄。与数字PCR不同，定量不是绝对的，需要仔细校准标准曲线

（续）

方法	表征分析
扩增子测序	PCR引物被设计用于细菌和古菌的16S核糖体RNA（rRNA）基因的几个超变区（V1～V9）、真核生物的18S rRNA基因或真菌的核糖体内部转录间隔区（ITS）。PCR被用来扩增样本中所有基因变体的数十亿个拷贝（扩增子）。可通过测序和系统发育分析，以及参考数据库来识别基因，并根据序列数据中每种基因出现的次数来计算其数量。这种方法经济、快速（几天内完成）。局限性：结果仅限于扩增子目标（例如，细菌和古菌的16S rRNA基因、真菌的ITS基因）。PCR扩增引入了偏差。使用短读测序方法（如Illumina），并没有对所有可变区域进行测序，限制其测序到属水平。然而，长读测序（如PacBio和Oxford Nanopore）允许完整基因的测序以进行种水平识别。评估的是相对丰度而不是绝对丰度，这可能与病原体更相关。细菌物种之间的16S rRNA基因拷贝数是变化的
元基因组学	元基因组鸟枪法测序可获得样本中所有基因组DNA的序列数据，包括DNA病毒、真菌、原生动物、细菌、古菌及宿主DNA；且样品准备无需扩增，减少了PCR偏差。这种方法可用于到菌株水平的分类学分析，以及遗传代谢功能和抗菌药物耐药性的遗传能力。局限性：成本远高于扩增子测序，需要样品制备，由于DNA输入要求高和对样品中的抑制剂敏感，样品失败率较高。对含有大量宿主DNA的样品进行微生物组分析时需要更深入的测序。对于寄生虫（包括贾第鞭毛虫和刚地弓形虫）的检测可能无法获得可靠的结果
代谢物组学	代谢物组学使用分析化学方法来检测代谢物，例如在肠道健康方面检测短链脂肪酸（SCFAs）和胆汁酸（初级和次级）。方法包括液相色谱-质谱联用（LCMS）、气相色谱-质谱联用（GCMS）和核磁共振光谱（NMR）。局限性：不表征分析分类组成，而是检测代谢功能。样品需要小心储存，通常在－80℃。保存方法的选择与显著的储存效应有关

6.3.1 显微技术

显微镜技术的重要性依旧不容忽视，因为PCR和测序技术无法提供关于微生物的形态、空间分布及与细胞环境相关的信息。通过使用荧光原位杂交（FISH）技术[25]，人们可以直观地观察到微生物组与宿主间的空间相互作用。这种技术将分子生物学的精确性与显微镜技术提供的视觉信息完美结合。使用针对特定目标设计的荧光标记探针，例如针对阴道生物膜中特定细菌群体的16S rRNA基因[26]，FISH技术能够实现对生物膜或组织内微生物细胞的可视化、鉴定及计数。该操作步骤包括固定样本、样本准备、与探针进行杂交以检测特定目标序列，之后洗涤以去除未结合的探针。与测序相比，FISH仍是一种相对快速且成本较低的方法。然而，使用FISH技术来分析微生物组的主要限制在于非目标微生物的自动荧光问题，以及可使用的探针数量有限。与所有方法一样，设置对照组是必不可少的。目前，在兽医学领域，FISH技术的应用仍然有限，它主要被专家和学者作为研究工具使用。

6.3.2 培养

微生物培养在检测病原体和筛查抗菌药物耐药性（AMR）等多个领域仍具有重要意义，包括用于实验操作。同时，也可以通过元基因组学方法来评估AMR基因的存在[27-28]。然而，由于基因组测序涉及基因组的拆分和重新组装，因此将AMR基因的存在归因于特定微生物上可能具有一定的挑战性。为了克服这一难题，研究者们开发了一些复杂且成本较高的标记技术用于元基因组样本的制备，以帮助识别哪些基因组属于同一微生物。目前，识别微生物中AMR基因存在的黄金标准流程是首先将微生物分离出来，然后对其基因组进行测序。临床微生物学实验室通常会采用培养方法结合PCR检测套组，以筛查病原体和一些AMR基因。这些方法通常不涉及评估共生细菌的微生物组组成，而是专注于病原微生物的检测。

6.3.3 分子方法

用于微生物组表征分析的分子方法包括定量PCR检测套组（qPCR）、扩增子测序（即对扩增目标进行测序），以及元基因组测序（图6.2）[29]。PCR检测套组提供了一种相对快速的手段来评估已知目标的存在和丰度，例如特征明确的病原体，但较少用于表征共生细菌。一部分原因是微生物组中共生菌的多样性，它们在不同人群中的代表程度（流行率）存在高度变异，以及关于它们生物学特点的知识匮乏。扩增子测序与元基因组测序是基于发现的方法，利用参考数据库对样本中发现的所有已知微生物进行分类。除了这些基于DNA的方法外，还可通过测序技术来表征样本中的mRNA，以评估基因表达水平（转录组学），以及蛋白质组学技术来分析蛋白质表达情况。然而，这些方法主要作为研究工具应用于兽医科学中，用于描述疾病的病因[30]和生物标志物的发现，本章将不再进一步讨论。

6.3.3.1 定量PCR检测套组（qPCR）

qPCR旨在针对、扩增并量化已知的微生物目标，包括兽医学诊断实验室提供的更为人们所熟知的检测套组。这些实验室传统上主要致力于筛查寄生虫（包括原生动物和蠕虫）及病原体（如细菌、真菌和病毒）[29]。通过使用qPCR来评估微生物组的组成，其关键在于识别与特定类型的失调或与失调相关的小部分分类群。例如，得克萨斯A&M大学开发的肠道菌群失调指数（DI），作为一套qPCR检测，通过报告一个单一的数值来指示犬猫正常微生物状态与慢性肠病相关的失调程度。犬的DI检测套组采用细菌通用引物及针对布劳特氏菌属（*Blautia*）、平野梭菌（*Clostridium hiranonis*）、大肠埃希氏菌、栖粪杆菌属、梭菌属、链球菌属和苏黎世杆菌属（*Turicibacter*）等特定细菌的引物[31]，有74%的灵敏度和95%的特异性，可以区分患有慢性肠病和健康犬的肠道微生物群。猫的DI检测套组同样对总细菌，以及拟杆菌属、双歧杆菌属、平野梭菌、大肠埃希氏菌、栖粪杆菌属、链球菌属和苏黎世杆菌属7个细菌类群的特异性进行检测，以96%的敏感性和特异性区分慢性肠病和健康猫的肠道微生物群[32]。qPCR在目标明确且数量较少的情况下效果最佳，通常可针对特定条件进行优化，如与失调指数相关的慢性肠病。

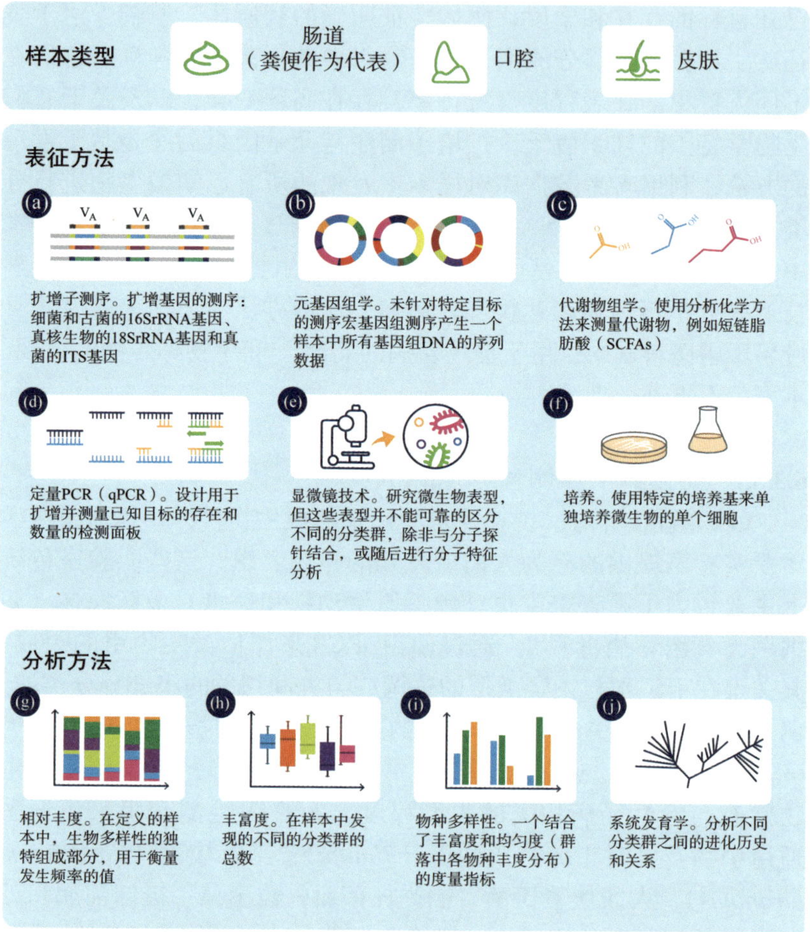

样本类型

肠道（粪便作为代表）

口腔

皮肤

表征方法

(a) 扩增子测序。扩增基因的测序：细菌和古菌的16SrRNA基因、真核生物的18SrRNA基因和真菌的ITS基因

(b) 元基因组学。未针对特定目标的测序宏基因组测序产生一个样本中所有基因组DNA的序列数据

(c) 代谢物组学。使用分析化学方法来测量代谢物，例如短链脂肪酸（SCFAs）

(d) 定量PCR（qPCR）。设计用于扩增并测量已知目标的存在和数量的检测面板

(e) 显微镜技术。研究微生物表型，但这些表型并不能可靠的区分不同的分类群，除非与分子探针结合，或随后进行分子特征分析

(f) 培养。使用特定的培养基来单独培养微生物的单个细胞

分析方法

(g) 相对丰度。在定义的样本中，生物多样性的独特组成部分，用于衡量发生频率的值

(h) 丰富度。在样本中发现的不同的分类群的总数

(i) 物种多样性。一个结合了丰富度和均匀度（群落中各物种丰度分布）的度量指标

(j) 系统发育学。分析不同分类群之间的进化历史和关系

图6.2 当前用于表征和分析宿主相关微生物组中微生物群落的技术

6.3.3.2 扩增子测序16S、18S和ITS

扩增子测序是一种针对特定基因的测序方法，这些基因首先通过聚合酶链式反应（PCR）进行扩增，随后对扩增后的PCR产物或扩增子进行DNA测序[29]。当扩增子测序用于微生物表征时，针对细菌16S核糖体RNA（rRNA）基因的一个或多个高度变异区

域（细菌和古菌的V1～V9区域）、真核生物的18S核糖体RNA基因，或真菌的核糖体内转录间隔区（ITS）等区域进行PCR引物设计。扩增子测序能够实现属水平的鉴定（如使用Illumina等短读测序技术对16S rRNA基因部分区域进行测序）或种水平的鉴定（如使用Pacific Biosystems和Oxford Nanopore等长读测序技术对全长16S rRNA基因进行测序）。相较于元基因组测序，扩增子测序的成本显著较低，这不仅是由于生成的数据集较小，计算成本较低，还因为扩增子序列的生成、存储和分析成本较低。在收集口腔微生物组或皮肤样本进行分析时，使用扩增子测序方法更为合适，因为元基因组测序会涉及测序样本中的所有DNA，包括宿主DNA。扩增子测序最适用于对微生物组样本进行物种鉴定分析（即确定样本中存在哪些微生物），但它不能提供关于微生物代谢功能的信息（即它们在进行哪些活动）。

6.3.3.3　元基因组测序

元基因组鸟枪法测序能够提供样本中所有基因组DNA的序列信息，包括DNA病毒、真菌、原生动物、细菌、古菌，以及宿主DNA。测序文库可以在不进行扩增的情况下制备，从而消除了PCR带来的偏差[29]。然而，对于生物量较低的样本，仍然需要通过PCR（全基因组扩增）来获得结果，这可能会产生扩增偏差。

序列数据中发现的每种微生物的数量，是通过计算每种微生物在序列数据中出现的频率来估算的。根据测序的深度和参考数据库的不同，元基因组测序可以识别到物种或菌株水平的分类学分辨率。除了物种鉴定分析，元基因组数据库还允许识别和注释与代谢功能相关的基因。

从诊断测试的角度来看，成本较高是限制元基因组测序的一个主要因素，目前可达到扩增子测序的10～50倍。由于DNA输入要求高和对样本中的抑制剂敏感性高，样本失败率也较高。

另外，除了测序成本，元基因组文库的测序所需时间更长，且在计算分析和大数据集存储方面的成本增加，因此不建议对临床样本进行浅层测序，因为这会产生结果的不一致性。而含有大量宿主DNA的样本，如皮肤和口腔样本，将会导致大量的测序读数都花费在宿主基因组上，因此需要更深入的测序。

此外，这种方法在识别某些寄生虫的存在时可能不会产生可靠的结果，如贾第鞭毛虫（*Giardia*）和刚地弓形虫（*Toxoplasma gondii*）。因为这些生物形成的包囊对标准DNA提取方法有一定抗性，且需要特定的方法来优化提取产量。因此，抗原检测和显微镜检查等其他方法对于某些寄生虫的检测会更加适用。

6.3.3.4 代谢物组学

对微生物群落成员进行编目后，下一步是以群落的代谢功能表征分析为重点，评估微生物正在进行的具体活动[33-34]。代谢物组学通过分析化学的方法来描述和量化样本中存在的代谢物，其方法包括靶向和非靶向（基于发现）两种方式。尽管尚未作为诊断工具在兽医领域广泛应用，但随着超高效液相色谱（UPLC）和离子化切换系统的出现，液相色谱-质谱（LCMS）平台已经能够提供高通量、高分辨率和广泛的代谢物覆盖。使用少量的样本制备很难通过LCMS检测SCFAs，这是由于它们的质荷比在较低的质量范围内，容易受到溶剂和添加剂的峰值干扰，也会因为它们的亲水性导致色谱分离效果变差及电喷雾离子化不足。但这些挑战可以通过引入特定的衍生化步骤来克服[35]。此外，还有其他常见的分析SCFAs的技术，包括气相色谱-质谱（GCMS）和核磁共振光谱（NMR）。

在慢性肠病患犬中通常会发现粪便SCFAs含量降低[36]。这种变化归因于栖粪杆菌属和拟杆菌属物种的减少[37]。对慢性肠病患犬的粪便样本进行的非靶向粪便代谢物组学研究揭示了短链和中链脂肪酸、氨基酸和胆汁酸代谢的差异[38]。通过对慢性肠病患猫与健康猫的粪便样本进行非靶向粪便代谢物组学比较，人们发现与炎症相关的多不饱和脂肪酸、氨基酸和维生素存在显著差异。这些差异揭示了慢性肠病在代谢层面的特征，为进一步理解疾病的病理生理机制提供了重要信息[39]。

6.4 章节概要

- 微生物组分析用于评估样本内微生物的多样性和丰度。
- 扩增子测序和元基因组测序是最常用的方法，具有非靶向性、基于发现的特点，可以提供整个微生物群落的快照。
- 扩增子测序主要用于分析微生物群落的组成结构，而元基因组测序则在此基础上，增强了对微生物群落功能的预测能力。
- 一些传统方法，如定量PCR、培养和显微镜观察等，仍可提供有价值的见解。
- 已经开发了基于PCR的诊断套组，用于检测慢性肠病。

参考文献（原书）

1 Woese, C.R. and Fox, G.E. (1977). Phylogenetic structure of the prokaryotic domain: the primary kingdoms. *Proceedings of the National Academy of Sciences of the United States of America* 74 (11): 5088–5090.

2 Sanger, F., Nicklen, S., and Coulson, A.R. (1977). DNA sequencing with chain-terminating inhibitors. *Proceedings of the National Academy of Sciences* 74 (12): 5463–5467.

3 Stahl, D.A., Lane, D.J., Olsen, G.J., and Pace, N.R. (1985). Characterization of a yellowstone hot spring microbial community by 5S rRNA sequences. *Applied and Environmental Microbiology* 49 (6): 1379–1384.

4 Eisen, J.A. (2007). Environmental shotgun sequencing: its potential and challenges for studying the hidden world of microbes. *PLoS Biology* 5 (3): e82.

5 Pilla, R. and Suchodolski, J.S. (2019). The role of the canine gut microbiome and metabolome in health and gastrointestinal disease. *Frontiers in Veterinary Science* 6: 498.

6 Fassarella, M., Blaak, E.E., Penders, J. et al. (2021). Gut microbiome stability and resilience: elucidating the response to perturbations in order to modulate gut health. *Gut* 70 (3): 595–605.

7 Pilla, R., Gaschen, F.P., Barr, J.W. et al. (2020). Effects of metronidazole on the fecal microbiome and metabolome in healthy dogs. *Journal of Veterinary Internal Medicine/American College of Veterinary Internal Medicine* 34 (5): 1853–1866.

8 Le Bastard, Q., Al-Ghalith, G.A., Grégoire, M. et al. (2018). Systematic review: human gut dysbiosis induced by non-antibiotic prescription medications. *Alimentary Pharmacology & Therapeutics* 47 (3): 332–345.

9 Zhou, Y., Gao, H., Mihindukulasuriya, K.A. et al. (2013). Biogeography of the ecosystems of the healthy human body. *Genome Biology* 14 (1): R1.

10 Bradley, C.W., Morris, D.O., Rankin, S.C. et al. (2016). Longitudinal evaluation of the skin microbiome and association with microenvironment and treatment in canine atopic dermatitis. *The Journal of Investigative Dermatology* 136 (6): 1182–1190.

11 Tang, S., Prem, A., Tjokrosurjo, J. et al. (2020). The canine skin and ear microbiome: a comprehensive survey of pathogens implicated in canine skin and ear infections using a novel next-generation-sequencing-based assay. *Veterinary Microbiology* 247 (August): 108764.

12 Oba, P.M., Carroll, M.Q., Alexander, C. et al. (2021). Microbiota populations in supragingival plaque, subgingival plaque, and saliva habitats of adult dogs. *Animal Microbiome* 3 (1): 38.

13 Banks, K.C., Ericsson, A.C., Reinero, C.R., and Giuliano, E.A. (2019). Veterinary ocular microbiome: lessons learned beyond the culture. *Veterinary Ophthalmology* 22 (5): 716–725.

14 Marotz, C., Cavagnero, K.J., Song, S.J. et al. (2021). Evaluation of the effect of storage methods on fecal, saliva, and skin microbiome composition. *mSystems* 6 (2): https://doi.org/10.1128/mSystems. 01329-20.

15 Scarsella, E., Sandri, M., Dal Monego, S. et al. (2020). Blood microbiome: a new marker of gut microbial population in dogs? *Veterinary Science in China* 7 (4): https://doi.org/10.3390/vetsci7040198.

16 Vogtmann, E., Chen, J., Amir, A. et al. (2017). Comparison of collection methods for fecal samples in microbiome studies. *American Journal of Epidemiology* 185 (2): 115–123.

17 Tal, M., Verbrugghe, A., Gomez, D. et al. (2017). The effect of storage at ambient temperature on the feline fecal microbiota. *BMC Veterinary Research* 13 (256): 1–8.

18 Horng, K.R., Ganz, H.H., Eisen, J.A., and Marks, S.L. (2018). Effects of preservation method on canine (Canis Lupus Familiaris) fecal microbiota. *PeerJ* 6 (May): e4827.

19 Hale, V.L., Tan, C.L., Knight, R., and Amato, K.R. (2015). Effect of preservation method on spider monkey (Ateles Geoffroyi) fecal microbiota over 8 weeks. *Journal of Microbiological Methods* 113 (June): 16–26.

20 Song, S.J., Amir, A., Metcalf, J.L. et al. (2016). Preservation methods differ in fecal microbiome stability, affecting suitability for field studies, mSystems. 1 (3): https://doi.org/10.1128/mSystems.00021-1 6.

21 Lanigan, R.S. and Yamarik, T.A. (2002). Final report on the safety assessment of EDTA, calcium disodium EDTA, diammonium EDTA, dipotassium EDTA, disodium EDTA, TEA-EDTA, tetrasodium EDTA, tripotassium EDTA, trisodium EDTA, HEDTA, and trisodium HEDTA. *International Journal of Toxicology* 21 (Suppl 2): 95–142.

22 Sciavilla, P., Strati, F., Di Paola, M. et al. (2021). Gut microbiota profiles and characterization of cultivable fungal isolates in IBS patients. *Applied Microbiology and Biotechnology* 105 (8): 3277–3288.

23 Handl, S., Dowd, S., Garcia-Mazcorro, J. et al. (2011). Massive parallel16S rRNA gene pyrosequencing reveals highly diverse fecal bacterial and fungal communities in healthy dogs and cats. *FEMS Microbiology Ecology* 76: 301–310.

24 Suchodolski, J., Morris, E., Allenspach, K. et al. (2008). Prevalence and identification of fungal DNA in the small intestine of healthy dogs and dogs with chronic enteropathies. *Veterinary Microbiology* 132: 379–388.

25 Moter, A. and Göbel, U.B. (2000). Fluorescence in situ hybridization (FISH) for direct visualization of microorganisms. *Journal of Microbiological Methods* 41 (2): 85–112.

26 Hardy, L., Jespers, V., Dahchour, N. et al. (2015). Unravelling the bacterial vaginosis-associated biofilm: a multiplex Gardnerella Vaginalis and Atopobium Vaginae fluorescence in situ hybridization assay using peptide nucleic acid probes. *PLoS One* 10 (8): e0136658.

27 Chawnan, N., Lampang, K., Mektrirat, R. et al. (2021). Cultivation of bacterial pathogens and antimicrobial resistance in canine periapical tooth abscesses. *Veterinary Integrative Sciences* 19 (3): 513–525.

28 Skarżyńska, M., Leekitcharoenphon, P., Hendriksen, R. et al. (2020). A metagenomic glimpse into the gut of wild and domestic animals: quantification of antimicrobial resistance and more. *PLoS One* 15 (12): e0242987.

29 Suchodolski, J. (2021). Analysis of the gut microbiome in dogs and cats. *Veterinary Clinical Pathology* 50 (Suppl. 1): 6–17.

30 Klopfleisch, R. and Gruber, A.D. (2012). Transcriptome and proteome research in veterinary science: what is possible and what questions can be asked? *The Scientific World Journal* 2012 (January): https://doi.org/ 10.1100/2012/254962.

31 AlShawaqfeh, M.K., Wajid, B., Minamoto, Y. et al. (2017). A dysbiosis index to assess microbial changes in fecal samples of dogs with chronic inflammatory enteropathy. *FEMS Microbiology Ecology* 93 (11): https:// doi.org/10.1093/femsec/fix136.

32 Sung, C.-H., Marsilio, S., Chow, B. et al. (2022). Dysbiosis index to evaluate the fecal microbiota in healthy cats and cats with chronic enteropathies. *Journal of Feline Medicine and Surgery* 24 (6): e1–e12.

33 Gika, H., Theodoridis, G., Plumb, R., and Wilson, I. (2014). Current practice of liquid chromatography–mass spectrometry in metabolomics and metabonomics. *Journal of Pharmaceutical and Biomedical Analysis* 87: 12–25.

34 Moore, R., Anturaniemi, J., Velagapudi, V. et al. (2020). Targeted metabolomics with ultraperformance liquid chromatography-mass spectrometry (UPLC-MS) highlights metabolic differences in healthy and atopic staffordshire bull terriers fed two different diets, a pilot study. *Frontiers in Veterinary Science* 7: https:// doi.org/10.3389/fvets.2020.554296.

35 Song, H.E., Lee, H.Y., Kim, S.J. et al. (2019). A facile profiling method of short chain fatty acids using liquid chromatography-mass spectrometry. *Metabolites* 9 (9): https://doi.org/10.3390/metabo9090173.

36 Minamoto, Y., Minamoto, T., Isaiah, A. et al. (2019). Fecal short-chain fatty acid concentrations and dysbiosis in dogs with chronic enteropathy. *Journal of Veterinary Internal Medicine/American College of Veterinary Internal Medicine* 33 (4): 1608–1618.

37 Suchodolski, J.S., Markel, M.E., Garcia-Mazcorro, J.F. et al. (2012). The fecal microbiome in dogs with acute diarrhea and idiopathic inflammatory bowel disease. *PLoS One* 7 (12): e51907.

38 Pilla, R., Guard, B.C., Blake, A.B. et al. (2021). Long-t erm recovery of the fecal microbiome and metabolome of dogs with steroid-r esponsive enteropathy. *Animals: An Open Access Journal from MDPI* 11 (9): https://doi.org/10.3390/ani11092498.

39 Marsilio, S., Chow, B., Hill, S.L. et al. (2021). Untargeted metabolomic analysis in cats with naturally occurring inflammatory bowel disease and alimentary small cell lymphoma. *Scientific Reports* 11 (1): 9198.

7 微生物组失调的管理

本章介绍了针对胃肠道微生物组失调或失衡的微生物组研究方法。过去十年间的研究显示，现代医学和饮食习惯对微生物组成和功能所带来的影响正逐渐受到关注[1–3]。这些研究的发现促使人们意识到利用恢复平衡的方法来更好地维护微生物组的多样性和功能。关于微生物组的常见问题包括病原体的产生和过度生长，如大肠埃希氏菌或艰难梭菌；此外，还包括有益菌种关键群体的缺失或代表性不足，以及群落中少数分类群占主导地位的失衡现象[4–9]。要想评估一个微生物组是否处于“失调”或不健康状态，首先需要评估健康群体的微生物组范围，之后才能定义出偏离健康状态的情况。

微生物组组成的变化可能是疾病的结果，而非原因。由于微生物组的大多数研究属于观察性研究，并非通过实验手段诱导疾病。因此，通常无法确定一个已经改变的微生物组是成为某种情况的标志还是其诱因。正如第4章所讨论的，导致微生物组失衡或失调的因素包括许多常用的抗生素，这些抗生素能够减少肠道中的有益细菌，同时也会对某些病原体产生影响。而其他方法，如饮食调整、益生菌补充、粪便微生物移植或噬菌体疗法，对肠道中的常驻细菌损害相对较小，因此可以考虑利用这些方法管理肠道菌群失调情况。

微生物组失调无论是某种情况的标志还是其原因，胃肠道微生物组都将会成为一个具有前景的干预目标。这个目标是通过调整胃肠道微生物组来恢复其正常功能，从而缓解与微生物组失调相关的症状。肠道微生物组能够迅速对饮食变化，以及其他改变微生物组成和功能的干预措施作出反应。

7.1 关键营养因素

在第4章中我们已经讨论过饮食的重要性，在这里再次提及是为了强调饮食在支持宿主营养、微生物组组成、肠道屏障功能及整体宿主健康方面的核心作用。当微生物组失调和胃肠道状况出现问题时，饮食干预将成为一种重要手段，尽管其对肠道微生物的影响会有一定差异[10–15]。在健康个体中，肠道微生物组能够对饮食变化做出迅速反应[16]，这也为“吃什么补什么”的说法赋予了全新的含义。人类自己为体内生活的众多微生物提供营养，并依靠它们来支持我们体内复杂的生理机能，这一点对于伴侣动物来说也同样适用[17]。采用能够支持微生物多样性和肠道功能多样性的饮食，对于维持微生物组健康至关重要。尽管北美①和欧洲②有关于商业宠物食品生产受到营养标准的规范，但构成“完整和均衡”饮食的范围很广泛，这些标准并未考虑到微生物组的需求。目前，人们对微生物组如何响应饮食变化的理解仍然较为浅显，这是由微生物群落的多样性及食物中营养素的组成和可利用性的化学复杂性所造成的，这些食物可能以生的、新鲜的、煮熟的、挤压的、冷冻干燥的或发酵的形式存在。食物中的三种主要常量营养素是糖类、蛋白质和脂肪，在常量营养素水平上，人们发现它们对微生物多样性和组成有着显著影响[13, 21]。例如，在一项猫的研究中，超重的猫从喂食低蛋白和高糖类的饮食转变为高蛋白但低糖类的饮食后，其粪便微生物组中蛋白质代谢细菌梭杆菌属丰度增加，达到了与瘦猫相似的水平[22]。此外，在许多研究中还显示出了纤维对肠道微生物组的影响[23–26]。

---

① 美国饲料管理协会AAFCO (2020). 官方出版物 Champaign, Illinois: 美国饲料管理协会.

② 欧洲宠物食品工业联合会FEDIAF (2020). 犬猫完整的和补充性宠物食品的营养指南 Bruxelles, Belgium: 欧洲宠物食品工业联合会.

7.2 益生菌

益生菌是一类活微生物（通常是细菌和真菌），旨在提供健康益处[27]。有研究表明，在某些情况下，益生菌能够充当治疗某些疾病的替代方案，以取代抗生素的使用[28-33]。在兽医领域，益生菌常用于治疗患有特应性皮炎或胃肠道疾病的犬。例如，补充布拉迪酵母菌（*Saccharomyces boulardii*），能够显著改善正常犬的肠道健康（通过减少粪便中钙卫蛋白免疫球蛋白A），并且可以减轻压力（通过减少粪便中的皮质醇）[34]。在人类研究领域，已有研究证实益生菌对口腔健康、预防结直肠癌、控制糖尿病和调节血糖有积极影响，同时还具有免疫刺激作用（见综述[35]）。此外，益生菌还能够补充受损微生物组中缺失的功能，例如减少产气荚膜梭菌等病原菌的数量[36]，部分益生菌在幼年动物体内较为常见，如乳杆菌属或双歧杆菌属。然而，绝大多数益生菌并不包括在接触抗生素后数量减少或被清除的肠道相关厌氧菌。

通常情况下，医生会在抗生素治疗后开具益生菌，以帮助调节肠道菌群。然而抗生素治疗可能会扰乱宿主的胃肠道微生物组，导致微生物组的再定植能力受损，益生菌的潜在益处削弱。

7.3 粪便微生物群移植

粪便微生物群移植（FMT）可能是调节微生物组最有效的方法，目前正在被广泛用于治疗多种健康问题[37-39]。在伴侣动物医学领域，FMT已经成为治疗急性与慢性胃肠道疾病的一种新兴手段[10]。FMT主要从健康的供体中采集粪便样本，并将其转移到患病动物体内。FMT的给药方式一般有两种，一是通过口服胶囊给药，二是通过灌肠器进行直肠给药（图7.1）。所使用的粪便材料可以为新鲜、冷冻或冻干形式。此外，FMT还可以通过不同的途径输送到胃肠道的不同部位，如通过内窥镜引导的鼻空肠管进行输送。尽管在人类患者中，针对艰难梭菌感染的治疗效果似乎并不受给药途径的影响（如文献[40]所示），但宠物中的情况可能有所不同。因此需要对犬猫进行专门的研究，以分析不同给药途径对于治疗效果的影响。以往的克罗恩病患者都会进行抗生素治疗，但现在人们认识到这种治疗方法并没有临床益处。相反，越来越多的临床试验正在探究FMT在患有IBD及相关疾病的人类患者中的治疗潜力[41]。

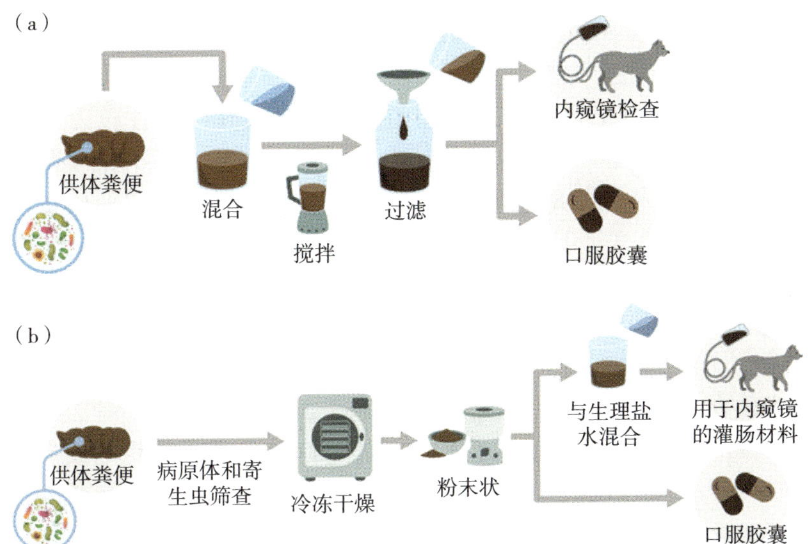

图7.1　粪便微生物移植可以通过两种不同的方法进行：（a）新鲜或冷冻材料与生理盐水混合，通过灌肠（有时在内窥镜引导下）或口服进行输送。（b）冷冻干燥的粪便粉末也可以使用，通过口服胶囊或与生理盐水混合后通过灌肠进行输送

FMT被认为能够通过增加微生物组的多样性、提升有益微生物的数量及抑制病原体生长来恢复粪便微生物组的组成、多样性和稳态[37-39]。FMT有时可作为传统治疗方法的替代，或是这些治疗方法的补充，以促进临床症状的缓解，例如犬细小病毒感染[42-46]。

最新的研究发现，FMT能在抗生素治疗后加速微生物组组成的恢复，其效果优于益生菌[47-48]。

在兽医学领域，自18世纪起，FMT便已成功用于治疗牛、马、羊等其他患有反刍障碍、消化不良、食欲不振和结肠炎的动物[49-50]。一项研究显示，在断奶期间接种母体粪便的幼犬，其腹泻的发生率有所降低[51]。这些证据表明，微生物可以从供体转移到受体的肠道微生物组中，并且能够在一段时间内保持稳定，从而改善健康状况。研究还发现，完整的微生物组移植并非疾病治疗的必要条件。因此，即使是一轮或多轮的FMT治疗也会带来有益影响[52-53]。

在家庭犬中，FMT现在被用于疾病治疗或作为急性腹泻[42-46]、复发性慢性腹泻[54]、炎性肠病[42-46]、特应性皮炎[55]、犬细小病毒感染[46]和糖尿病[56]的辅助治疗。尽管家猫可能面临类似的健康问题，但目前关于FMT在家猫中的应用研究相对较少。有报道称，一只6岁的猫经FMT治疗后，可以成功解决长期呕吐和腹泻问题[57]，此外FMT治疗还成功治愈了一只成年猫的慢性溃疡性结肠炎[58]。在一项研究中，Rojas等[59]对68只被诊断为IBD或疑似患有IBD的猫进行了FMT胶囊（含有冻干粪便）的口服治疗，结果发现77%的猫在临床症状上有所改善。此外，微生物组的反应与FMT治疗猫的初始临床症状、先前的IBD诊断、近期抗生素使用和饮食等因素相关。

7.4 噬菌体

如第4章所述，抗生素是一类用于治疗传染病的药物，也可以用于调节肠道微生物组——可能会带来正面或负面的影响。尽管抗生素在医学实践中意义深远，但其过度使用已与多种问题相关联，包括肠道微生物群的失调、肠道功能受损、抗菌药物耐药性的传播，以及可能促进慢性疾病和一些癌症的发展[60]。某些抗生素能够刺激有益菌的生长，但由于已知的负面影响，它们的应用范围正在逐渐缩小。在一项抗生素用于治疗非复杂性尿路感染的研究中，使用硝基呋喃妥因与双歧杆菌属[61]和栖粪杆菌属[62]细菌的增加相关，且这两种细菌都与健康有关。另一项结肠炎相关的结直肠癌小鼠研究模型中，发现使用抗生素对肠道微生物进行调节能够影响肿瘤的发生[63]。抗生素有时也应用于人类医学中的粪便移植准备，特别是治疗复发性艰难梭菌感染。然而，关于这种治疗方法是否能够改善患者预后效果的相关研究并不多见。一项关于小鼠模型的研究中，Freitag等[64]发现，使用广谱抗生素进行预处理改善了某些特定类群的植入，但并未改善供体微生物群的总体定植。

噬菌体提供了另一种调节肠道微生物组的新方法。噬菌体是专门感染细菌的病毒，因其具有溶解或吞噬细菌的能力而得名[65]。根据这一特性，噬菌体也可以作为抗生素的替代品。与大多数抗生素相比，噬菌体具有窄谱性，它们能够特异性地针对单一物种或是特定菌株。噬菌体能够溶解和杀死的细菌范围称为噬菌体的宿主范围，不同噬菌体之间的宿主范围也不尽相同。对抗菌药物耐药性细菌日益增长的担忧促使美国加大了对新型噬菌体混合物的发现和开发力度。最初，这些混合物主要针对影响食品安全的微生物，如肠沙门氏菌（*Salmonella enterica*）、大肠埃希氏菌和单核细胞增生李斯特氏菌（*Listeria monogenes*）。噬菌体混合物PreForPro是针对大肠杆菌设计的。临床研究表明，它能够有效减少大肠埃希氏菌和产气荚膜梭菌的数量，并增加丁酸盐的产生[66]。此外，在人类研究中，PreForPro与益生菌协同作用，通过减少炎症标志物和增加产生短链脂肪酸的细菌种类，改善益生菌对肠道健康的反应[67]。目前，更多的噬菌体混合物正在开发中，最近的临床研究表明，噬菌体疗法具有广泛的应用前景。例如，针对黏附侵袭性大肠埃希氏菌的噬菌体在治疗人结肠炎方面表现出积极效果。另一项研究发现，针对溶细胞素阳性粪肠球菌（*Enterococcus faecalis*）的噬菌体具有减少乙醇诱导的肝病作用[68]。这些研究表明，噬菌体疗法可能为某些细菌感染和肠道相关疾病的治疗提供了一种新的、有针对性的解决方法。

目前，噬菌体在兽医临床实践中尚未广泛应用。关于在伴侣动物中使用噬菌体治疗传染病的前景，目前已有相关研究进行探讨（如文献[69]所示），但在其广泛应用于兽医领域之前，仍有许多困难需要解决。

7.5 章节概要

- 微生物组作为一种干预靶标，在恢复功能并缓解生态失调相关症状方面具有广阔前景。
- 尽管抗生素对于治疗感染至关重要，但同时也会损害与宿主相关的肠道共生菌，并可能引发持久的生态失调。
- 某些情况下，益生菌或许能成为比抗生素危害更小的替代选择。
- 越来越多的证据表明，在伴侣动物医学中使用FMT可以有效减少生态失调，并辅助缓解多种疾病的临床症状。

参考文献（原书）

1 Manchester, A.C., Webb, C.B., Blake, A.B. et al. (2019). Long-t erm impact of tylosin on fecal microbiota and fecal bile acids of healthy dogs. *Journal of Veterinary Internal Medicine/American College of Veterinary Internal Medicine* 33 (6): 2605–2617.

2 Pilla, R., Gaschen, F.P., Barr, J.W. et al. (2020). Effects of metronidazole on the fecal microbiome and metabolome in healthy dogs. *Journal of Veterinary Internal Medicine/American College of Veterinary Internal Medicine* 34 (5): 1853–1866.

3 Suchodolski, J.S., Dowd, S.E., Westermarck, E. et al. (2009). The effect of the macrolide antibiotic tylosin on microbial diversity in the canine small intestine as demonstrated by massive parallel 16S rRNA gene sequencing. *BMC Microbiology* 9 (October): 210.

4 AlShawaqfeh, M.K., Wajid, B., Minamoto, Y. et al. (2017). A Dysbiosis index to assess microbial changes in fecal samples of dogs with chronic inflammatory enteropathy. *FEMS Microbiology Ecology* 93 (11): https:// doi. org/10.1093/femsec/fix136.

5 DeGruttola, A., Low, D., Mizoguchi, A., and Mizoguchi, E. (2016). Current understanding of dysbiosis in disease in human and animal models. *Inflammatory Bowel Diseases* 22 (5): 1137–1150.

6 Minamoto, Y., Minamoto, T., Isaiah, A. et al. (2019). Fecal short-chain fatty acid concentrations and dysbiosis indogs with chronic enteropathy. *Journal of Veterinary Internal Medicine* 33: 1608–1618.

7 Suchodolski, J. (2016). Diagnosis and interpretation of intestinal dysbiosis in dogs and cats. *The Veterinary Journal* 215: 30–37.

8 Sung, C.-H., Marsilio, S., Chow, B. et al. (2022). Dysbiosis index to evaluate the fecal microbiota in healthy cats and cats with chronic enteropathies. *Journal of Feline Medicine and Surgery* 24 (6): e1–e2.

9 Vázquez-Baeza, Y., Hyde, E., Suchodolski, J., and Knight, R. (2016). Dog and human inflammatory bowel disease rely on overlapping yet distinct dysbiosis networks. *Nature Microbiology* 1: 1–5.

10 Schmitz, S.S. (2022). Modifying the gut microbiota – an update on the evidence for dietary interventions, probiotics, and fecal microbiota transplantation in chronic gastrointestinal diseases of dogs and cats. *Advances in Small Animal Care* 3 (1): 95–107.

11 Allaway, D., Haydock, R., Lonsdale, Z. et al. (2020). Rapid reconstitution of the fecal microbiome after extended diet-induced changes indicates a stable gut microbiome in healthy adult dogs. *Applied and Environmental Microbiology* 86 (13): e00562–e00520.

12 Coelho, L., Kultima, J., Costea, P. et al. (2018). Similarity of the dog and human gut microbiomes in gene content and response to diet. *Microbiome* 6: 72.

13 Li, Q., Lauber, C., Czarnecki-Maulden, G. et al. (2016). Effects of the dietary protein and carbohydrate ratio on gut microbiomes in dogs of different body conditions. *MBio* 8: e01703–e01716.

14 Lin, C.-Y., Jha, A., Oba, P. et al. (2022). Longitudinal fecal microbiome and metabolite data demonstrate rapid shifts and subsequent stabilization after an abrupt dietary change in healthy adult dogs. *Animal Microbiome* 4 (46): 1–21.

15 Pilla, R. and Suchodolski, J. (2021). The gut microbiome of dogs and cats, and the influence of diet. *Veterinary Clinics of North America: Small Animal Practice* 51: 605–621.

16 David, L.A., Maurice, C.F., Carmody, R.N. et al. (2014). Diet rapidly and reproducibly alters the human gut microbiome. *Nature* 505 (7484): 559–563.

17 Wernimont, S.M., Radosevich, J., Jackson, M.I. et al. (2020). The effects of nutrition on the gastrointestinal microbiome of cats and dogs: impact on health and disease. *Frontiers in Microbiology* 11 (June): 1266.

18 Sandri, M., Dal Monego, S., Conte, G. et al. (2017). Raw meat based diet influences faecal microbiome and end products of fermentation in healthy dogs. *BMC Veterinary Research* 13 (1): 65.

19 Bermingham, E., Young, W., Butowski, C. et al. (2018). The fecal microbiota in the domestic cat (Felis catus) is influenced by interactions between age and diet; a five year longitudinal study. *Frontiers in Microbiology* 9: 1231.

20 Do, S., Phungviwatnikul, T., de Godoy, M., and Swanson, K. (2021). Nutrient digestibility and fecal characteristics, microbiota, and metabolites in dogs fed human-grade foods. *Journal of Animal Science* 99 (2): https://doi.org/10.1093/jas/skab028.

21 Hooda, S., Vester Boler, B., Kerr, K. et al. (2013). The gut microbiome of kittens is affected by dietary protein:carbohydrate ratio and associated with blood metabolite and hormone concentrations. *British Journal of Nutrition* 109: 1637–1646.

22 Li, Q. and Pan, Y. (2020). Differential responses to dietary protein and carbohydrate ratio on gut microbiome in obese vs. lean cats. *Frontiers in Microbiology* 11 (October): 591462.

23 Ephraim, E. and Jewell, D. (2020). Effect of added dietary betaine and soluble fiber on metabolites and fecal microbiome in dogs with early renal disease. *Metabolites* 10: 370.

24 Hall, J., Jackson, M., Jewell, D., and Ephraim, E. (2020). Chronic kidney disease in cats alters response of the plasma metabolome and fecal microbiome to dietary fiber. *PLoS One* 15 (7): e0235480.

25 Middelbos, I., Boler, B., Qu, A. et al. (2010). Phylogenetic characterization of fecal microbial communities of dogs fed diets with or without supplemental dietary fiber using 454 pyrosequencing. *PLoS One* 5 (3): e9768.

26 Panasevich, M., Kerr, K., Dilger, R. et al. (2015). Modulation of the faecal microbiome of healthy adult dogs by inclusion of potato fibre in the diet. *British Journal of Nutrition* 113: 125–133.

27 Pandey, K., Naik, S., and Vakil, B. (2015). Probiotics, prebiotics and synbiotics-a review. *Journal of Food Science and Technology* 52 (12): 7577–7587.

28 Bybee, S., Scorza, A., and Lappin, M. (2011). Effect of the probiotic enterococcus faecium SF68 on presence of diarrhea in cats and dogs housed in an animal shelter. *Journal of Veterinary Internal Medicine* 25 (4): 856–860.

29 Gómez-Gallego, C., Junnila, J., Männikkö, S. et al. (2016). A canine-specific probiotic product in treating acute or intermittent diarrhea in dogs: a double-blind placebo-controlled efficacy study. *Veterinary Microbiology* 197: 122–128.

30 Kim, H., Rather, I., Kim, H. et al. (2015). A double-b lind, placebo controlled-trial of a probiotic strain lactobacillus sakei probio-6 5 for the prevention of canine atopic dermatitis. *Journal of Microbiology and Biotechnology* 25 (11): 1966–1969.

31 Rossi, G., Cerquetella, M., Gavazza, A. et al. (2020). Rapid resolution of large bowel diarrhea after the administration of a combination of a high-fiber diet and a probiotic mixture in 30 dogs. *Veterinary Sciences* 7: 21.

32 Sauter, S., Benyacoub, J., Allenspach, K. et al. (2006). Effects of probiotic bacteria in dogs with food responsive diarrhoea treated with an elimination diet. *Journal of Animal Physiology and Animal Nutrition* 90: 269–277.

33 Aktas, M., S., Borku, M.K., and Ozkanlar, Y. (2007). Efficacy of *Saccharomyces boulardii* as a probiotic in dogs. *Bulletin of the Veterinary Institute in Pulawy = Biuletyn Instytutu Weterynarii W Pulawach* 51: 365–369.

34 Meineri, G., Martello, E., Atuahene, D. et al. (2022). Effects of *Saccharomyces boulardii* supplementation on nutritional status, fecal parameters, microbiota, and mycobiota in breeding adult dogs. *Veterinary Science in China* 9 (8): https://doi.org/10.3390/ vetsci9080389.

35 Sivamaruthi, B.S., Kesika, P., and Chaiyasut, C. (2021). Influence of probiotic supplementation on health status of the dogs: a review. *NATO Advanced Science Institutes Series E: Applied Sciences* 11 (23): 11384.

36 Park, H.-E ., Kim, Y.J., Do, K.-H. et al. (2018). Effects of queso blanco cheese containing *Bifidobacterium longum* KACC 91563 on the intestinal microbiota and short chain fatty acid in healthy companion dogs. *Korean Journal for Food Science of Animal Resources* 38 (6): 1261–1272.

37 Niederwerder, M.C. (2018). Fecal microbiota transplantation as a tool to treat and reduce susceptibility to disease in animals. *Veterinary Immunology and Immunopathology* 206 (December): 65–72.

38 Tuniyazi, M., Xiaoyu, H., Yunhe, F., and Zhang, N. (2022). Canine fecal microbiota transplantation: current application and possible mechanisms. *Veterinary Science in China* 9 (8): https://doi.org/10.3390/ vetsci9080396.

39 Zheng, L., Ji, Y.-Y., Wen, X.-L., and Duan, S.-L. (2022). Fecal microbiota transplantation in the metabolic diseases: current status and perspectives. *World Journal of Gastroenterology: WJG* 28 (23): 2546–2560.

40 Jiang, Z.-D., Jenq, R.R., Ajami, N.J. et al. (2018). Safety and preliminary efficacy of orally administered lyophilized fecal microbiota product compared with frozen product given by enema for recurrent clostridium difficile infection: a randomized clinical trial. *PLoS One* 13 (11): e0205064.

41 Gubatan, J., Boye, T.L., Temby, M. et al. (2022). Gut microbiome in inflammatory bowel disease: role in pathogenesis, dietary modulation, and colitis-associated colon cancer. *Microorganisms* 10 (7): https://doi. org/10.3390/microorganisms10071371.

42 Chaitman, J., Ziese, A.-L., Pilla, R. et al. (2020). Fecal microbial and metabolic profiles in dogs with acute diarrhea receiving either fecal microbiota transplantation or oral metronidazole. *Frontiers in Veterinary Science* 7 (April): 192.

43 Collier, A. (2022). Fecal microbiota alterations in illness and efficacy of fecal microbiota transplantation in treatment of inflammatory bowel disease in dogs. University of Guelph. https://atrium.lib.uoguelph.ca/ xmlui/ handle/10214/26622 (accessed 20 November 2022).

44 Gal, A., Barko, P.C., Biggs, P.J. et al. (2021). One dog's waste is another dog's wealth: a pilot study of fecal microbiota transplantation in dogs with acute hemorrhagic diarrhea syndrome. *PLoS One* 16 (4): e0250344.

45 Niina, A., Kibe, R., Suzuki, R. et al. (2021). Fecal microbiota transplantation as a new treatment for canine inflammatory bowel disease. *Bioscience of*

Microbiota, Food and Health 40 (2): 98–104.

46 Pereira, G.Q., Gomes, L.A., Santos, I.S. et al. (2018). Fecal microbiota transplantation in puppies with canine parvovirus infection. *Journal of Veterinary Internal Medicine/American College of Veterinary Internal Medicine* 32 (2): 707–711.

47 Suez, J., Zmora, N., Zilberman-Schapira, G. et al. (2018). Post-antibiotic gut mucosal microbiome reconstitution is impaired by probiotics and improved by autologous FMT. *Cell* 174 (6): 1406–23.e16.

48 Taur, Y., Coyte, K., Schluter, J. et al. (2018). Reconstitution of the gut microbiota of antibiotic-treated patients by autologous fecal microbiota transplant. *Science Translational Medicine* 10 (460): https://doi.org/10.1126/scitranslmed.aap9489.

49 DePeters, E.J. and George, L.W. (2014). Rumen transfaunation. *Immunology Letters* 162 (2 Pt A): 69–76.

50 Mandal, R.S., Joshi, V., and Balamurugan, B. (2017). Rumen transfaunation an effective method for treating simple indigestion in ruminants. *North East Veterinarian* 17: 31–33. https://www.cabdirect.org/cabdirect/abstract/20183074200.

51 Burton, E.N., O'Connor, E., Ericsson, A.C., and Franklin, C.L. (2016). Evaluation of fecal microbiota transfer as treatment for postweaning diarrhea in research-colony puppies. *Journal of the American Association for Laboratory Animal Science: JAALAS* 55 (5): 582–587.

52 Niederwerder, M.C., Constance, L.A., Rowland, R.R.R. et al. (2018). Fecal microbiota transplantation is associated with reduced morbidity and mortality in porcine circovirus associated disease. *Frontiers in Microbiology* 9 (July): 1631.

53 Wang, J.-W., Kuo, C.-H ., Kuo, F.-C. ct al. (2019). Fecal microbiota transplantation: review and update. *Journal of the Formosan Medical Association = Taiwan Yi Zhi* 118 (Suppl 1): S23–S31.

54 Cerquetella, M., Marchegiani, A., Rossi, G. et al. (2022). Case report: oral fecal microbiota transplantation in a dog suffering from relapsing chronic diarrhea-clinical outcome and follow-up. *Frontiers in Veterinary Science* 9 (July): 893342.

55 Kerem, U. (2022). Fecal microbiota transplantation capsule therapy via oral route for combatting atopic dermatitis in dogs. *Ankara Üniversitesi Veteriner Fakültesi Dergisi* 69 (2): 211–219.

56 Gal, A., Brown, R., Barko, P. et al. (2022). Abstract EN11: interim analysis of a prospective clinical trial of fecal microbial transplantation in diabetic dogs. 2022 ACVIM Hybrid Forum.

57 Weese, J.S., Costa, M.C., and Webb, J.A. (n.d.). Preliminary clinical and microbiome assessment of stool transplantation in the dog and cat. *Journal of Atomic and Molecular Physics* 27: 705.

58 Furmanski, S. and Mor, T. (n.d.). First case report of fecal microbiota transplantation in a cat in Israel. *Israel Journal of Veterinary Medicine* 12: 35–41. http://www.ijvm.org.il/sites/default/files/fecal_microbiota_ transplantation.pdf.

59 Rojas, C.A., Entrolezo, Z., Jarett, J.K. et al. (2022). Abstract G131: microbiome responses to fecal microbiota transplantation in cats. 2022 ACVIM Hybrid Forum.

60 Sanyaolu, L.N., Oakley, N.J., Nurmatov, U. et al. (2020). Antibiotic exposure and the risk of colorectal adenoma and carcinoma: a systematic review and meta-analysis of observational studies. *Colorectal Disease: The Official Journal of the Association of Coloproctology of Great Britain and Ireland* 22 (8): 858–870.

61 Vervoort, J., Xavier, B.B., Stewardson, A. et al. (2015). Metagenomic analysis of the impact of nitrofurantoin treatment on the human faecal microbiota. *The Journal of Antimicrobial Chemotherapy* 70 (7): 1989–1992.

62 Stewardson, A.J., Gaïa, N., François, P. et al. (2015). Collateral damage from oral ciprofloxacin versus nitrofurantoin in outpatients with urinary tract infections: a culture-free analysis of gut microbiota. *Clinical Microbiology and Infection: The Official Publication of the European Society of Clinical Microbiology and Infectious Diseases* 21 (4): 344.e1–344.e11.

63 Lee, J.G., Eun, C.S., Jo, S.V. et al. (2019). The impact of gut microbiota manipulation with antibiotics on colon tumorigenesis in a murine model. *PLoS One* 14 (12): e0226907.

64 Freitag, T.L., Hartikainen, A., Jouhten, H. et al. (2019). Minor effect of antibiotic pre-treatment on the engraftment of donor microbiota in fecal transplantation in mice. *Frontiers in Microbiology* 10 (November): 2685.

65 Sulakvelidze, A., Alavidze, Z., and Morris, J. Jr. (2001). Bacteriophage therapy. *Antimicrobial Agents and Chemotherapy* 45 (3): 649–659.

66 Febvre, H.P., Rao, S., Gindin, M. et al. (2019). PHAGE study: effects of supplemental bacteriophage intake on inflammation and gut microbiota in healthy adults. *Nutrients* 11 (3): https://doi.org/10.3390/ nu11030666.

67 Grubb, D.S., Wrigley, S.D., Freedman, K.E. et al. (2020). PHAGE-2 study: supplemental bacteriophages extend *Bifidobacterium Animalis Subsp. Lactis* BL04 benefits on gut health and microbiota in healthy adults. *Nutrients* 12 (8): 10.3390/nu12082474.

68 Duan, Y., Young, R., and Schnabl, B. (2022). Bacteriophages and their potential for treatment of gastrointestinal diseases. *Nature Reviews. Gastroenterology & Hepatology* 19（2）：135–144.

69 Squires, R. (2018). Bacteriophage therapy for management of bacterial infections in veterinary practice: what was once old is new again. *New Zealand Veterinary Journal* 66 (5): 229–235.

第二部分
身体系统中的微生物组

8 免疫系统

8.1 先天性和适应性免疫（图8.1）

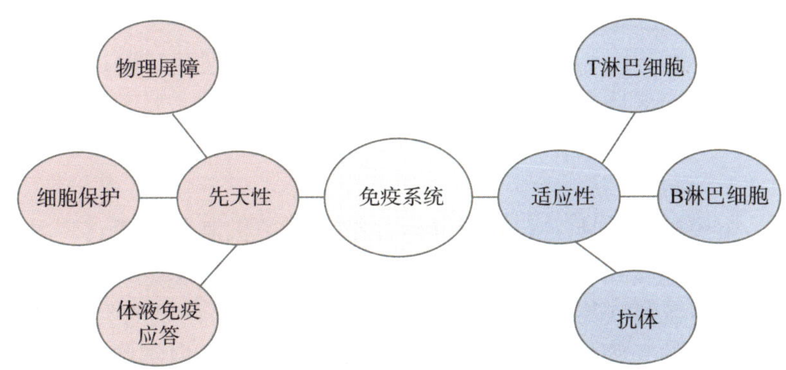

图8.1 先天性免疫和适应性免疫应答的组成部分

8.1.1 先天性免疫系统

先天性免疫系统是机体抵御外来物质（细菌、病毒和其他被认为会对宿主造成伤害的传染性病原体）入侵的第一道防线。先天性免疫系统以相同的作用模式，对每次检测到的威胁都能做出快速响应，但其阻止感染传播的能力有限。该系统通过物理屏障、细胞（免疫细胞及相关蛋白质）保护和体液免疫应答来提供防护[1]。

8.1.1.1 物理屏障

屏障保护，即封闭完整的皮肤表面和黏膜为抵御外来物质提供了一道物理屏障。此外，机体的一些物理结构，如支气管纤毛、肠道绒毛、肠道收缩，以及黏液、泪液、汗液和尿液的分泌，都有助于保护并清除体内多余的物质[2]。胃肠道黏膜屏障在防止微生物接触上皮细胞并诱发免疫应答方面起着至关重要的作用。固有层是位于黏膜屏障内的疏松结缔组织，由三层（深层、中间层和表层）组成。在健康动物体内，固有层含有免疫细胞并分泌细胞因子。就这一功能而言，固有层的作用是分泌作为抗炎介质的细胞因子，如转化生长因子β（TGF-β）和白细胞介素（IL）-10，这些因子可下调免疫应答。固有层与完成吞噬作用的巨噬细胞共同作用，防止肠道微生物群过度移位并抵御病原体入侵[3-4]。这种关系有助于调节性T细胞（Treg）和效应辅助性T细胞（Th1、Th2和Th17）之间保持平衡[3]。

8.1.1.2 细胞保护

如果外来物质突破物理屏障，细胞保护机制将会通过特殊的免疫细胞和蛋白质被激活。这些细胞到达入侵（感染）区域，并向邻近区域释放物质，从而使血管扩张，引起该区域的炎症状态。不同类型的免疫细胞会以不同的方式发挥作用。白细胞、吞噬细胞（俗称清道夫细胞）会吞噬外来物质，并将其消化，外来物质的任何残留物会移动到吞噬细胞表面，这可能会刺激适应性免疫系统[2]。其他类型的免疫系统细胞会释放杀死细菌的物质。9种蛋白酶相互协作以提高免疫应答水平。这些酶专门识别供吞噬细胞吞噬的外来物质，吸引血液中的免疫细胞，并通过削弱细胞壁结构来杀死细菌和病毒。有些细胞专门识别细胞表面结构的变化，并利用毒素破坏这些异常细胞[2]。

8.1.1.3 体液免疫应答

抗原的存在及辅助性T细胞会激活B细胞，B细胞能够增殖并分化为可分泌抗体的浆细胞。这些抗体将破坏微生物的细胞外区域，以防止细胞内感染的扩散。抗体通过以下方式对宿主进行保护。①中和作用：抑制毒性作用或与病原体结合；②调理作用：包裹病原体，吞噬并杀死病原体；③补体蛋白：增强调理作用并能直接杀死某些细菌细胞[5]。体液免疫应答在先天性免疫系统和适应性免疫系统中都有组成部分。

8.1.2 适应性免疫系统

如果先天性免疫应答无法清除外来物质，适应性免疫系统就会启动，专门针对引起感染的生物体。适应性免疫系统虽然速度较慢，但更准确，并能形成记忆，以便对反复感染做出更快速的反应。适应性免疫系统由T淋巴细胞、B淋巴细胞和抗体组成[2]。

8.1.2.1 淋巴细胞

T淋巴细胞（T细胞，T代表胸腺）起源于骨髓，随后迁移至胸腺中成熟。不同类型的T细胞用于启动和支持适应性免疫应答。辅助性T细胞利用化学信使（体内产生的小蛋白，称为细胞因子）来激活适应性免疫应答，例如刺激B细胞。细胞毒性T细胞能识别并杀死受病毒或肿瘤感染的细胞。记忆T细胞由杀死过外来物质（抗原）的T细胞发展而来。T细胞可以产生与抗原相匹配的特异性细胞，就像锁和钥匙一样。一旦某种物质与T细胞表面结合，T细胞就可以增殖，对特定抗原产生免疫应答[2]。

B淋巴细胞（B细胞，B代表骨髓）在骨髓中产生并储存。当被辅助性T细胞激活时，相匹配的B细胞会迅速增殖并分化为浆细胞，从而产生大量特异性抗体并释放到血液中。有些B细胞会变成记忆细胞[2]。

8.1.2.2 抗体

抗体由浆细胞产生，并能特异性地附着在特定的抗原上。抗体支持先天性免疫应答和适应性免疫应答。抗体的主要功能是通过附着在细胞表面或抗原毒素表面来中和抗原，防止抗原附着在体内其他细胞上。它们还能激活蛋白质并附着在吞噬细胞等其他免疫细胞，使它们能更好地对抗抗原[2]。

8.1.3 免疫系统的成熟

胃肠道共生菌群在宿主免疫系统的诱导、塑造和功能方面发挥着重要作用，与宿主形成了一种进化上的共生关系。早期定植菌群在肠道上皮细胞成熟、血管生成（新血管成熟）和对先锋定植菌群抗原产生耐受性方面发挥作用，成为调节途径的一部分，同时训练免疫系统识别并对未来病原体的定植采取保护措施[6]。先天性免疫系统和适应性免疫系统都需要细菌抗原中的保守微生物相关分子模式（MAMPs）来启动对病原体的适当应答，如脂多糖（LPS）、肽聚糖、鞭毛或非甲基化细菌CpG DNA基序[3]。新生儿细胞会表达Toll样受体配体，它们对微生物配体的响应与成人细胞不同。这种对微生物配体的早期反应使胃肠道上皮细胞对随后暴露于这些特定的先锋定植菌群的反应降低[6]。此外，新生儿细胞没有产生氧自由基等炎症介质的能力，但某些调节性细胞因子的产生会增加[6]。

8.2 微生物组在免疫中的作用

胃肠道微生物群与宿主的免疫系统之间紧密交织，二者利用相同的机制来维持胃肠道微生物群与宿主之间的共生关系，并控制潜在病原体带来的风险。微生物群引发疾病的能力取决于宿主的遗传倾向、免疫系统的应答准备状态，以及特定微生物的定植[6]。

8.2.1 “无菌”动物

“无菌”动物有助于了解微生物群在胃肠道微生物组中的作用，包括它们在胃肠道中的存在对免疫系统正常成熟的必要性。“无菌”小鼠的肠相关淋巴组织（GALT）发育减弱，T细胞、B细胞和抗菌肽的数量减少，黏液层变薄，派伊尔结减少，从而导致免疫耐受性降低[7]。此外，“无菌”小鼠的脾脏和淋巴结发育异常，生发中心（一种在次级淋巴组织中形成的特殊微结构，可产生长寿命的分泌抗体的浆细胞和记忆B细胞）中的T细胞和B细胞数量减少[7-8]。

8.2.2 肠道通透性与免疫系统的关联

大多数自身免疫性疾病都与肠道通透性增加有关[7]。在健康宿主体内，通过胃肠道黏液、IgA、免疫细胞、抗菌肽和上皮细胞的共同作用，微生物群与胃肠道上皮细胞表面的接触被降至最低。在皮肤上，微生物受到分泌抗菌肽的角质细胞的调节。这些“保护性防火墙”限制了微生物与宿主组织的接触，防止组织发炎和微生物移位[6]。胃肠道生态失调和继发性肠道炎症是导致细菌暴露增加的重要因素，它们始于“保护性防火墙”被破坏（图8.2）。

健康的微生物组

微生物的高度生物多样性提供了营养竞争，并产生有价值的代谢物，使微生物组和宿主受益

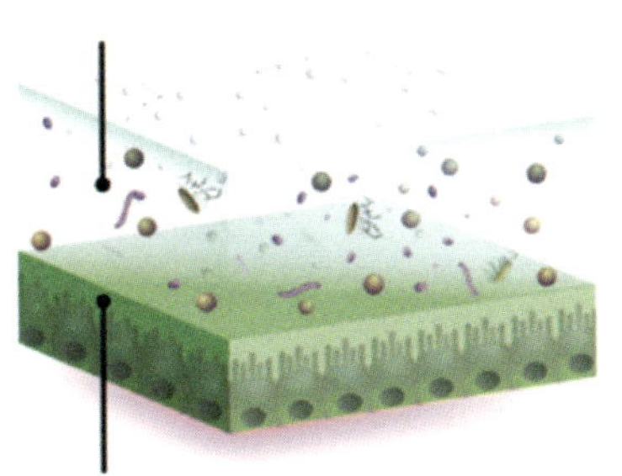

黏液、IgA和免疫细胞组成的“保护性防火墙”，抗菌肽限制接触，防止组织炎症和微生物移位

患病的宿主

生物多样性低（即生态失调）阻碍了有益代谢物的产生，增加了胃肠道上皮细胞和有益微生物的压力

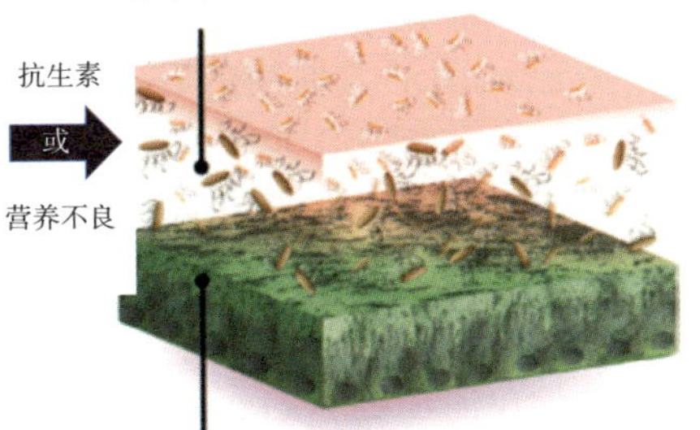

“保护性防火墙”被破坏，胃肠道上皮细胞因生态失调而增加的细菌暴露导致继发性肠道炎症

图8.2 健康宿主和患病宿主的肠道通透性。“保护性防火墙”作为微生物群和胃肠道上皮细胞之间的屏障，有助于减少细菌对细胞的影响。在患病的宿主体内，这一屏障被破坏会引起上皮细胞的炎症。来源：George Andrew Abernathy, https://orcid.org/0000-0002-1336-3631, last accessed 8 December 2022/Licensed under CC0 license

黏液层的破坏和上皮细胞紧密连接的失调，导致肠道通透性增加，细菌黏附到上皮细胞[3]。细菌与上皮细胞的接触会被微生物相关分子模式识别，从而刺激Toll样受体，导致促炎因子刺激。当Toll样受体和MAMPs接触时，先天性免疫系统开始做出反应（分泌细胞因子、趋化因子，树突状细胞）。树突状细胞进入肠系膜淋巴结，使T细胞接触抗原，从而产生Treg和Th17细胞。Treg细胞产生免疫抑制性细胞因子，并刺激上皮细胞分泌抗菌蛋白。此外，它们还将中性粒细胞从循环系统吸引到肠道[3]。如果先天性免疫应答无效，适应性免疫应答包括肿瘤坏死因子-α、IL-1β、IL-6、IL-12、IL-23和趋化因子就可能会受到刺激。一项早期研究发现，母体和/或新生儿胃肠道微生物群的改变可能使新生儿易患哮喘等疾病，这些疾病与肠道功能障碍有关。

8.2.3 癌症与免疫系统及胃肠道微生物组的关联

癌症是一种复杂性疾病。据估计，15%～20%的癌症与微生物有关。在犬中，微生物组的生态失调与胃癌、食管癌、肝胆癌、胰腺癌、肺癌、结直肠癌和淋巴瘤有关[3]。肿瘤内部及邻近健康组织中都已发现了微生物的存在。肿瘤与这些或其他微生物之间的发展、进展和相互作用都可能影响肿瘤的发生[3]。在分子层面，微生物主要通过以下四种机制促进致癌作用。

（1）基因组整合　病毒整合到宿主基因组中[3]。

（2）遗传毒性　导致表型改变[3]。

（3）代谢程序　引起循环代谢物的改变[3]。

① 抑癌代谢物：短链脂肪酸（SCFAs）和植物化学物质。

② 有害代谢物：胆汁酸，其中次级胆汁酸（去氧胆酸和石胆酸）具有促癌和抗癌活性[3]。

（4）促进免疫调节　通过促炎和免疫抑制途径破坏宿主的肿瘤免疫监视。稳态的丧失会导致慢性炎症、免疫应答旁路或免疫抑制，这可能会创造出一个促肿瘤的炎性环境[3]。

免疫系统具有预防或减缓癌症发展的作用。癌细胞可以通过基因改变，使其不易被免疫系统察觉，还能附着在蛋白质上使免疫细胞失活，并且可以改变肿瘤周围的正常细胞，从而干扰免疫系统对肿瘤细胞的应答[9]。

8.2.3.1 免疫疗法

免疫疗法有助于免疫系统对免疫介导性疾病做出更有效的应答[9]。用于癌症治疗的免疫疗法主要包括以下几种：

（1）免疫检查点抑制剂　阻断免疫检查点并使免疫细胞做出更强烈应答的药物[9]。有证据表明，胃肠道微生物群是有效的免疫检查点抑制剂[3]。

（2）T细胞转移疗法（过继性细胞疗法、免疫疗法或免疫细胞疗法）　树突状细胞被用于增强T细胞对癌细胞的应答[9]。

（3）单克隆抗体（治疗性抗体）　标记癌细胞，以便免疫系统更容易识别它们[9]。

（4）治疗性疫苗　改善免疫系统对癌细胞的应答[3, 9]。

（5）免疫系统调节剂　特异性或普遍性地增强机体的免疫应答[9]。

8.3 支持营养素

8.3.1 益生元

益生元是有益胃肠道微生物群的食物，能够促进有益菌的生长，并产生对健康有益的代谢物。这些代谢物具有多种功能，包括通过提供SCFAs来强化肠上皮细胞，从而增强胃肠道黏膜的屏障功能。例如，植物化学物质（多酚）具有与降低疾病风险相关的生物学效应，包括在癌症方面，它们还可以通过调节异生素的解毒途径、细胞增殖、细胞凋亡（程序性细胞死亡）和炎症来发挥抗氧化作用[3]（图8.3）。

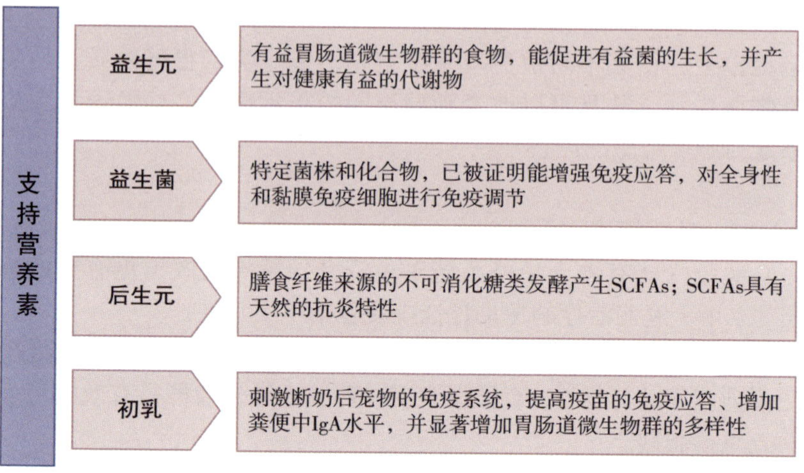

图8.3　对微生物群的支持营养素及其对免疫系统的影响

8.3.2　益生菌

特定益生菌菌株及其衍生的化合物已被证实能够增强免疫应答[10-11]。益生菌可通过调节宿主细胞的基因表达和信号通路这两大作用机制来发挥免疫调节功能，在全身性和黏膜免疫细胞及肠上皮细胞中发挥免疫调节作用[11]。益生菌与肠上皮细胞、树突状细胞和滤泡相关上皮细胞相互作用，并与巨噬细胞、T淋巴细胞和B淋巴细胞进行联系，从而激活免疫应答[11]。

有几项动物研究探讨了益生菌对免疫系统的影响，结果表明，与未处理的动物相比，接受益生菌治疗的动物免疫防御（淋巴细胞）增强，发病率降低[12-13]。

8.3.3　后生元

8.3.3.1　短链脂肪酸

膳食纤维来源的不可消化糖类通过微生物发酵产生SCFAs，包括乙酸盐、丁酸盐、甲酸盐、乳酸盐和丙酸盐。SCFAs对免疫系统的影响已被广泛研究，它们具有天然的抗炎特性，在维持上皮细胞完整性方面发挥作用，并具有抗增殖的肿瘤抑制作用[3]。特别是丁酸盐，能从肠腔中被迅速吸收，是结肠细胞首选的能量来源。此外，丁酸盐还可以调节细胞因子的产生，并对在肠道炎症中发挥作用的Treg细胞产生影响[3]。丁酸盐的产生与厚壁菌门及其下属菌种有关，包括直肠真杆菌（*Eubacterium rectale*）、罗氏菌属（*Roseburia* spp.）、霍式真杆菌（*Eubacterium hallii*）、灵巧粪球菌（*Coprococcus catus*）、普氏栖粪杆菌（*Faecalibacterium prausnitzii*）[3]。

8.3.3.2 初乳（牛）

事实证明，在犬猫的饮食中添加哺乳动物初乳可刺激宠物断奶后的免疫系统。一项针对成年犬的研究[14]发现，与对照组相比，补充牛初乳的犬对疫苗的免疫应答明显更强，粪便 IgA 水平更高，胃肠道微生物群的多样性显著增加[14]。类似地，一项针对16周龄幼猫的研究[15]发现，补充牛初乳的幼猫对狂犬病疫苗的抗体应答更快、更强，粪便IgA表达增加，粪便微生物群的稳定度达到91%，而对照组的微生物群稳定度仅为65%[15]。在充满压力的断奶期，补充牛初乳可能对幼崽有益。

8.4 章节概要

- 免疫系统由先天性免疫系统和适应性免疫系统组成。
- 先天性免疫系统是机体抵御外来物质（细菌、病毒和其他被认为会对宿主造成伤害的传染性病原体）入侵的第一道防线。
- 屏障保护，即封闭完整的皮肤表面和黏膜为抵御外来物质提供了一道物理屏障。
- 如果外来物质突破物理屏障，细胞保护将会通过特殊的免疫细胞和蛋白质被激活。

- 抗体的产生将破坏微生物的细胞外区域，以防止细胞内感染的扩散。
- 如果先天性免疫应答无法清除外来物质，适应性免疫系统就会启动，专门针对引起感染的生物体。
- 胃肠道共生菌群在宿主免疫系统的诱导、塑造和功能方面发挥着重要作用，与宿主形成一种进化上的共生关系。
- “无菌”小鼠的肠相关淋巴组织（GALT）发育减弱，T细胞、B细胞和抗菌肽的数量减少，黏液层变薄，派伊尔结减少，从而导致免疫耐受性降低。
- 大多数自身免疫性疾病都与肠道通透性增加有关。
- 癌症是一种复杂性疾病。据估计，15%～20%的癌症与微生物有关，在犬中，微生物组的生态失调与胃癌、食管癌、肝胆癌、胰腺癌、肺癌、结直肠癌和淋巴瘤有关。
- 支持营养素，如益生元、益生菌、后生元和初乳，已被证明在增强免疫功能方面有益。

参考文献（原书）

1 Smith, N.C., Rise, M.L., and Christian, S.L. (2019). A comparison of the innate and adaptive immune systems on cartilaginous fish, ra-finned fish, and lobe-finned fish. Frontiers in Immunology 10: 2292. https://doi.org/10.3389/fimmu.2019.02292.

2 InformedHealth.org [Internet] (2006). Cologne, Germany: Institute for Quality and Efficiency in Health Care (IQWiG). The Innate and Adaptive Immune Systems (accessed 20 July 20 2022).

3 Epiphanio, T.M.F. and Santos, A. (2021). Small animals gut microbiome and its relationship with cancer. In: Canine Genetics, Health and Medicine (ed. C. Rutland). IntechOpen https://doi.org/10.5772/intechopen.95780.

4 Santaolalla, R., Fukata, M., and Abreu, M.T. (2011). Innate immunity in the small intestine. Current Opinion in Gastroenterology 27 (2): 125–131.https://doi.org/10.1097/MOG.0b013e3283438dea.

5 Janeway, C.A. Jr., Travers, P., Walport, M., et al. (2001)The Humoral Immune Response. In Immunobiology: The Immune System in Health and Disease. 5. New York: Garland Science. https://www.ncbi.nlm.nih.gov/books/NBK10752 (accessed 20 July 2022).

6 Belkaid, Y. and Hand, T.W. (2014). Role of the microbiota in immunity and inflammation. Cell 157 (1): 121–141. https://doi.org/10.1016/j.cell.2014.03.011.

7 Vangoitsenhoven, R. and Cresci, G.A. (2020). Role of microbiome and antibiotics in autoimmune diseases. Nutrition in Clinical Practice 35 (7): https://doi.org/10.1002/ncp.10489.

8 Stebegg, M., Kumar, S.D., Silva-Cayetano, A. et al. (2018). Regulation of the germinal center response. Frontiers in Immunology 9: 2469. https://doi.org/10.3389/fimmu.2018.02469.

9 Gonzalez, H., Hagerling, C., and Werb, Z. (2018). Roles of the immune system in cancer: from tumor initiation to metastatic progression. Genes & Development 32 (19–20): 1267–1284. https://doi.org/10.1101/gad.314617.118.

10 Hardy, H., Harris, J., Lyon, E. et al. (2013). Probiotics, prebiotics and immunomodulation of gut mucosal defences: homeostasis and immunopathology. Nutrients 5 (6): 1869–1912. https://doi.org/10.3390/nu5061869.

11 Yan, F. and Polk, D.B. (2011). Probiotics and immune health. Current Opinion in Gastroenterology 27 (6): 496–501. https://doi.org/10.1097/MOG.0b013e32834baa4d.

12 Lappin, M.R., Veir, J.K., Satyaraj, E. et al. (2009). Pilot study to evaluate the effect of oral supplementation of Enterococcus faecium SF68 on cats with latent feline herpesvirus 1. Journal of Feline Medicine and Surgery 11 (8): 650–654. https://doi.org/10.1016/j.jfms.2008.12.006.

13 Veir, J.K., Knorr, R., Cavadini, C. et al. (2007). Effect of supplementation with Enterococcus faecium (SF68) on immune functions in cats. Veterinary Therapeutics 8 (4): 229–238.

14 Satyaraj, E., Reynolds, A., Pelker, R. et al. (2013). Supplementation of diets with bovine colostrum influences immune function in dogs.British Journal of Nutrition 110 (12): 2216–2221. https://doi.org/10.1017/S000711451300175X.

15 Gore, A.M., Satyaraj, E., Labuda, J. et al. (2021). Supplementation of diets with bovine colostrum influences immune and gut function in kittens. Frontiers in Veterinary Science 8: 675712. https://doi.org/10.3389/fvets.2021.675712.

9　内源性大麻素系统

9.1　内源性大麻素系统

内源性大麻素系统是一个遍布全身多个部位的调节系统[1]。该系统由几种具有生物活性的脂质（N-酰基乙醇胺和2-酰基甘油）组成，通过化学受体功能发挥作用[1-2]。这些化学物质作用于大麻素CB1和CB2受体，当它们与之结合时，就会产生反应。内源性大麻素系统旨在响应机体需求，引起相应的生理变化[1]。在运动、压力、疼痛及一天中的某些特定时段，它们的含量会增加，并与食欲、应对、压力和焦虑有关[1]。Ross[3]在一次Ted演讲“揭开内源性大麻素系统的神秘面纱”中，将这种功能与皮质醇进行了比较。她描述道，与皮质醇在应对反复出现的高压情况时会降低不同，内源性大麻素系统会持续升高（图9.1）。通常情况下，这一内在系统会在恰当的时间、恰当的部位发挥作用；它是精准、响应迅速且高度受控的[1]。内源性大麻素系统调性描述了内源性大麻素系统的整体功能运作情况，包括大麻素受体的功能或密度、内源性大麻素的水平及其代谢酶的情况[4]。

内源性大麻素系统通过CB1受体参与能量调节[5]。CB1受体位于机体的许多部位，包括下丘脑、边缘系统、胃肠道、脂肪组织、胰腺和肝脏[5]。这些受体还参与体重控制[5]。CB2受体主要在免疫组织中发现，并对炎症和炎性疾病产生影响[6]。想要充分了解CB2受体对大脑功能、免疫细胞和炎症的作用和影响，还需要进一步的研究[6]。在犬中，已在皮肤、胃肠道、中枢和周围神经系统、关节和胚胎中发现了大麻素受体；而在猫中，大麻素受体主要位于大脑、皮肤、卵巢和输卵管中[7]。内源性大麻素系统参与多种功能，包括记忆、学习和协调运动功能[7]。它可以控制食欲和调节睡眠，还具有止痛、抗炎、抗氧化、免疫抑制、降血压和止吐等活性，并在生殖功能中发挥作用[7]。

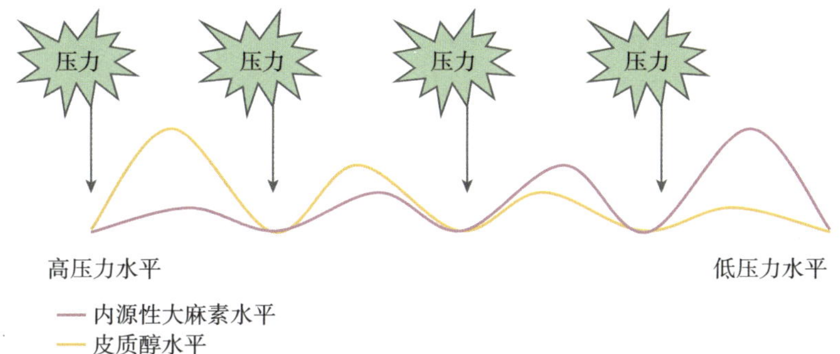

图9.1 内源性大麻素和皮质醇水平在应对压力反应时的变化

9.2 内源性大麻素组轴

内源性大麻素系统中由超过100多种脂质介质和50种蛋白质代谢物组成的复杂信号系统被称为内源性大麻素组[8]。该系统功能紊乱，会引起其他生理系统发生改变，从而影响包括大脑在内的多个器官的健康[8]。例如，胃肠道微生物组的生态失调会伴随肠道内源性大麻素和内源性大麻素组信号的改变，这些信号介导了与胃肠道生态失调相关的消极影响[8]。给予益生元或益生菌也可以观察到同样的效果，即胃肠道微生物组恢复"正常"，进而使内源性大麻素组信号恢复正常[8]。胃肠道微生物群能够调节内源性大麻素组，对内源性大麻素组信号的药理学或遗传学操作可以改变胃肠道微生物群的组成并改变其分子信号结构[8]。该轴可以在一定程度上预防消极的代谢影响，包括由生态失调引起的全身炎症[8]（图9.2）。

也有人提出，胃肠道微生物群可能会对内源性大麻素组介质做出反应和/或对它们进行代谢[8]。有证据表明，共生细菌也可能通过产生能够与宿主对应物结合相同受体的内源性大麻素样分子来影响内源性大麻素组的功能[8]。最近在无菌小鼠中进行的一项研究显示，粪便微生物群移植后，小肠内源性大麻素组信号发生改变。部分内源性大麻素组受体（包括CB1）的mRNA表达增加，而两个G蛋白偶联受体表达下降[8]。

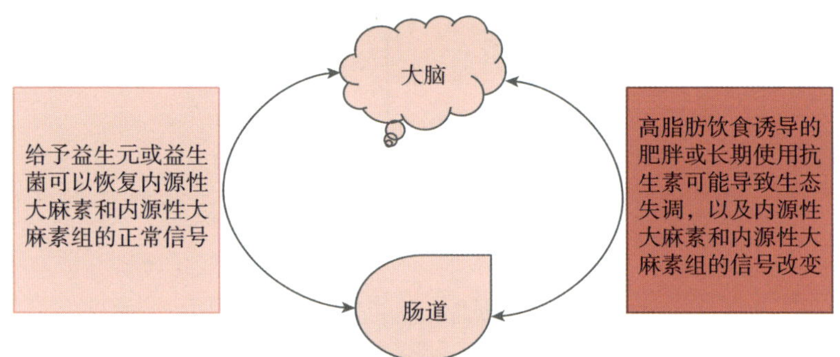

图9.2 内源性大麻素组的状态与肠道微生物群密切相关，并且在应对变化时对大脑具有双向作用

胃肠道微生物组-内源性大麻素轴的另一个功能涉及胃肠道微生物多样性的变化，这种变化可通过内源性大麻素系统导致快感缺失（缺乏感受快乐的能力）和动机缺乏（缺乏动力）行为[9-10]。这些与人类的多种精神健康问题有关，包括慢性疲劳和抑郁症。微生物多样性的改变通常是减少，与多种情绪障碍有关。一项利用不可预测的慢性轻度压力对小鼠进行的研究显示，小鼠的表型发生了改变，这种改变通过粪便微生物群移植成功转移到了未处理的受体小鼠身上[11]。在受体小鼠中观察到细胞和行为变化，同时内源性大麻素信号减少。随后，通过选择性增强中枢内源性大麻素或添加乳杆菌属菌株，这些变化被逆转或异常行为得到改善[11]。这项研究描述了慢性压力、饮食和胃肠道微生物群如何形成一种病理性的正反馈回路，进而通过中枢内源性大麻素系统引发抑郁样行为的场景[11]（图9.3）。

肥胖也与胃肠道微生物群的改变、慢性低度炎症和内源性大麻素系统功能状态有关（图9.4）[12]。虽然还需要进一步研究，但一项研究显示，在瘦小鼠和肥胖小鼠中，使用CB1激动剂和拮抗剂干扰内源性大麻素系统，可调节血浆脂多糖水平以控制肠道通透性和脂肪生成。通过脂多糖-内源性大麻素系统调节回路，胃肠道微生物群能够决定脂肪组织的生理功能[12]。通过益生元治疗和抗生素改变微生物群，可逆转肥胖诱导的脂肪组织内源性大麻素系统调性的变化[5]。新的机制，如胰高血糖素样肽-2和特定益生菌（例如双歧杆菌属细菌）的影响，已被列入小鼠和人类肠道屏障控制的研究[13]。

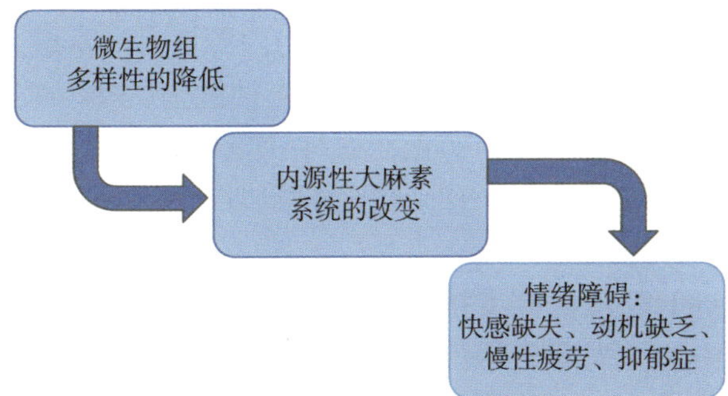

图9.3　胃肠道微生物组-内源性大麻素轴对行为障碍的影响

最近的几项研究支持这样一种观点，即胃肠道微生物组和内源性大麻素组信号在胃肠道组织、脂肪组织和大脑的生理状态和代谢异常情况下调控脂质和葡萄糖代谢[8]。一些微生物群代谢物，如典型的SCFA和吲哚衍生物，对宿主的新陈代谢产生深远影响，这些分子可能间接影响内源性大麻素组信号[8]。这种相互联系的分子机制和功能重要性还需要进一步研究[8]。

图9.4　一只肥胖猫示例

9.3 章节概要

- 内源性大麻素系统是一个位于全身多个部位的调节系统。
- 这些化学物质作用于大麻素CB1和CB2受体。
- 当压力情境反复出现时，皮质醇水平会随着时间的推移而降低，而在内源性大麻素系统中会随着这种情境的出现而持续升高。
- 内源性大麻素系统中由100多种脂质介质和50种蛋白质代谢物组成的复杂信号系统被称为内源性大麻素组。
- 胃肠道微生物组-内源性大麻素轴的另一个功能涉及胃肠道微生物多样性的变化，这种变化可通过内源性大麻素系统导致快感缺失（感受快乐的能力）和动机缺乏（缺乏动力）行为。
- 最近的几项研究支持这样的一种观点，即胃肠道微生物组和内源性大麻素组信号在胃肠道组织、脂肪组织和大脑的生理状态和代谢异常情况下调控脂质和葡萄糖代谢。

参考文献（原书）

1 Silver, R.J. (2019). The endocannabinoid system of animals. Animals 9 (9): 686. https://doi.org/10.3390/ani9090686.

2 Rastelli, M., Cani, P.D., and Knauf, C. (2019). The gut microbiome influences host endocrine functions. Endocrine Reviews 40 (5): 1271–1284. https://doi.org/10.1210/er.2018-00280.

3 Ross, R. (2019). Demystifying the endocannabinoid system. Ted Talks Mississauga. TedTalks.com.https://www.ted.com/talks/ruth_ross_demystifying_the_endocannabinoid_system.

4 Russo, E.B. (2016). Clinical endocannabinoid deficiency reconsidered: current research supports the theory in migraine, fibromyalgia, irritable bowel, and other treatment-resistant syndromes. Cannabis and Cannabinoid Research 1 (1): 154–165. https://doi.org/10.1089/can.2016.0009.

5 Cluny, N.L., Keenan, C.M., Reimer, R.A. et al. (2015). Prevention of diet-induced obesity effects on body weight and gut microbiota in mice treated chronically with Δ9-Tetrahydrocannabinol. PLoS One 10 (12): e0144270. https://doi.org/10.1371/journal.pone.0144270.

6 Turcotte, C., Blanchet, M.R., Laviolette, M. et al. (2016). The CB2 receptor and its role as a regulator of inflammation. Cellular and Molecular Life Sciences 73 (23): 4449–4470. https://doi.org/10.1007/s00018-016-2300-4.

7 Della, R.G. and Di Salvo, A. (2020). Hemp in veterinary medicine: from feed to drug. Frontiers in Veterinary Science 7: 387. https://doi.org/10.3389/fvets.2020.00387.

8 Iannotti, F.A. and Di Marzo, V. (2021). The gut microbiome, endocannabinoids and metabolic disorders. The Journal of Endocrinology 248 (2): R83–R97. https://doi.org/10.1530/JOE-20-0444.

9 Minichino, A., Jackson, M.A., Francesconi, M. et al. (2021).Endocannabinoid system mediates the association between gut-microbial diversity and anhedonia/amotivation in a general population cohort. Molecular Psychiatry 26: 6269–6276. https://doi.org/10.1038/s41380-021-01147-5.

10 Lee, J.S., Jung, S., Park, I.H. et al. (2015). Neural basis of anhedonia and amotivation in patients with schizophrenia: the role of reward system. Current Neuropharmacology 13 (6): 750–759. https://doi.org/10.2174/1570159x13666150612230333.

11 Chevalier, G., Siopi, E., Guenin-Macé, L. et al. (2020). Effect of gut microbiota on depressive-like behaviors in mice is mediated by the endocannabinoid system. Nature Communications 11: 1–15. 10.1038/s41467-020-19931-2.

12 Muccioli, G.G., Naslain, D., Bäckhed, F. et al. (2010). The endocannabinoid system links gut microbiota to adipogenesis. Molecular Systems Biology 6: 392. https://doi.org/10.1038/msb.2010.46.

13 Cani, P.D. and Delzenne, N.M. (2011). The gut microbiome as therapeutic target. Pharmacology & Therapeutics 130 (2): 202–212. https://doi.org/10.1016/j.pharmthera.2011.01.012.

10 呼吸系统微生物组

10.1 呼吸系统微生物组

上呼吸道系统的主要功能是“充当过滤器”，并在空气到达肺部之前提供热量和湿度[1]。从历史上来看，肺部曾被认为是无菌的，任何微生物定植都等同于病理状态，而随着微生物鉴定能力的提升，这一理念受到了挑战[2]。上呼吸道系统包括鼻腔、鼻咽、口咽、喉并通过咽鼓管与中耳腔相连[1, 3]。在人类，呼吸系统黏膜表面的定植细菌种类繁多，这些细菌主要属于厚壁菌门、放线菌门、拟杆菌门、变形菌门和梭杆菌门[1]。该系统中的每个区域都有其自身的特征，如湿度、温度、相对氧气浓度及特定类型的上皮细胞，同时每个区域定植的微生物群落也具有个体多样性[2]。作为通过呼吸和摄食引入微生物的初始部位，这些区域的共生细菌是抵御病原体入侵的第一道防线[3]。例如，在人类正常呼吸过程中，下呼吸道每天会接触到10^5数量级的微生物群（——译者修改）[3]。

上呼吸道的常驻微生物群包括许多病原菌。这些细菌可能无症状地定植于上呼吸道，但同样也可能被吸入下呼吸道导致感染。潜在的病原菌包括肺炎链球菌（*Streptococcus pneumoniae*）、金黄色葡萄球菌（*Staphylococcus aureus*）、卡他莫拉菌（*Moraxella catarrhalis*）和流感嗜血杆菌（*Haemophilus influenzae*），以及具有抗生素抗性和毒力基因（具有感染宿主并引起疾病能力的基因）的微生物群[3]。

基于元基因组学的微生物鉴定技术证实，在健康人类、小鼠、犬、绵羊和猪的肺部存在丰富且多样化的微生物群落。在犬中，通常可鉴定出的4个主要菌门是变形菌门、放线菌门、厚壁菌门和拟杆菌门[4]。关于猫的研究较少，其中一项研究发现，上呼吸道和下呼吸道中最丰富的菌门是变形菌门；变形菌门、拟杆菌门和厚壁菌门是可识别到的最常见菌门（图10.1）[2, 5]。对健康犬的研究表明，下呼吸道的微生物群与包括上呼吸道和胃肠道在内的其他部位的微生物群不同[2]。在支气管镜检查期间样本有被污染或可能被污染的风险是识别下呼吸道微生物群落时的一个挑战，这可能会导致对样本准确性的质疑[3]。

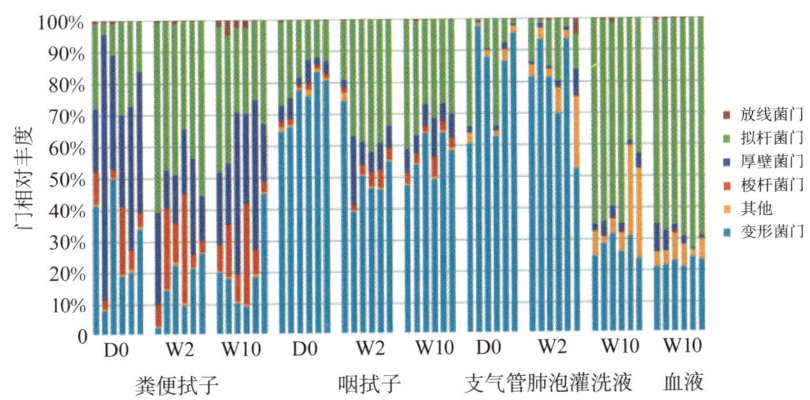

图10.1 猫口咽（OP）和支气管肺泡系统（BAL）中的细菌多样性。研究第0天、第2周和第10周在门分类水平上的细菌相对丰度。样本来自粪便、口咽、支气管肺泡灌洗液和血液。来源：Vientós- Plotts 等/ PLOS / Public Domain CC BY 4.0

10.2 影响多样性和密度的因素

正如第3章所讨论的，呼吸道微生物的定植从出生时开始，分娩方式（阴道分娩或剖宫产）、环境因素（栖息地、饮食）和抗生素治疗是与初始微生物组的形成及演变相关的三个主要因素[1]。在胃肠道和肺部微生物组的建立过程中，其编码的信号会影响气道上皮细胞和免疫系统的成熟[1]。因此，确保生命早期微生物组的完整性和适当成熟非常重要。研究已表明这会如何影响某些肺部疾病的预防[1]。共生菌群的动态变化发生在生命的第一年及生命的最后阶段。这些变化与不成熟或减弱的免疫系统相结合，可能会导致机体对感染或疾病具有更高的易感性[3, 5]。

外部环境会影响呼吸道微生物组的多样性和密度。一项对马的研究发现，随着环境变化和暴露，下呼吸道（肺）和上呼吸道（口腔和鼻腔）微生物群落会发生变化[6]。小鼠下呼吸道（肺）中的微生物群落是可以预测的。这些“正常”群落根据小鼠的来源（饲养者/供应商）、运输方式和栖息地而有很大差异[7]。2017年一项关于猫的研究[5]探讨了年龄和环境如何影响健康猫和患病猫的呼吸道微生物组状态[5]。有趣的是，他们发现与室外猫相比，室内猫的菌种数量更多，而变形菌门是健康猫和患病猫的主要细菌门[5]。健康猫的鼻腔微生物组成因年龄不同而存在明显差异。这可能会成为研究的一个障碍，因为生长是呼吸道微生物组变化和发展的一个阶段，如果比较不同生命阶段受试者的数据，可能会产生不正确的结果。另一个有趣的共同发现是，在健康猫和患有上呼吸道疾病的猫中都发现了莫拉氏菌科（Moraxellaceae）的细菌。莫拉氏菌属（*Moraxella* spp.）的细菌历来与呼吸道疾病有关。在人类，该物种的存在被认为是儿童哮喘、支气管炎、肺炎和1岁内急性感染的危险因素。在猫中，莫拉氏菌属已被确定为口腔和鼻腔微生物组的核心菌属[5]。该研究结果表明，呼吸道细菌群落受到年龄和不同环境因素的影响（图10.2）[5]。

在犬的一项研究中发现，品种是呼吸道微生物群落的另一个影响因素[4]。与其他健康的家养犬相比，西高地白梗有明显的微生物差异，无论是健康的还是患有特发性肺纤维化的西高地白梗[4]。

10.3 生态失调相关疾病

与其他疾病状态一样，有益微生物群的减少、多样性的降低和/或潜在病原菌的增加是呼吸道生态失调的相关特征。在人类，哮喘、慢性阻塞性肺疾病（COPD）和囊性纤维化是常见的与生态

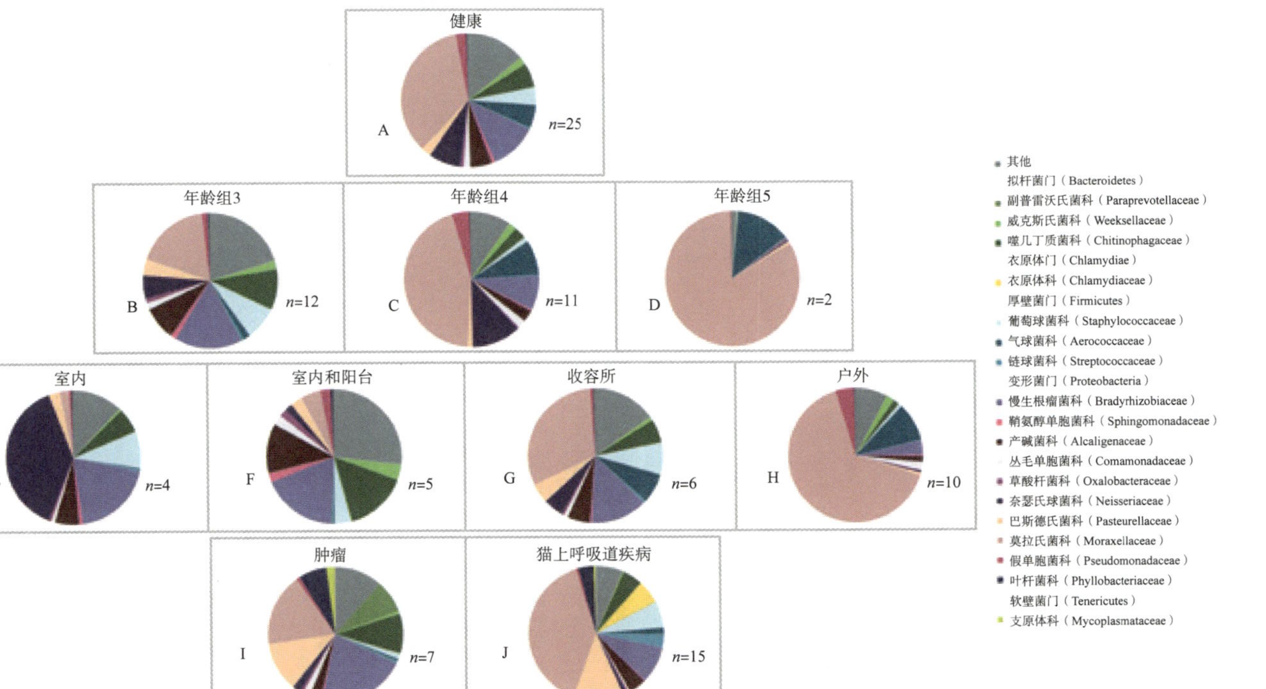

图 10.2 不同年龄、不同环境和不同健康状况的猫的鼻腔样本。在健康猫（A ～ H），以及患有猫上呼吸道疾病和鼻腔肿瘤的猫身上发现的最常见的细菌门和细菌科。来源：Dorn 等[5]/PLOS/Public Domain CC BY4.0

失调相关的疾病[2]。犬可以作为人类的研究模型，因为它们具有相似的解剖结构、生理功能和免疫系统功能。犬通常也会暴露于与人类似的环境刺激中，并患有与人类似的呼吸道疾病[8]（图10.3）。

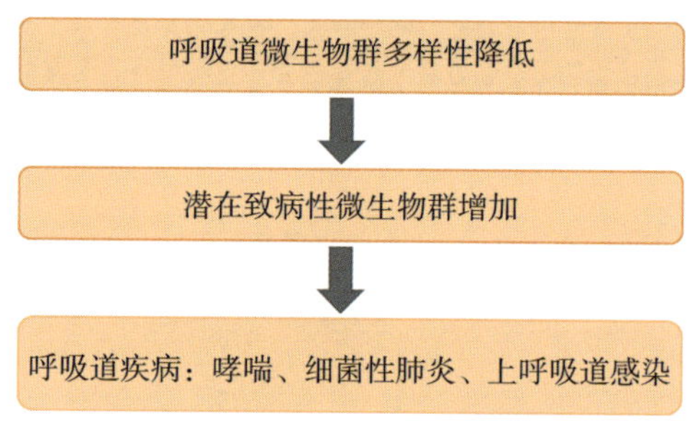

图10.3　呼吸道微生物群的变化可能会引发常见疾病

在关于马的上述研究中，虽然外部环境对菌群密度和多样性影响较大，但与健康马相比，在哮喘马的下呼吸道（肺）中确实观察到了生态失调，并且被认为是与疾病相关的炎症所致[6]。此外，涉及IL-1α和IL-4（炎性细胞因子）的炎症与小鼠下呼吸道微生物群落多样性的改变相关[7]。类似地，抗生素的使用也会以可预测的方式影响微生物群落结构。接受抗菌治疗的犬假单胞菌属（*Pseudomonas*）细菌数量相对增加，而假单胞菌属细菌也与慢性感染有关，特别是在使用呼吸机的人和患有慢性肺部疾病的人中。然而，假单胞菌属细菌的高生长能力有助于抑制其他潜在病原体的繁殖。此外，假单胞菌属细菌可以使宿主受益，因为它们具有产生和降解多种化合物（包括可能对宿主有毒的物质）的能力[4]。

10.3.1　哮喘

从病理学角度来看，哮喘是对特定刺激（包括过敏和非过敏来源）的炎性反应的结果。这是一种慢性疾病，会导致支气管发炎、胸肌紧缩及黏液分泌增加[9]。目前还未发现犬会患哮喘，但可能会患嗜酸性粒细胞性气道炎症综合征，即犬嗜酸性粒细胞性支气管肺炎[10]。猫的嗜酸性粒细胞炎症也与猫的支气管炎（哮喘）有关，其中的过敏反应机制与人类过敏性哮喘的模型相似[2, 9]。

10.3.2 细菌性肺炎

在犬急性或慢性呼吸窘迫中，细菌性肺炎是最常见的诊断之一[11]。这种疾病既可能是原发性的，也可能继发于吸入、病毒感染、免疫功能障碍、异物或院内感染事件[11–12]。社区获得性肺炎通常是在接触传染性病原体［支气管败血波氏杆菌、鼠疫耶尔森氏菌、支原体属、犬链球菌（*Streptococcus cania*）、马链球菌兽瘟亚种（*Streptococcus equi* subspecies *zooepidemicus*）］后的急性发作[12–13]。犬的继发性细菌性肺炎是由解剖结构或生理功能异常等易感条件引发的。例如，上呼吸道或胃肠道功能障碍可能导致细菌移位，或微生物、异物被吸入下呼吸道。与犬继发性细菌性肺炎相关的疾病有巨食管症、喉麻痹、纤毛运动障碍和肿瘤[12–13]。下呼吸道的生态失调已被确认为细菌特定类群的相对增加，同时伴有健康犬中正常分类群的减少[12]。在患有继发性下呼吸道疾病的犬猫中发现的常见微生物有大肠埃希氏菌，巴斯德氏菌属菌种、链球菌属菌种、支气管败血波氏杆菌（*B. bronchiseptica*）、肠球菌属的某些种（*Enterococcus* spp.）、支原体属、假中间葡萄球菌（*S. pseudintermedius*）和其他凝固酶阳性的葡萄球菌属菌种，以及假单胞菌属[13]（表10.1）菌种。

表10.1 犬猫原发性和继发性细菌性肺炎的来源和常见微生物群来源

细菌性肺炎	
原发性	• 通过接触社区中传染性病原体获得 • 支气管败血波氏杆菌、鼠疫耶尔森氏菌、犬链球菌、马链球菌兽瘟亚种，支原体属
继发性	• 继发于易感疾病，如巨食管症或喉麻痹 • 大肠埃希氏菌、巴斯德氏菌属细菌、链球菌属细菌、支气管败血波氏杆菌、肠球菌属细菌、假中间葡萄球菌，支原体属

10.3.3 上呼吸道感染

猫上呼吸道疾病是一种在猫中以眼部和鼻部分泌物、鼻出血、打喷嚏和结膜炎等临床症状为主的综合征，与一种或多种已知的致病性病毒（猫疱疹病毒1型或杯状病毒）、细菌［葡萄球菌属细菌、链球菌属细菌、多杀巴斯德氏菌（*Pasteurella multocida*）、大肠埃希氏菌、猫衣原体（*Chlamydia felis*）、支气管败血波氏杆菌、犬链球菌、马链球菌兽瘟亚种（*S.equi* sub spp. *zooepidemicus*）、支原体属和厌氧菌（*Anaerobes*）］或真菌直接相关[13]。

在患有上呼吸道疾病的猫中，很难获得有活性的细菌培养物，因为从健康动物的鼻腔中培养出的细菌可能包含多重耐药菌，而这些耐药菌属于“正常”群落的一部分，并不会引起疾病。虽然对这些猫进行治疗可在一定程度上缓解严重的临床症状，但这些猫很容易受到抗菌药物耐药细菌的机会性感染[13]。对患有上呼吸道疾病的猫使用抗菌药物应仅限于严重的临床病例[13]。

10.4 关键营养因素

10.4.1 益生菌

已有研究表明，益生菌能够影响免疫系统，使受损的呼吸系统受益。共同黏膜免疫系统使得胃肠道与呼吸道之间能够进行联系。在一项针对人类的研究中，口服益生菌能够调节肺部的免疫应答，促使机体对过敏诱因产生更强的耐受性反应[14]。

Lappin等在2009年的一项研究，考察了使用益生菌屎肠球菌（*Enterococcus faecium*）SF68菌株来增强感染猫疱疹病毒1型的免疫应答[15]。在整个研究过程中，接受益生菌治疗的猫的粪便微生物多样性得以维持，而喂食安慰剂的猫微生物多样性则有所下降。在给予益生菌的猫中，与慢性猫疱疹病毒1型相关的总体发病率有所降低[16]。

其他研究表明，口服益生菌会对宿主的细胞因子浓度产生全身性影响，从而对免疫功能有积极作用[14]。

10.4.2 矿物质、维生素和抗氧化剂

多种具有抗氧化作用的矿物质、维生素和营养素已证明能够对免疫系统产生积极影响，可能对患有呼吸道微生物生态失调的病患有益。抗氧化剂有潜力在免疫系统存在缺陷时提供帮助，并且通过补充可能增强免疫系统[16]。对人类的研究发现，使用抗氧化剂对呼吸系统疾病有益，包括使用维生素C、维生素D、维生素E和β-胡萝卜素[17]。此外，硒也是一种显著的抗氧化剂，是谷胱甘肽过氧化物酶的组成部分，并在动物实验中已被证明能够增强免疫功能[18]。多酚不仅有可能作为抗氧化剂、抗炎剂起作用，还可能在某些呼吸系统疾病中提高糖皮质激素的疗效[17]。

10.4.3 Omega-3脂肪酸

虽然关于Omega-3（ω-3）脂肪酸对患有呼吸道疾病动物影响的研究较少甚至近乎没有，但众所周知，ω-3脂肪酸能减轻全身炎症。在一项针对猫的研究发现，同时补充ω-3脂肪酸和木樨草素的哮喘猫的病情有所改善。木樨草素是一种多酚类黄酮，存在于许多草药、水果和蔬菜中，传统上被用作中药，且已知具有抗炎特性。在这项研究中，患病猫气道高反应性有所降低，但炎症并未明显减轻[19]。

10.5 章节概要

- 上呼吸道系统的主要功能是过滤，并在空气到达肺部之前提供热量和湿度。

- 作为通过呼吸和摄食引入微生物的初始部位，这些区域的共生细菌是抵御病原体入侵的第一道防线。
- 上呼吸道的常驻微生物群包括许多病原菌。
- 呼吸道的定植从出生时开始，分娩方式（阴道分娩或剖宫产）、环境因素（栖息地、饮食）和抗生素治疗是与初始微生物组的形成及演变相关的三个主要因素。
- 与其他疾病状态一样，有益微生物群的减少、多样性的降低和/或潜在病原菌的增加是呼吸道生态失调的相关特征。
- 从病理学角度来看，哮喘是对特定刺激（包括过敏和非过敏来源）的炎性反应的结果。
- 益生菌已被证明能影响免疫系统并为受损的呼吸系统带来益处。

参考文献（原书）

1 Santacroce, L., Charitos, I.A., Ballini, A. et al. (2020). The human respiratory system and its microbiome at a glimpse. Biology (Basel)9 (10): 318. https://doi.org/10.3390/biology9100318.

2 Vientós-Plotts, A.I., Ericsson, A.C., Rindt, H. et al. (2017). Dynamic changes of the respiratory microbiota and its relationship to fecal and blood microbiota in healthy young cats. PLoS One 12 (3): e0173818.https://doi.org/10.1371/journal.pone.0173818.

3 Hoffman, A.R., Proctor, L.M., Surette, M.G. et al. (2015). The microbiome: the trillions of microorganisms that maintain health and cause disease in humans and companion animals. Veterinary Pathology 53 (1): 10–21. https://doi.org/10.1177/0300985815595517.

4 Fastrès, A., Roels, E., Vangrinsven, E. et al. (2020). Assessment of the lung microbiota in dogs: influence of the type of breed, living conditions and canine idiopathic pulmonary fibrosis. *BMC Microbiology* 20: 84. https://doi.org/10.1186/s12866-020-01784-w.

5 lung microbiota in dogs: influence of the type of breed, living conditions and canine idiopathic pulmonary fibrosis. BMC Microbiology 20: 84. https://doi.

org/10.1186/s12866-020-01784-w.5 Dorn, E.S., Tress, B., Suchodolski, J.S. et al. (2017). Bacterial microbiome in the nose of healthy cats and in cats with nasal disease. PLoS One 12 (6): e0180299. https://doi.org/10.1371/journal.pone.0180299.

6 Fillion-Bertrand, G., Dickson, R.P., Boivin, R. et al. (2018). Lung microbiome is influenced by the environment and asthmatic status in an equine model of asthma. American Journal of Respiratory Cell and Molecular Biology 60 (2): 189–197. 10.1165/rcmb.2017-0228OC.

7 Dickson, R.P., Erb-Downward, J.R., Falkowski, N.R. et al. (2018). The lung microbiota of healthy mice are highly variable, cluster by environment, and reflect variation in baseline lung innate immunity. American Journal of Respiratory and Critical Care Medicine 198 (4): 497–508. https://doi.org/10.1164/rccm.201711-2180OC.

8 Ericsson, A.C., Personett, A.R., Grobman, M.E. et al. (2016). Composition and predicted metabolic capacity of upper and lower airway microbiota of healthy dogs in relation to the fecal microbiota. PLoS One 11 (5): e0154646. https://doi.org/10.1371/journal.pone.0154646.

9 Aun, M.V., Bonamichi-Santos, R., Arantes-Costa, F.M. et al. (2016). Animal models of asthma: utility and limitations. Journal of Asthma and Allergy 10: 293–301. https://doi.org/10.2147/JAA.S121092.

10 Reinero, C.N., Mitchell, C.S., and Rabinowitz, P.M. (2010). Allergic conditions. In: Human-Animal Medicine (ed. P.M. Rabinowitz and L.A. Conti), 43–49. W.B. Saunders.

11 Dear, J.D. (2019). Bacterial pneumonia in dogs and cats: an update. Veterinary Clinics: Small Animal Practice 50 (2): 447–465. https://doi.org/10.1016/j.cvsm.2019.10.007.

12 Vientós-Plotts, A.I., Ericsson, A.C., Rindt, H. et al. (2019). Respiratory dysbiosis in canine bacterial pneumonia: standard culture vs. microbiome sequencing. Frontiers in Veterinary Science 6: 354. https://doi.org/10.3389/fvets.2019.00354.

13 Lappin, M.R., Blondeau, J., Boothe, D. et al. (2017). Antimicrobial use guidelines for treatment of respiratory tract disease in dogs and cats: antimicrobial guidelines working group of the International Society for Companion Animal Infectious Diseases. Journal of Veterinary Internal

Medicine 31 (2): 279–294. https://doi.org/10.1111/jvim.14627.

14 Vientós-Plotts, A.I., Ericsson, A.C., Rindt, H. et al. (2017). Oral probiotics alter healthy feline respiratory microbiota. Frontiers in Microbiology 8: 1287. https://doi.org/10.3389/fmicb.2017.01287.

15 Harper J. (2001). Feline immunocompetence, aging and the role of antioxidants; world small animal Veterinary Association World Congress Proceedings. https://www.vin.com/apputil/content/defaultadv1.aspx?id=3843820&pid=8708&print=1 (accessed 14 May 2022).

16 Lappin, M.R., Veir, J.K., Satyaraj, E. et al. (2009). Pilot study to evaluate the effect of oral supplementation of enterococcus faecium SF68 on cats with latent feline herpesvirus 1. Journal of Feline Medicine and Surgery 11 (8): 650–654. https://doi.org/10.1016/j.jfms.2008.12.006.

17 Rahman, I. (2006). Antioxidant therapies in COPD. International Journal of Chronic Obstructive Pulmonary Disease 1 (1): 15–29. 10.2147/copd.2006.1.1.15.

18 Hand, M.S., Thatcher, C.D., Remillard, R.L. et al. (2010). Antioxidants. In: Small Animal Clinical Nutrition, 5e (ed. M.S. Hand et al.), 152–154. Mark Morris Institute.

19 Leemans, J., Cambier, C., Chandler, T. et al. (2010). Prophylactic effects of omega-3 polyunsaturated fatty acids and luteolin on airway hyperresponsiveness and inflammation in cats with experimentallyinduced asthma. Veterinary Journal 184 (1): 111–114. https://doi.org/10.1016/j.tvjl.2009.01.008.

11 口腔微生物组

口腔对机体有许多重要功能。它是呼吸系统和消化系统的起始部位，有助于声音的形成；具有保护、分泌和感觉功能；并且是味觉的主要感知部位[1]。此外，口腔在沟通交流和社交互动、梳理毛发、保护和体温调节方面发挥重要作用。口腔的主要功能是为消化道获取食物并进行预处理[2]。为实现这一功能，口腔需要完成的动作包括将食物送入口腔中、咀嚼食物及吞咽，而这些动作需要用到颌部和上喉部的肌肉、舌头及牙齿[2]。这些区域中的任何一个功能障碍都可能导致营养不良和脱水[2]。

11.1 口腔微生物组

个体微生物组的发展被认为受到分娩方式、新生儿喂养方式、宿主年龄、饮食和健康状况的影响[3]。生命早期定植菌群的获取情况和菌群类型可能会影响宿主的终身健康[3]。人类研究显示，羊水中含有的微生物群与母体的口腔微生物群相似，因此现在认为，常驻口腔微生物群的发育在子宫内就开始了[3]。分娩方式（阴道分娩或剖宫产）已被证明会影响新生儿的微生物多样性[3]。出生后的环境因素在新生儿接触的微生物群落类型中起着很大作用，包括空气、喂养方式（母乳喂养与奶瓶喂养）、食物类型（母乳与配方奶），以及与个体之间的身体接触[3]。已经注意到，人类和宠物口腔微生物组之间存在显著差异，因此，对于这一领域的研究结果可能无法在物种之间共享[3]。

口腔微生物组以生物膜的形式覆盖所有黏膜和牙齿表面。生物膜的厚度约为1μm，因表面不同而各异，由常驻细菌群落与细胞外基质（ECM）组成[1]。ECM含有特定的细胞分泌蛋白和多糖，为特定环境提供结构和生化支持[3-4]。ECM附着在各种表面的能力是一种重要的黏附机制，同时微生物彼此聚集和黏附的能力也是如此[1]。与机体的其他区域一样，生物膜中的微生物组与宿主共生而不会引发炎性反应，并且它们在抵御病原体方面起着至关重要的作用[3-4]。生物膜的持续积累，特别是龈下生物膜，会导致生态失调并使宿主易患疾病。

11.2 影响多样性和密度的因素

在已建立的口腔微生物组中，物理、化学和免疫组织化学因素会影响口腔中微生物的多样性和密度，这些因素包括温度、营养素的可用性和类型、微生物群的定植或排斥其他微生物的能力、唾液的pH、细菌黏附于牙菌斑的条件、氧化还原电位（改变原子氧化态的能力），以及氢离子的浓度。当食物进入口腔时，这些条件会发生变化，因为食物会降低口腔的pH[1]。

口腔不同部位的常驻微生物组存在显著差异。这些区域或生态位可分为以下几类：硬组织表面（龈上菌斑）、软组织表面（颊部和舌背黏膜）、龈下，以及液体或唾液[5]。多样性最丰富的表面是龈上菌斑（图11.1）[5]。犬和人类的龈下菌斑有很大不同，有一项研究显示，二者只有16.4%的细菌分类群相似[5]。犬的唾液pH为7.3～7.8，猫为7.5，且两者都缺乏能启动糖类消化的唾液淀粉酶[3]。犬猫口腔微生物组中通常不含变异链球菌（*Streptococcus mutans*）[3]。这种细菌是形成龋齿或蛀牙的关键，当引起龋齿的细菌产生破坏牙釉质的酸性物质时，就会导致牙齿损坏[3, 6]。92%的成年人患有龋齿，犬的龋齿发生率不到5%，而猫几乎没有龋齿[3]。猫的口腔群落与皮肤上的细菌群落相似，但拟杆菌属细菌有所增加[7]。并非所有与牙龈相关的疾病都与牙菌斑有关；细菌、病毒或真菌感染、遗传疾病、全身性疾病和外伤都是非生物膜微生物群落积累而引起的[1]。

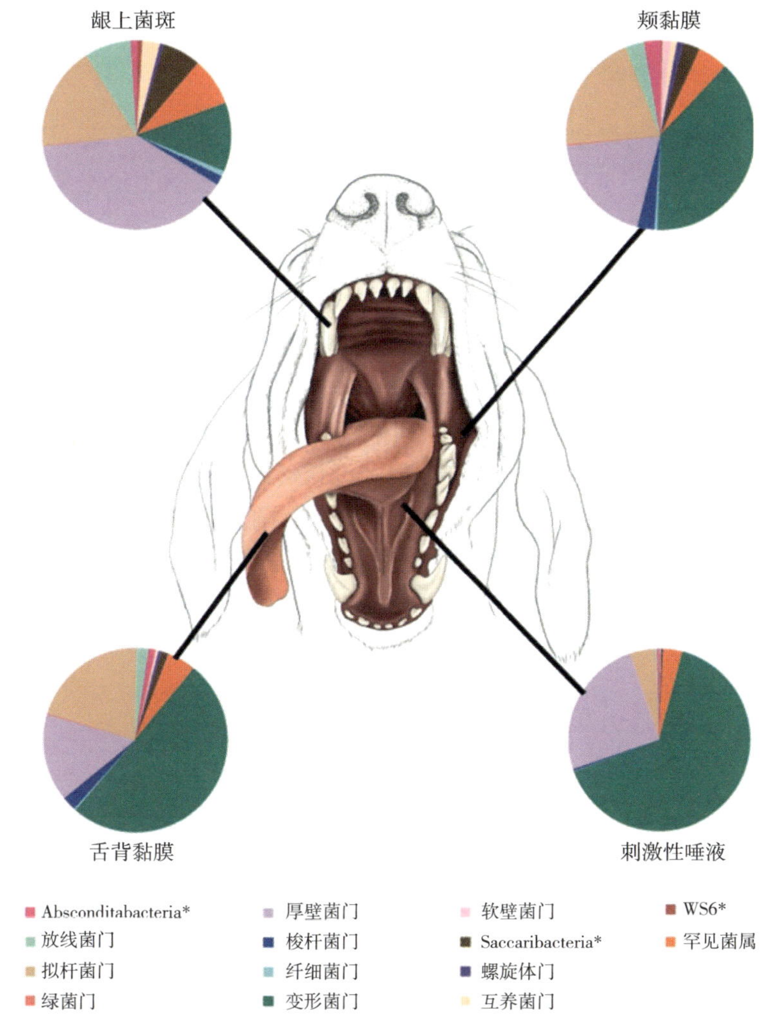

图 11.1 犬口腔生态位中细菌类群的分布。∗表示候选菌门。来源：Ruparell 等[5]/ Springer Nature / Public Domain CC BY 4.0

11.3 生态失调和炎症相关疾病

11.3.1 牙周病

生物膜的积累是牙周病发病机制的主要因素之一，并可能影响炎症过程（表11.1）[1]。当常驻微生物组与宿主的免疫平衡之间的稳态被打破时，免疫耐受就会转变为促炎反应[4]。与其他微生物组一样，更具毒性的物种比例增加，以及屏障功能的破坏共同诱发了生态失调[4]。口腔中微生物定植的多样性取决于个体营养素的可用性和宿主天然非特异性免疫的水平[1]。炎症过程的助推剂是微生物的类型、产生的毒素类型（内毒素、外毒素和白细胞毒素）、微生物酶及其代谢物（丁酸、丙酸、氨、吲哚、胺和挥发性含硫化合物），当这些物质大量产生时，会破坏黏膜的通透性，并减少胶原蛋白的合成[1]。简单地说，位于龈下菌斑中的致病性微生物将含氮底物（营养素）降解为细胞毒性化合物，比如短链脂肪酸、氨、含硫化合物和吲哚，这些物质会诱发组织炎症并促进细胞死亡，降低屏障功能。

表11.1 口腔的常见疾病及受影响的生态位

疾病	口腔生态位
牙周炎	牙槽骨和牙周组织的慢性炎症
口炎	口腔黏膜的炎症
舌炎	舌部的炎症

如上所述，龈上菌斑和龈下菌斑的形成是由于环境差异和营养素流入龈沟，使得厌氧细菌得以定植并繁殖。这是牙龈炎发病过程中的一个阶段，在这个过程中，微生物群的代谢物（内毒素和蛋白酶）沿着牙龈线和龈下沟穿透上皮组织[1]。这会引发炎症，出现血管扩张、血管通透性增加、中性粒细胞进入组织，以及破

坏血管周围的胶原纤维。当炎症病变局限于龈上组织，可被内分泌系统、血液疾病和某些药物（抗惊厥药和免疫抑制剂）影响而发生改变[1]。牙槽骨和牙周组织发生慢性炎症，会引发牙周炎的发病机制，从而破坏牙槽骨和牙周组织，进而导致牙周袋形成、牙龈萎缩、牙齿松动，以及龈上组织的质地、形态和弹性发生改变[1]。牙周炎的炎性病变会使细菌产物渗出，这些产物被暴露的牙骨质吸收，使其变得松软并坏死[1]。虽然牙龈炎引发的炎症可以通过适当的口腔卫生措施来逆转，但严重的牙周炎所造成的骨质流失是永久性的[3]。在人类中，引起皮质醇水平升高的心理压力与牙周疾病风险的增加呈正相关[1]。

犬猫都易患上牙周疾病，牙龈炎会影响95%～100%的宠物，而牙周炎会影响50%～70%的宠物[3]。随着年龄的增长，猫和犬患牙周疾病的风险都会增加。在猫中，上颌和下颌的前磨牙是最易受影响的牙齿。多种疾病状况与犬猫的牙龈炎和牙周疾病相关联，包括肾病、心内膜炎、全身性感染及实质性肝病[3]。

Dewhirst等进行的一项研究显示，在被分析的171种猫口腔细菌分类群中，约89%归属于厚壁菌门、变形菌门、拟杆菌门或螺旋体门[3]。

11.3.1.1 口炎

口炎是口腔黏膜的深层炎症，常见于灵缇犬、马尔济斯犬、迷你雪纳瑞犬和拉布拉多寻回犬等特定犬种。其症状包括严重的牙龈炎症和牙龈萎缩，以及在上颌尖牙和裂齿（第四前磨牙）部位的嘴唇内表面出现口腔溃疡[2]。猫的重度炎症和溃疡可累及整个口腔，包括上喉部[8]。这种疾病还与被确诊感染杯状病毒的猫有关[8]。

真菌性口炎在犬猫中均有发生，是由于长期使用抗生素、免疫系统受抑制或合并其他口腔疾病导致白色念珠菌过度生长而引起的。这在犬猫中是一种口腔炎症的不常见病因。真菌性口炎的症状略有不同，除了炎症和口腔溃疡外，在猫的舌头上可能会观察到乳白色斑块，在犬猫中都可能会观察到过度流涎和出血现象[8-9]。

11.3.1.2 舌炎

舌部的炎症可能是由于感染或包括肾病、糖尿病在内的其他疾病引起[8]。

11.3.2 全身性抗菌药物

全身性抗菌药物常被用于口腔手术的术前和术后。根据Davis等的一篇论文[4]，没有证据表明，术前或术后使用辅助性全身性抗菌治疗对犬或猫在医学上有益[4]。这也包括在牙周炎的手术治疗中交替使用抗菌药物的情况[4]。

11.4 关键营养因素

口腔细菌利用口腔中的营养素作为能量来源，不同种类的细菌能够依靠这些营养素大量繁殖[1]。其中一些细菌［变异链球菌（*S. mutans*）、戈登链球菌（*Streptococcus gordonii*）和乳杆菌属细菌］会创造出酸性更强的口腔环境，在人类中，这种环境会促使牙釉质和牙本质脱矿。多肽通过细菌细胞壁与唾液中的糖蛋白结合而在定植中发挥一定作用。

有一项已发表的研究调查了从出生至断奶后过渡到商业饮食期间口腔微生物组（龈上菌斑）的变化。该研究从动物出生时开始，此时大多数口腔细菌属于未分类的细菌分类群。到2周龄时，观察到经阴道分娩出生的幼猫和剖宫产出生的幼猫在口腔菌群多样性方面出现差异。幼猫在最初的2周内只喂食母乳，然后从第3周开始断奶，改为食用湿润的膨化干粮和湿性商业饮食，直到8周龄，完全转为食用商业饮食。在所有幼猫中均检测到三大优势菌门（拟杆菌门、厚壁菌门和变形菌门），其占微生物群测序总数的

76%。卟啉单胞菌属和密螺旋体属细菌在食用干性猫粮的幼猫体内含量更为丰富，而食用湿性食物的猫体内库恩氏壳状菌数量有所增加[3]。

11.5 章节概要

- 个体微生物组的发展被认为受到分娩方式、新生儿喂养方式、宿主年龄、饮食和健康状况的影响。
- 口腔微生物组以生物膜的形式覆盖所有黏膜和牙齿表面。生物膜的厚度约为1μm，因表面不同而各异，由常驻细菌群落与细胞外基质（ECM）组成。
- 在已建立的口腔微生物组中，物理、化学和免疫组织化学因素会影响口腔中微生物的多样性和密度。
- 在口腔的不同部位观察到常驻口腔微生物组的变化。
- 位于龈下菌斑中的致病性微生物将含氮底物（营养素）降解为细胞毒性化合物，从而诱发组织炎症并促进细胞死亡。
- 多肽通过细菌细胞壁与唾液中的糖蛋白结合而在定植中发挥作用。

参考文献（原书）

1 Rowińska, I., Szyperska-Ślaska, A., Zariczny, P. et al. (2021). The influence of diet on oxidative stress and inflammation induced by bacterial biofilms in the human oral cavity. Materials (Basel) 14 (6): 1444. 10.3390/ma14061444.

2 Disorders of the Mouth in Dogs (2022). Merck manual. https://www.merckvetmanual.com/dog-owners/digestive-disorders-of-dogs/disordersof-the-mouth-in-dogs (accessed 12 June 2022).

3 Spears, J.K., Vester Boler, V., Gardner, C. et al. (2017). Development of Oral Microbiome in Kittens. The Campanion Animal Nutrition Summit Nestle, Research Center.

4 Davis, E.M. and Weese, J.S. (2022). Oral microbiome in dogs and cats:

dysbiosis and the utility of antimicrobial therapy in the treatment of periodontal disease. The Veterinary Clinics of North America. Small Animal Practice 52 (1): 107–119. https://doi.org/10.1016/j.cvsm.2021.08.004.

5 Ruparell, A., Inui, T., Staunton, R. et al. (2020). The canine oral microbiome: variation in bacterial populations across different niches. BMC Microbiology 20: 42. 10.1186/s12866-020-1704-3.

6 Martins, K.S., de Assis Magalhães, L.T., de Almeida, J.G., and Pieri, F.A. (2017). Antagonism of bacteria from dog dental plaque against human cariogenic bacteria. BioMed Research International 2018: 10.1155/2018/2780948.

7 Older, C.E., Diesel, A.B., Lawhon, S.D. et al. (2019). The feline cutaneous and oral microbiota are influenced by breed and environment. PLoS One 14 (7): e0220463. https://doi.org/10.1371/journal.pone.0220463.

8 Disorders of the Mouth of Cats (2022ss). Merck Manual. https://www.merckvetmanual.com/cat-owners/digestive-disorders-of-cats/disordersof-the-mouth-in-cats (accessed 12 June 2022).

9 Lee, D.B., Verstraete, J.M., and Arzi, B. (2020). An update on feline chronic gingivostomatitis. The Veterinary Clinics of North America. Small Animal Practice 50 (5): 973–982. https://doi.org/10.1016/j.cvsm.2020.04.002.

12 耳部微生物组

12.1 耳部微生物组

犬猫耳朵的解剖结构包括耳郭、外耳道（垂直耳道和水平耳道）、中耳（充满空气的鼓室、三块听小骨及鼓膜），以及内耳(颞骨岩部的骨迷路，负责听觉和平衡)[1]。

虽然目前针对犬猫的研究有限，但已经发现了一些与机体微生物组相似的趋势，即健康的耳部微生物组往往具有更高的物种多样性。一项针对犬耳部驻菌群的研究发现，痤疮丙酸杆菌（*Cutibacterium acnes*，之前为*Propionibacterium acnes*，占比4.5%）、假中间葡萄球菌（占比3.8%）和链球菌属（占比31.1%）是数量最多的3类细菌，另外厚皮马拉色菌（*M. pachydermatis*，占比6.1%）、煤炱目（Capnodiales，占比3.7%）和格孢菌目(Pleosporales，占比1.0%）是数量最多的3种真菌分类群[2]。

多种疾病与耳部病变存在关联，例如自身免疫性疾病、过敏性疾病及甲状腺功能减退症。尽管耳部感染已被确定为犬甲状腺功能减退症的初步迹象，但没有可靠证据表明外耳炎是犬甲状腺功能减退症的特征表现，尤其是当其作为唯一的临床症状出现时[3]。

12.2 影响多样性和密度的因素

正如大多数观察到的趋势，临床受影响的犬猫耳部微生物组以细菌和真菌多样性的普遍缺乏为特点，并且通常仅由一两种微生物占据主导地位[2]。

12.2.1 影响因素

健康微生物组的变化主要由三种因素引起：

（1）原发因素　是可直接诱发外耳道炎症的因素，包括过敏性疾病（如过敏症）、寄生虫病、肿物、内分泌及自身免疫性疾病[4]。

（2）易感因素　是指增加生态失调风险的引入因素，包括环境变化，如耳部结构中的湿度变化或进水[4]。

（3）持续因素　是指问题形成后使其持续存在的因素，例如，中耳炎发展为外耳炎。继发性病因也可归为此类，尽管继发性病因需要易感因素来引发病理变化。Paterson等在2018年对犬开展的一项研究中描述了这一概念。据观察，感染的原发性病因是假单胞菌属细菌的感染，同时还受到过敏、肿物、内分泌疾病及自身免疫性疾病的影响[5]。与患有过敏和内分泌疾病的犬相比，在存在肿块或自身免疫性疾病的情况下，假单胞菌属细菌感染发展得更快[5]（图12.1）。

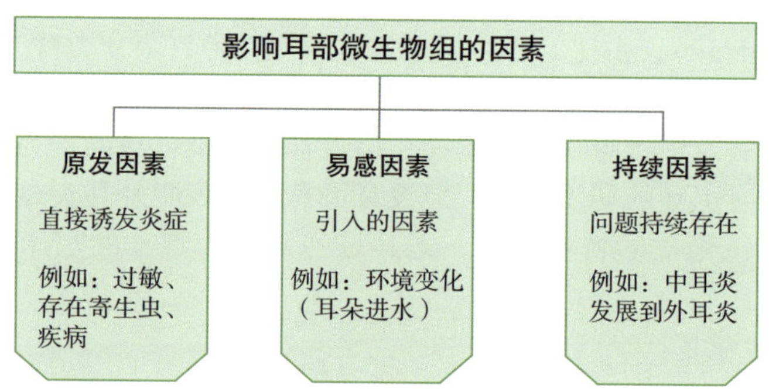

图12.1　可能导致耳部微生物群多样性发生变化的因素

12.2.2 生物膜

与机体其他部位的生物膜一样，生物膜也可以存在于耳部微生物组中。细菌在生长和增殖阶段以两种形式存在，第一种形式称为浮游状态，细菌以单个独立细胞的形式存在。这种形式是急性疾病中最常见的细菌形态。第二种形式是生物膜，如果病情发展为慢性疾病，细菌就会变得更具组织性，形成固定的群体，这种形式被称为生物膜[6]。这种复杂的三维群落使得细菌能够通过信号分子相互联系，调节基因表达、输送营养素、处理废物，并具有多种其他优势[7]。生物膜中的细菌会产生由蛋白质、多糖和核酸组成的胞外聚合物，并表现出可变表型，通过减缓生长速度和基因转录来影响其生长；而浮游生物则不具有这种功能[6-7]。在生物膜中的细菌防御能力会有所增强，包括抵御环境变化（温度、湿度、pH）、逃避宿主的免疫系统，以及对抗生素的抗性增强[6-7]（图12.2）。

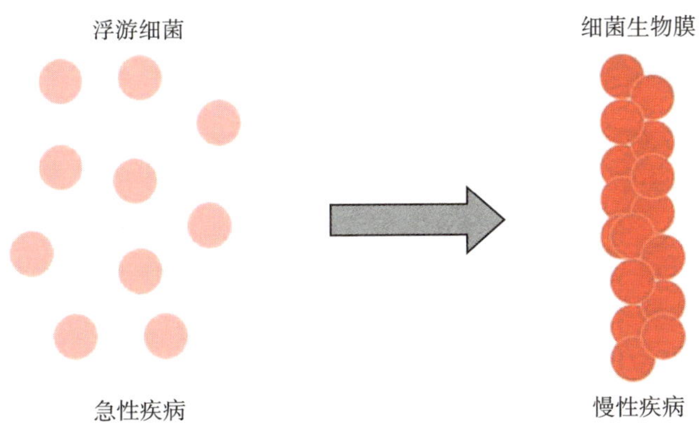

图12.2　疾病从急性阶段（浮游细菌）发展到慢性阶段（生物膜形成）。来源：George Andrew Abernathy.eudic-https://orcid.org/0000-0002-1336-3631, last accessed 8 December 2022 /Licensed under CCO license

耳部生物膜通过以下方式增强细菌的抗生素抗性：①降低细胞生长速度，使其对抗菌剂的敏感性降低；②利用胞外聚合物基质中的复杂功能，这种扩散屏障可以保护细菌免受抗菌药物的渗透。虽然高浓度的抗菌药物仍可能导致细菌死亡，但生物膜提高了最低抑菌浓度，使低浓度的抗菌药物被基质阻挡，从而保护生物膜中的细菌[4, 6]。在中等浓度的抗菌药物可能渗透屏障的情况下，部分细菌可能会发生突变并存活下来，从而形成更具耐药性的种群[4, 6]。

生物膜在耳炎中很常见。病原菌和酵母菌可以形成生物膜，如假中间葡萄球菌、厚皮马拉色菌（*Malassezia pachydermatis*）和铜绿假单胞菌（*Pseudomonas aeruginosa*）[6]。

12.3 生态失调相关疾病

耳炎是一种常见的耳部生态失调疾病，全科诊疗实践中，7.5%～16.5%的犬病例表现为外耳炎[2]。外耳炎包括耳廓、从垂直耳道及水平耳道至鼓膜的炎症，可能是急性的，也可能是慢性的，即同一病症持续存在或反复发作3个月或更长时间[8]。外耳可能会因慢性炎症而发生物理变化。其中一些变化包括腺体增生、腺体扩张、上皮增生和角化过度，这可能会导致湿度和pH升高，使耳朵更容易发生继发性感染[8]。细菌［铜绿假单胞菌（*P. aeruginosa*）、假中间葡萄球菌、大肠埃希氏菌、克雷伯氏菌属（*Klebsiella* spp.）］或真菌（厚皮马拉色菌）继发感染在许多外耳炎病例中都会出现。铜绿假单胞菌是一种革兰氏阴性芽孢杆菌，它通常不被认为是犬耳部微生物组的常驻菌群，且一旦在耳部定植，就很难进行管理[2]（图12.3和图12.4）。

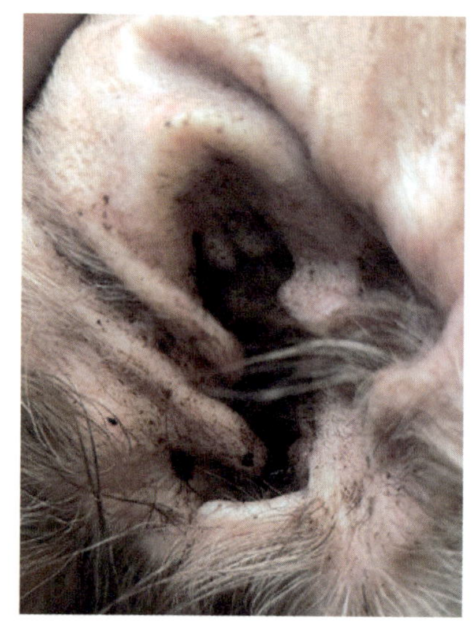

图12.3　外耳炎的初期阶段。注意，碎屑增多，如果不及时治疗很快就会引发炎症

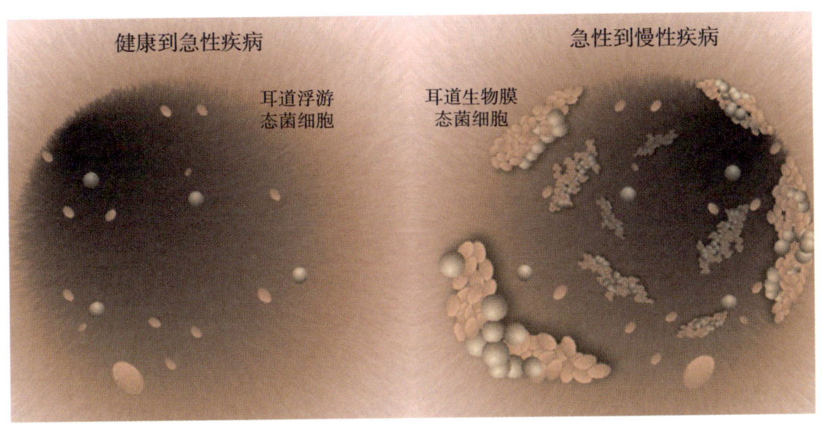

图12.4 当出现临床症状时，耳部微生物组的多样性会降低。在某些情况下，单一的细菌或真菌微生物群可以构成样本的90%以上。来源：George AndrewAbernathy, https://orcid.org/0000-0002-1336-3631, last accessed 8 December2022 / Licensed under CCO license

外耳炎的另一个致病因素是酵母菌，部分犬只会对马拉色菌（*Malassezia* spp.）产生过敏反应，这可能会导致瘙痒和疼痛[8]。一份关于犬和猫马拉色菌的研究发现了这两个物种之间存在一些有趣的差异。这种酵母菌更常见于5岁以下的动物，在猫身上，发现这种酵母菌更多的是在冬季，而在犬身上秋季更为常见。在犬中，耳朵的类型会影响发病率，与直立耳相比，垂耳犬的发病率更高。最后，患有耳炎的动物和耳部结构健康的宠物相比，马拉色菌含量更高[9]。

最近的一项研究对257只犬的耳部微生物组样本进行了分析。通过使用二代测序技术（NGS），研究人员从健康犬只和临床受影响的犬只中识别出7 846种细菌和真菌种类。临床受影响的犬只中，其病例特点表现为微生物多样性整体降低、微生物数量增加。在78.3%的临床病例中，特定微生物群过度生长（细菌过度生长占69.8%、真菌过度生长占16.3%、细菌和真菌同时过度生长占7.0%）[2]。在21%的临床病例中，单一细菌或真菌微生物群（厚皮马拉色菌和假中间葡萄球菌）在样本中所占比例超过了90%[2]。虽然在健康犬的样本中发现了多种微生物，但当犬受到临床疾病影响时，微生物的密度有明显增加的趋势，且在健康样本中很少发现粪肠球菌、大芬戈尔德菌（*Finegoldia magna*）、隐秘杆菌（*Arcanobacterium phocae*）、灰海豹链球菌（*Streptococcus halichoeri*）、黑尔嗜胨菌（*Peptoniphilus harei*）、奇异变形杆菌（*Proteus mirabilis*）、化脓性拟杆菌（*Bacteroides pyogenes*）、特吕佩尔氏菌属细菌（*Trueperella* sp.）和达克马巴斯德氏菌（*Pasteurella dagmatis*）。该研究还发现，厚皮马拉色菌、假中间葡萄球菌、施氏葡萄球菌（*Staphylococcus schleiferi*）及一些厌氧细菌，如大芬戈尔德菌、犬消化链球菌（*Peptostreptococcus canis*）和牙龈卟啉单胞菌（*Porphyromonas cangingivalis*），是临床患病耳部发现的最重要的微生物分类群[2]。

在猫中，一项研究发现，过敏猫和患病猫体内真菌数量都较高，而过敏猫体内细菌数量也较高。真菌和细菌的过度生长与耳炎的严重程度有关[10]。2017年一项比较健康猫和过敏猫的皮肤微生物组的研究发现，健康猫中草酸杆菌科（Oxalobacteraceae）和卟啉单胞菌科（Porphyromonadaceae）细菌相对丰度更高，而过敏猫葡萄球菌属（*Staphylococcus*）细菌数量有所增加[11]。

12.4　关键营养因素

确保提供完整且均衡的饮食对于支持患有慢性耳炎的宠物非常重要。营养素可能对耳部生态失调的宠物有益。其目的是支持上皮细胞，减少活性氧物质。

- 蛋白质是皮肤细胞的重要组成部分，确保宠物摄入高度易消化的蛋白质来源可以帮助改善耳道上皮细胞的健康。
- ω-3脂肪酸可改善皮肤屏障功能，并可能减少与耳部疾病相关的炎症。
- 通过提供水解蛋白或有限成分饮食来管理过敏成分。确保饮食高度易消化且营养全面均衡，这将有助于创造一个稳态的环境。

- 类胡萝卜素、生育酚、多酚和黄酮类等抗氧化剂在皮肤健康方面的抗氧化作用已被广泛研究。
- 益生菌可能有助于改善皮肤健康。

12.5 章节概要

- 正如大多数观察到的趋势，临床受影响的犬猫耳部微生物组以细菌和真菌多样性的普遍缺乏为特点，并且通常仅由一两种微生物种类占据主导地位。
- 健康微生物组的变化是由原发因素、易感因素或持续因素引起的。
- 生物膜是复杂的三维群落：允许细菌通过信号分子相互联系，调节基因表达、输送营养素、处理废物，并具有多种其他优势。
- 耳部生物膜有助于增强抗生素抗性。
- 营养可以作为辅助手段来帮助确保良好的皮肤屏障。

参考文献（原书）

1 Cole, L.K. (2010). Anatomy and physiology of the canine ear. Veterinary Dermatology 21 (2): 221–231. https://doi.org/10.1111/j.1365-3164.2010.00885.x.

2 Tang, S., Prem, A., Tjokrosurjo, J. et al. (2020). The canine skin and ear microbiome: a comprehensive survcy of pathogens implicated in canine skin and ear infections using a novel next-generation-sequencing-based assay. Veterinary Microbiology 247: https://doi.org/10.1016/j.vetmic.2020.108764.

3 Graves, T.K. (2008). Canine hypothyroidism: fact or fiction. *DVM* 360 Proceedings.https://www.dvm360.com/view/canine-hypothyroidismfact-or-fiction-proceedings (accessed 14 May 2022).

4 Pye, C. (2018). Pseudomonas otitis externa in dogs. The Canadian Veterinary

Journal 59 (11): 1231–1234.

5 Paterson, S. and Matyskiewicz, W. (2018). A study to evaluate the primary causes associated with Pseudomonas otitis in 60 dogs. The Journal of Small Animal Practice 59 (4): 238–242. https://doi.org/10.1111/jsap.12813.

6 The role of biofilms in otitis (2017). Dermatology. http://fs-1.5mpublishing.com/vet/issues/2017/02/vp_2017_02_derm.pdf (accessed 8 May 2022).

7 Akyıldız, I., Take, G., Uygur, K. et al. (2012). Bacterial biofilm formation in the middle-ear mucosa of chronic otitis media patients. Indian Journal of Otolaryngology and Head & Neck Surgery 65 (Suppl 3): 557–561. https://doi.org/10.1007/s12070-012-0513-x.

8 Bajwa, J. (2019). Canine otitis externa – treatment and complications. The Canadian Veterinary Journal 60 (1): 97–99.

9 Cafarchia, C., Gallo, S., Capelli, G. et al. (2005). Occurrence and population size of Malassezia spp. in the external ear canal of dogs and cats both healthy and with otitis. Mycopathologia 160 (2): 143–149. https://doi.org/10.1007/s11046-005-0151-x.

10 Pressanti, C., Drouet, C., and Cadiergues, M.C. (2014). Comparative study of aural microflora in healthy cats, allergic cats and cats with systemic disease. Journal of Feline Medicine and Surgery 16 (12): 992–996. https://doi.org/10.1177/1098612X14522051.

11 Older, C.E., Diesel, A., Patterson, A.P. et al. (2017). The feline skin microbiota: the bacteria inhabiting the skin of healthy and allergic cats. PLoS One 12 (6): e0178555. 10.1371/journal.pone.0178555.

13 皮肤微生物组

13.1 皮肤微生物组

虽然关于微生物的研究主要集中在胃肠道上，但人们也发现了很多定植在犬猫皮肤上的微生物群落。正常的皮肤微生物群有助于调节先天性免疫应答和防止病原体定植[1]。皮肤充当着外界环境与动物机体之间的保护屏障[2]。皮肤是一个高度代谢的器官，包含毛发、表皮和皮下组织——位于真皮下方富含脂肪的组织，负责与下方的肌肉、筋膜或骨膜相连。与肠道类似，皮肤由上皮细胞、免疫细胞和微生物组成，提供多层保护，覆盖着较大的表面积，并且不断暴露于可能的过敏原、毒素和病原体之下[3]。先锋微生物（指在某些环境中率先定植并改变局部生态条件的微生物）在皮肤上的早期定植有助于免疫系统的发育，并通过释放信号分子和抗菌肽来训练免疫细胞识别并区分是共生细菌还是病原体[4-6]。

与肠道微生物组相比，对犬猫正常核心皮肤微生物的研究相对较少。Hoffman等[1]和Older等[7]使用现代测序技术分别对健康犬猫与过敏犬猫的皮肤微生物组[1, 7]进行表征分析。在犬、猫两个物种中，个体差异都很大，犬的个体差异比猫更为显著。与肠道类似（从口端到肛端会呈现出不同的微环境变化），犬猫皮肤的微环境在机体的不同部位也存在差异。微生物的多样性和密度似乎受到采样部位的影响，有毛发覆盖的皮肤部位的微生物丰富度和多样性高于无毛的皮肤黏膜交界处或黏膜表面。与以往基于培养的研究结果一致，无论在皮肤的哪个区域，变形菌门都占主导地位，其次是放线菌门、厚壁菌门、拟杆菌门和梭杆菌门[1, 8]。猫的核心菌群与犬类似，也以变形菌门为主，但后续各菌门占比有所不同，依次是拟杆菌门、厚壁菌门和放线菌门。拟杆菌门的细菌有较高的流行率，被推测是猫梳理毛发的结果，因为拟杆菌门的成员通常与口腔微生物群相关，可能会被带到皮肤上[7]。在犬猫中，也有关于皮肤相关真菌的研究[9-10]。与细菌相比，真菌群落在不同机体部位之间的差异较小，但在黏膜部位的丰富度仍有所降低。在犬猫身上，链格孢属（*Alternaria*）和枝孢菌属（*Cladosporium*）是数量最多的真菌属（图13.1）。

13.2 影响多样性和密度的因素

13.2.1 环境

地理位置和栖息地会对皮肤表面的微气候产生影响，湿度、温度和pH等环境因素会影响皮肤微生物组的组成[1-2]。虽然环境在某些皮肤状况中起着一定作用，尤其是与过敏相关的情况，如犬特应性皮炎，但环境并不总是决定性因素。一项针对猫的研究发现，与环境相比，遗传因素（或者更确切地说，猫的品种）是一个比环境更具影响力的因素[11]。Cuscó等[12]的一项研究调查了35只在遗传学上具有亲缘关系并在相同的环境中长大的金毛寻回犬，结果显示，采样区域、时间性（季节、圈养时长）和性别是导致微生物多样性差异的主要影响因素[12]。对于这两项研究而言，个体差异是一个重要结论[11-12]。

13.2.2 饮食与肠道微生物组

虽然肠道上皮组织与体表上皮组织相距甚远且相互独立，但两者之间存在着内在联系，并有着广泛的相互作用[6]。营养可通过维持肠道屏障健康和肠道微生物组的稳态对皮肤微生物组产生影响[13]。肠道黏膜屏障的破坏会导致抗原呈递，以及针对膳食成分的免疫复合物的形成，进而引发全身炎症并表现出皮肤病[14-15]。

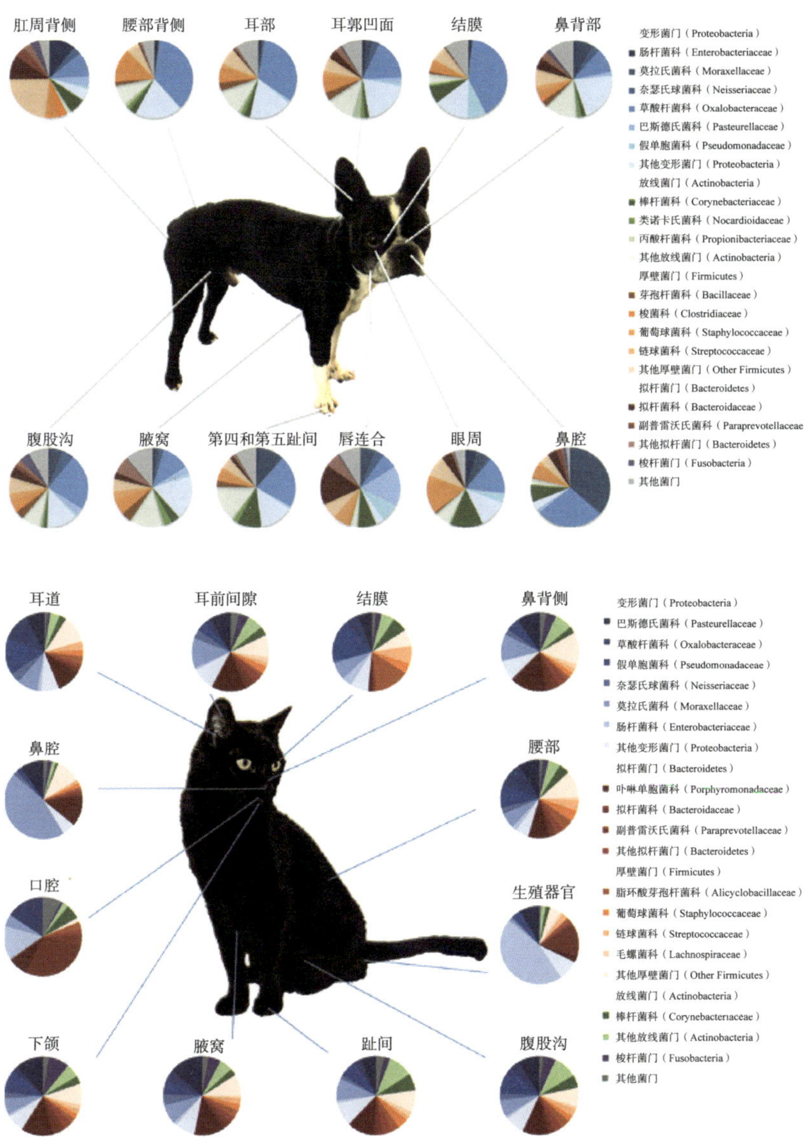

图 13.1　在犬猫身上发现的正常核心皮肤微生物。
来源：改编自本章参考文献1、6

营养也可以直接影响体表皮肤屏障。表皮屏障由皮肤细胞（角质形成细胞）和细胞间脂质（神经酰胺、固醇和脂肪酸）组成，其健康状况可能受到营养摄入的影响[13]。反之，皮肤微生物组既能影响表皮屏障的健康，也会受其影响。

13.2.3 药物

全身性和局部使用抗菌药物都会影响皮肤微生物组的多样性和密度。抗菌药物可作为脓皮症的一种靶向治疗方法，这可能会降低有害微生物的密度，使皮肤微生物群的平衡得以重建[16-17]。然而，抗菌疗法存在风险，包括筛选耐药生物及抑制核心微生物组的共生菌。此外，全身性抗菌药物也可能破坏肠道微生物组，并对皮肤和相关微生物组产生潜在影响（图13.2）。

13.3 生态失调相关疾病

13.3.1 功能障碍综合征

维持健康的保护性屏障需要微生物屏障、免疫屏障、化学屏障和物理屏障同时发挥作用[4, 6, 19]。所有屏障系统的功能必须协同运作，才能实现有效的屏障功能[19]。当其中一种或多种保护性功能受到破坏时，感染、炎症、过敏或肿瘤等致病性皮肤病的风险就会增加[20]。

微生物屏障：与胃肠道微生物组类似，健康的皮肤微生物组有助于防止病原菌的定植[1, 7, 9, 16]。共生菌可以与病原菌竞争并抑制病原菌的生长。

免疫屏障：在人类皮肤中，异生素受体与表皮分化有关，这对表皮分层和保护性角质层的形成至关重要[4, 20]。免疫功能借助先天性和适应性免疫细胞产生记忆反应，从而抵御病原体，同时不会对良性共生体产生反应[6]。

（a）

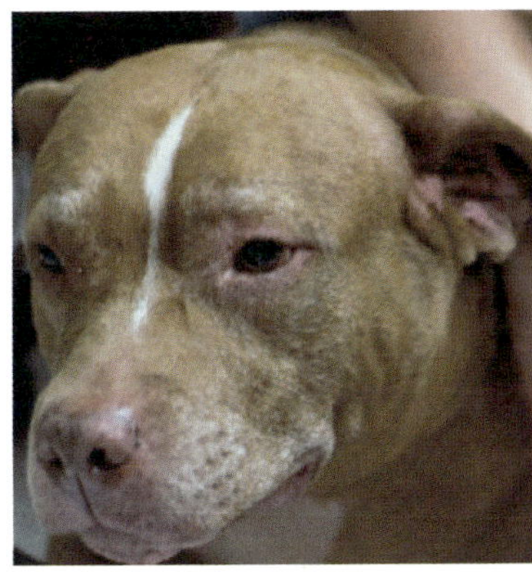

犬的常见皮肤病

- 过敏，包括跳蚤叮咬过敏和特应性皮炎
- 癌症（肿瘤)
- 细菌性脓皮症
- 皮脂溢出
- 寄生虫性皮肤病
- 食物不良反应，包括食物过敏或食物不耐受
- 免疫介导性皮肤病
- 内分泌性皮肤病

（b）

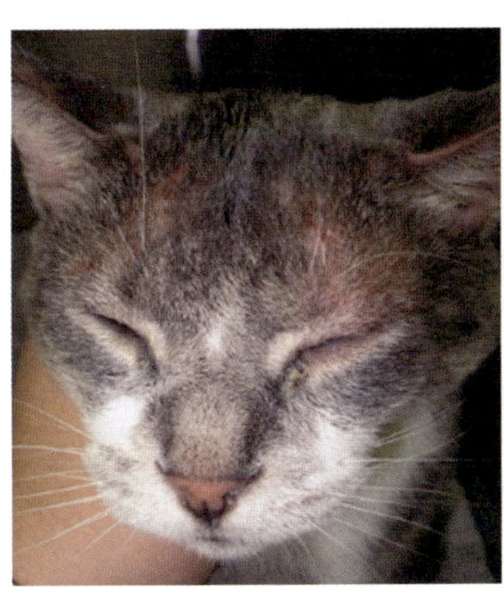

猫的常见皮肤病

- 脓肿
- 寄生虫性皮肤病
- 过敏，包括跳蚤叮咬过敏和特应性皮炎
- 粟粒性皮炎
- 嗜酸性肉芽肿复合物
- 真菌感染
- 食物不良反应
- 精神性皮肤病
- 脂溢性皮肤病
- 肿瘤
- 免疫介导性皮肤病

图 13.2　(a）犬的常见皮肤病；来源：Marsella (2021)/MDP//CC BY 4.0。
(b）猫的常见皮肤病；来源：Marsella (2021)/MDP//CC BY 4.0。
来源：改编自文献[1, 5, 181]

化学屏障：通过维持皮肤表面的水分和酸性保护膜来抑制细菌病原体的生长。酸性保护膜是覆盖在皮肤表面的一层薄膜，由皮脂腺分泌的脂质与皮肤汗液中的氨基酸混合而成[19]。对于犬猫这类汗腺较少的动物而言，这一功能可能与人类皮肤中所描述的情况并不相同。

物理屏障：从物理层面来讲，皮肤由结构有序的角质形成细胞和紧密连接组成，形成一种类似水泥般的屏障，保持水分并防止病原体或毒素侵入组织[3]。角质层是皮肤最外层的角化表皮细胞层，由紧密连接、黏附复合物及细胞骨架网络构成的复杂系统组成。这一屏障介导细胞-细胞间的黏附作用，在外界环境和下层组织之间构建起一道坚固的机械屏障。角质层会不断地从最外层的角质鳞片脱落死细胞，从而有助于清除皮肤表面的病原体[3]（图13.3）。

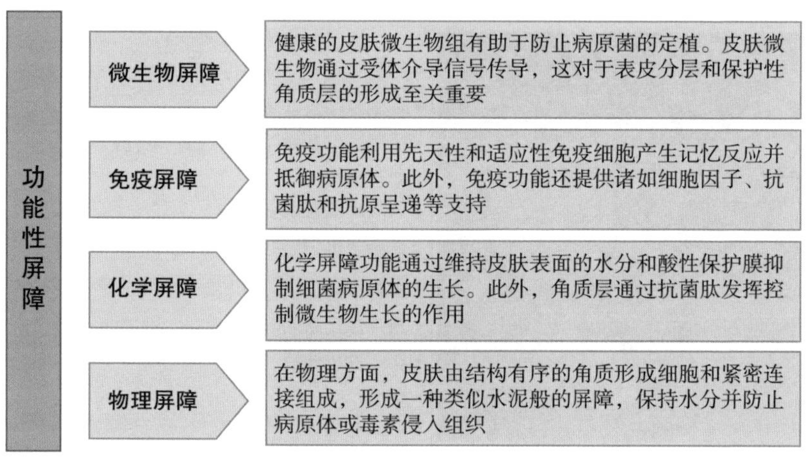

图13.3 正常皮肤屏障的功能。其中任意一种遭到破坏，都会增加感染性、炎症性、过敏性或肿瘤性等致病性皮肤病的风险

表皮的屏障功能障碍综合征在病理学上与第8章、第15章和第16章所讨论的屏障功能障碍相似。免疫系统的失调、抗菌化合物的缺乏、结构完整性受损及肠道生态失调都可能导致皮肤屏障

缺陷。表皮屏障功能障碍可导致原发性皮肤病，也会导致机会性致病菌的继发感染[1]。

13.3.2 特应性皮炎

特应性皮炎是一种遗传易感性疾病，病例会对多种抗原产生异常的免疫应答，导致免疫球蛋白E（IgE）过度产生，进而引发炎症性皮肤病[17]。其临床后果是对常见环境抗原出现超敏反应的倾向增加。特应性皮炎是一种慢性炎性疾病，可能会因继发细菌和真菌感染而变得更为复杂[21]。特应性皮炎的发病机制在第15章有所讨论，简要来说：黏膜屏障功能受损会使摄入的环境成分发生移位，并将抗原呈递给肠相关淋巴组织（GALT），从而导致超敏反应和炎症[17, 22]。肠道微生物群在维持黏膜屏障的完整性及调节肠道炎症中发挥作用[14, 23]。胃肠道生态失调可能会改变特定免疫细胞（辅助性T细胞）的平衡，导致耐受性降低及出现超敏反应的倾向增加，同时抗炎微生物代谢物（如SCFA）的产生减少。最终结果是对摄入的食物和环境物质产生过度的炎性反应。特应性患犬可能会出现胃肠道症状，也可能不会出现，因为这种疾病是一种全身性疾病，而不仅仅局限于皮肤。

皮肤微生物组也可能影响特应性皮炎和/或受其影响。与健康犬相比，特应性犬皮肤真菌及微生物丰富度有所降低[1, 9]。这可能会导致病原菌定植和继发感染，这是特应性皮炎常见的合并症[17, 24]（图13.4）。

13.4 关键营养因素

营养在皮肤健康中发挥着重要作用，多种皮肤病都与营养缺乏或过剩及营养吸收或利用方面的遗传性缺陷有关。

常见的相关营养素包括蛋白质、脂肪、必需脂肪酸、锌、维生素A和维生素E[13]。一些B族复合维生素也与某些皮肤状况有

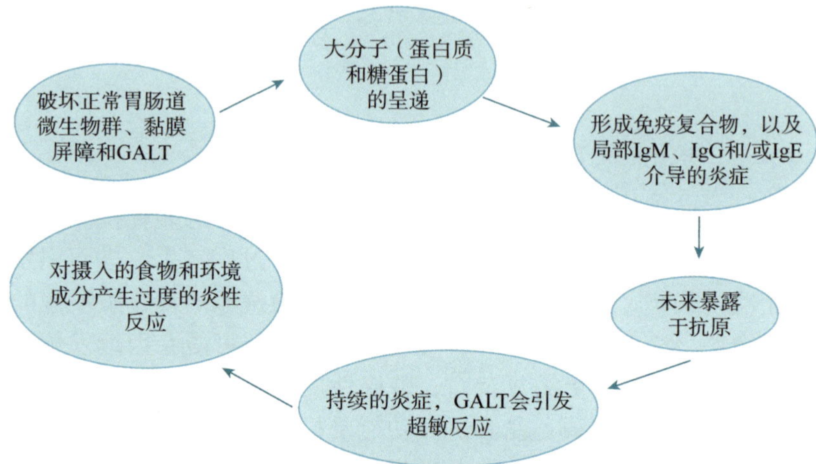

图13.4 特异反应性通路展示了肠道的破坏如何导致过敏反应和过度炎症

关，因为它们是必需脂肪酸（EFA）代谢的辅助因子。此外，鉴于肠道微生物生态失调与某些皮肤病之间的关联性，可能还需要从饮食上来支持微生物组的平衡（第15章）。

13.4.1 蛋白质

皮肤细胞含有相对大量的角蛋白、胶原蛋白及弹性蛋白，这些蛋白质有助于正常的屏障功能，而毛发几乎完全是由蛋白质组成的[3, 13]。据估计，犬日常毛发正常生长所需的蛋白质占每日蛋白质需求量的25%～30%[13]。因此，满足蛋白质需求对毛发的正常生长、皮肤角质化和屏障功能至关重要[25]。

13.4.2 必需脂肪酸

必需脂肪酸（EFA）在细胞膜中发挥结构性作用，是维持正常皮肤完整性和屏障功能所必需的[13]。ω-6多不饱和脂肪酸（PUFA）

中亚油酸的缺乏与皮肤表面脂质的产生减少有关，导致皮肤干燥、暗淡，甚至还会发展为皮肤油腻、脱毛和屏障功能障碍[13]。ω-6和ω-3 PUFA都能被整合到细胞膜并改变细胞膜的组成和功能。ω-3 PUFA，特别是二十碳五烯酸（EPA）和二十二碳六烯酸（DHA），通过与ω-6多不饱和脂肪酸花生四烯酸代谢的竞争，转化为促炎性类花生酸、前列腺素类和白三烯[26]，从而具有抗炎特性。摄入ω-3脂肪酸可减少由花生四烯酸（ω-6）产生的类花生酸，增加由α-亚麻酸（ω-3）产生的类花生酸，从而减轻炎性反应。因此，要保持皮肤健康，就必须摄入足够的ω-6和ω-3脂肪酸，并保持这两种脂肪酸的平衡。

13.4.3 纤维

寡糖等不可消化的糖类（有时被称为益生元）可能有利于支持产SCFA微生物的生长，并有助于减轻炎症[27]。寡糖通过微生物发酵能迅速转化为SCFA。在膳食中添加低聚果糖（FOS）有助于调节肠道环境，促进分泌型IgA的产生，是乳杆菌属和双歧杆菌属细菌的首选底物，这两种细菌都能产生乳酸、SCFA和IgA[28]。甘露寡糖（MOS）可通过提高溶菌酶、抗体和T细胞的活性来影响体液免疫应答，并起到物理阻断作用，防止非常驻细菌与肠道黏膜结合[28]。

13.4.4 维生素

维生素A是调节细胞复制和分化所必需的，并在维持上皮完整性和角化中发挥着重要作用[13]。维生素A的缺乏和过量都会导致角化缺陷，造成皮脂溢出和继发性感染[13, 18]。B族维生素是多种代谢反应的辅助因子，尤其是在能量和合成代谢途径中。因此，缺乏B族维生素会导致皮肤细胞更新缓慢、皮肤脱屑、干燥、脱毛和屏障功能受损[13, 29]。维生素E是一种重要的抗氧化剂，参与维持细胞膜的稳定性[30–31]。维生素E缺乏可能会导致皮肤脂质紊乱，如脂肪炎的发生[32]。

13.4.5 矿物质

锌是许多酶的关键组成部分，尤其是与DNA复制有关的酶，这使得锌成为快速分裂细胞（包括皮肤细胞）的一种必需物质[13]。脂肪酸的生物合成及正常的炎症反应和免疫功能也都需要锌。锌缺乏，无论是由于饮食摄入不足还是遗传性锌代谢异常，通常都会引起皮肤病[33–36]。在缺锌性皮肤病的病例中，继发性皮肤感染很常见[13]。

13.5 章节概要

- 正常的皮肤微生物群有助于调节先天性免疫应答和防止病原体定植等功能。
- 皮肤由上皮细胞、免疫细胞和微生物组成，提供多层保护，覆盖着较大的表面积，并且不断暴露于可能的过敏原、毒素和病原体之下。
- 皮肤微生物组受多种因素影响，包括遗传、环境、肠道微生物组中的微生物失衡或生态失调，以及肠道和皮肤屏障功能的状态。
- 免疫系统的失调、营养不良及肠道生态失调都可能导致皮肤屏障缺陷。
- 特应性皮炎是一种遗传倾向或遗传易感性，是对不同抗原产生过度免疫应答的结果。
- 多种饮食因素有助于维持皮肤健康，包括对肠道微生物组的营养支持。
- 皮肤微生物组与皮肤健康之间的关系有待进一步研究。

参考文献（原书）

1 Hoffmann, A., Patterson, A.P., Diesel, A. et al. (2014). The skin microbiome in healthy and allergic dogs. *PLoS One* 9 (1): e83197.

2 Ross, A., Müller, K.M., Weese, J.S. et al. (2018). Comprehensive skin microbiome analysis reveals the uniqueness of human skin and evidence for phylosymbiosis within the class mammalia. *Proceedings of the National Academy of Sciences of the United States of America* 115 (25): ES786–ES795.

3 Mauldin, E. and Peters-Kennedy, J. (2016). Integumentary system. In: *Jubb, Kennedy, and Palmer's Pathology of Domestic Animals* (ed. M. Maxie), 509–736. St Louis, Missouri: Elsevier.

4 Uberoi, A., Bartow-McKenney, C., Zheng, Q. et al. (2021). Commensal microbiota regulates skin barrier function and repair via signaling through the aryl hydrocarbon receptor. *Cell Host & Microbe* 29: 1235–1248.

5 Chen, Y., Fischbach, M., and Belkaid, Y. (2018). Skin microbiota-host interactions. *Nature* 553: 427–436.

6 Tizard, I. and Jones, S. (2018). The microbiota regulates immunity and immunologic diseases in dogs and cats. *Veterinary Clinics of North America: Small Animal Practice* 48: 307–322.

7 Older, C., Diesel, A., Patterson, A.P. et al. (2017). The feline skin microbiota: the bacteria inhabiting the skin of healthy and allergic cats. *PLoS One* 12 (6): e0178555.

8 Saijonmaa-Koulumies, L. and Lloyd, D. (1996). Colonization of the canine skin with bacteria. *Veterinary Dermatology* 7: 153–162.

9 Meason-Smith, C., Diesel, A., Patterson, A.P. et al. (2015). What is living on your dog's skin? Characterization of the canine cutaneous mycobiota and fungal dysbiosis in canine allergic dermatitis. *FEMS Microbiology Ecology* 91: fiv139.

10 Meason-Smith, C., Diesel, A., Patterson, A.P. et al. (2017). Characterization of the cutaneous mycobiota in healthy and allergic cats using next generation sequencing. *Veterinary Dermatology* 28: 71–83.

11 Older, C., Diesel, A.B., Lawhon, S.D. et al. (2019). The feline cutaneous and oral microbiota are influenced by breed and environment. *PLoS One* 14 (7): e0220463.

12 Cuscó, A., Belanger, J.M., Gershony, L. et al. (2017). Individual signatures and environmental factors shape skin microbiota in healthy dogs. *Microbiome* 5: 139.

13 Watson, T. (1998). Diet and skin disease in dogs and cats. *Journal of Nutrition* 128: 2783S–2789S.

14 Jergens, A. (2002). Understanding gastrointestinal inflammation — implications for therapy. *Journal of Feline Medicine and Surgery* 4: 179–182.

15 15 Verlinden, A., Hesta, M., Millet, S. et al. (2006). Food allergy in dogs and cats: a review. *Critical Reviews in Food Science and Nutrition* 46: 259–273.

16 Weese, J. (2013). The canine and feline skin microbiome in health and disease. *Advances in Veterinary Dermatology* 24 (1): 137–e31.

17 Olivry, T., DeBoer, D.J., Favrot, C. et al. (2010). Treatment of canine atopic dermatitis: 2010 clinical practice guidelines from the international task force on canine atopic dermatitis. *Veterinary Dermatology* 21: 233–248.

18 Polizopoulou, Z., Kazakos, G., Patsikas, M.N. et al. (2005). Hypervitaminosis a in the cat: a case report and review of the literature. *Journal of Feline Medicine and Surgery* 7: 363–368.

19 Eyerich, S., Eyerich, K., Traidi-Hoffman, C. et al. (2018). Cutaneous barriers and skin immunity:differentiating a connected network. *Trends in Immunology* 39 (4): 315–327.

20 Gutowska-Owsiak, D., Podobas, E.I., Eggeling, C. et al. (2020). Addressing differentiation in live human keratinocytes by assessment of membrane packing order. *Frontiers in Cell and Development Biology* 8: 573230.

21 Chermprapai, S., Podobas, E.I., Eggeling, C. et al. (2019). The bacterial and fungal microbiome of the skin of healthy dogs and dogs with atopic dermatitis and the impact of topical antimicrobial therapy, an exploratory study. *Veterinary Microbiology* 229: 90–99.

22 Craig, J. (2016). Atopic dermatitis and the intestinal microbiota in humans and dogs. *Veterinary Medicine and Science* 2: 95–105.

23 Barko, P., McMichael, M.A., Swanson, K.S. et al. (2018). The gastrointestinal microbiome: a review. *Journal of Veterinary Internal Medicine* 32: 9–25.

24 Bradley, C., Morris, D.O., Rankin, S.C. et al. (2016). Longitudinal evaluation of the skin microbiome and association with microenvironment and treatment in canine atopic dermatitis. *Journal of Investigative Dermatology* 136: 1182–1190.

25 NRC (2006). *Nutrient Requirements of Dogs and Cats*. Washington, DC: National Research Council.

26 Bauer, J. (2011). Therapeutic use of fish oils in companion animals. *Journal of the American Veterinary Medical Association* 239 (11): 1441–1451.

27 Propst, E., Flickinger, E.A., Bauer, L.L. et al. (2003). A dose-response experiment evaluating the effects of oligofructose and inulin on nutrient digestibility, stool quality, and fecal protein catabolites in healthy adult dogs. *Journal of Animal Science* 81 (12): 3057–3066.

28 Perini, M., Rentas, M.F., Pedreira, R. et al. (2020). Duration of prebiotic intake is a key-factor for diet-induced modulation of immunity and fecal fermentation products in dogs. *Microorganisms* 8: 1916.

29 Blanchard, P., Bai, S.C., Rogers, Q.R. et al. (1991). Pathology associated with vitamin b-6 deficiency in growing kittens. *Journal of Nutrition* 121: S77–S78.

30 Van Vleet, J. (1975). Experimentally induced vitamin e-selenium deficiency in the growing dog. *Journal of the American Veterinary Medical Association* 166 (8): 769–774.

31 Piercy, R., Hinchcliff, K.W., Morley, P.S. et al. (2001). Vitamin e and exertional rhabdomyolysis during endurance sled dog racing. *Neuromuscular Disorders* 11: 278–286.

32 Niza, M., Vilela, C., and Ferreira, L. (2003). Feline pansteatitis revisited: hazards of unbalanced home-made diets. *Journal of Feline Medicine and Surgery* 5: 271–277.

33 White, S., Bourdeau, P., Rosychuk, R.A.W. et al. (2001). Zinc-responsive dermatosis in dogs: 41 cases and literature review. *Veterinary Dermatology* 12: 101–109.

34 Cummings, J. and Kovacic, J. (2009). The ubiquitous role of zinc in health and disease. *Journal of Veterinary Emergency and Critical Care* 19 (3): 215–240.

35 Rolles, B., Maywald, M., and Rink, L. (2018). Influence of zinc deficiency and supplementation on nk cell cytotoxicity. *Journal of Functional Foods* 48: 322–328.

36 Usama, U., Khan, M., and Fatima, S. (2018). Role of zinc in shaping the gut microbiome; proposed mechanisms and evidence from the literature. *Journal of Gastrointestinal & Digestive System* 8 (1): https://doi.org/10.4172/2161-069X.1000548.

14 肝循环和胆汁酸与微生物组的关系

胆汁历来被认为在维持健康方面起着重要作用。大约在公元前400年，希波克拉底提出了“体液学说”，即健康的四大支柱为体液（血液、黄胆汁、黑胆汁和黏液）[1]。在这一概念中，四体液的平衡状态等同于机体的健康，而任何一种体液的失衡都将预示着疾病[1]。胆汁是一种复杂的水性分泌物，由大约95%的水和胆盐、胆红素、磷脂、胆固醇、氨基酸、类固醇、酶、卟啉、维生素、重金属，以及外源性药物、异生素（外源性物质）和环境毒素组成[2]。胃肠道微生物群在胆汁酸代谢中的作用数十年来已为人所知，但人们仍在不断探索这种关系是如何对健康状况产生影响的[3]。研究表明，胃肠道微生物群是胆汁酸化学反应的主要介质，糖尿病、肝硬化、炎性肠病和癌症等疾病都与次级胆汁酸正常化学反应的改变有关[1]。

14.1 肝循环和胆汁酸代谢

肝循环和胆汁酸再循环系统极为复杂，但简单来讲，胆汁是由多种有机和无机溶质组成的[2]。胆汁在肝脏中合成，储存于胆囊中，并通过多种化学反应释放到肠道中，随后，这些反应的代谢物通过肠上皮细胞被吸收利用，或流入门静脉系统，将经过化学改变的成分再循环回到肝脏。

14.1.1 初级胆汁酸

该系统的一个主要功能，就是将胆固醇在肝脏中降解并转化为初级胆汁酸[4–5]。初级胆汁酸在不同物种之间可能存在差异。人类、犬和猫体内的两种主要初级胆汁酸为胆酸（CA）和鹅去氧胆酸（CDCA）[6-7]。在小鼠中，其主要的初级胆汁酸是鼠胆酸，而在猪中则是猪胆酸。初级胆汁酸与G蛋白偶联胆汁酸受体（TGR-5）相互作用，激活并释放胰高血糖素样肽-1（GLP-1），从而参与能量代谢[8]。

14.1.1.1 初级胆汁酸的共轭

在肝细胞内，初级胆汁酸可与氨基酸（如甘氨酸、牛磺酸）、葡萄糖醛酸和硫酸盐结合。其中，与甘氨酸和牛磺酸结合的胆汁酸被称为胆盐[1, 5, 9]。结合的初级胆汁酸会被排泄到胆小管中，这会形成一种渗透梯度，将水吸入胆汁，从而推动胆汁流经一系列胆管（胆道系统），进而释放到管腔或输送到胆囊[9]。共轭的结果是胆盐的酸性更强，这限制了其在通过肝脏中胆道系统时的被动重吸收[2]。此外，共轭的胆盐具有水溶性，使其能够乳化脂肪[9]。

14.1.2 胆囊和微胶粒的功能

胆囊能够储存并浓缩胆汁，然后在摄入营养素后将胆汁分泌到十二指肠[5, 10-11]。在十二指肠，胆汁与脂肪相互作用形成胶束结构，促进脂肪被肠上皮细胞吸收[12]。微胶粒的形成大大降低了胆盐对上皮细胞的毒性去污作用，而这种去污特性则促进了肠道对脂质的吸收[2]。

14.1.3 胆汁酸的再循环

胆汁酸的肝肠循环非常高效，结合的初级胆汁酸在回肠中通过主动转运被吸收，吸收率超过90%[1, 5]。肠道胆汁酸转运体是驱动这种吸收的受体，在犬中，该转运体主要在回肠、盲肠和结肠中表达[5]。一旦被吸收，胆汁酸就会进入门静脉血液系统，循环回到肝脏，超过95%的胆汁酸会被肝细胞摄取，重新结合并再次分泌到胆汁中[1, 5, 10]。胆盐依赖性和胆盐非依赖性胆管流量和胆管细胞分泌量具有很强的物种特异性，并受到激素、第二信使和信号转导途径的高度调节。目前，在动物模型中，许多胆汁分泌的决定因素在分子水平上得到了阐释[11]。作为胆固醇分解代谢的主要途径，胆汁酸约占每日胆固醇代谢量的50%[10]。胆汁酸在肝脏中合成，人类每天分泌约0.5g胆汁酸。在体内循环的胆汁酸总量（胆汁酸池），包括初级胆汁酸和次级胆汁酸，大约为3g[10]（图14.1）。

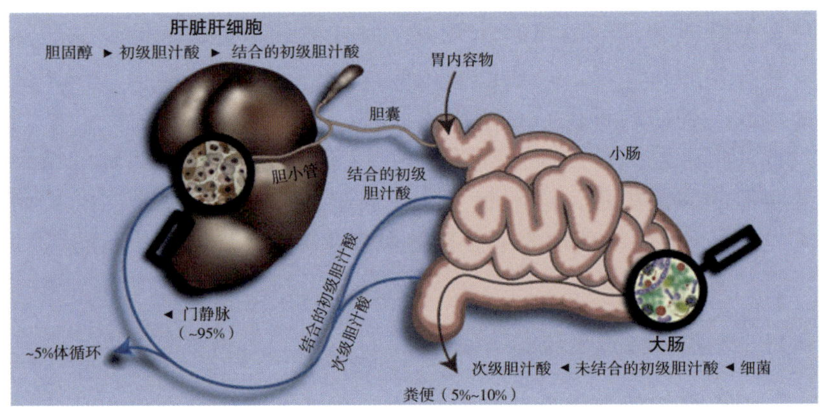

图14.1　胆汁酸的再循环。来源：George Andrew Abernathy，https://orcid.org/0000-0002-1336-3631, last accessed 8 December 2022 / Licensed under CC0 license

14.1.4　次级胆汁酸

剩余5%～10%未能在小肠中被吸收的初级结合胆汁酸，会在大肠中经历多种微生物介导的转化，变成疏水性更强的分子，使其能够通过细胞膜的被动扩散被重新吸收[13]。这一过程由胆盐水解酶（水解酰胺键）来完成，随后主要通过7α-脱羟基作用，将现已初级去结合胆汁酸转化为次级胆汁酸，即石胆酸（脱羟基鹅去氧胆酸）和去氧胆酸（脱羟基胆酸）[1]。尽管去结合反应可由多种结肠细菌介导，但7α-脱羟基过程仅由特定少数的肠道细菌来完成[3]。在循环过程中，剩余5%～10%的胆汁酸要么在结肠中被动吸收，要么随粪便排出[1]。

14.2 微生物群在胆汁酸代谢中的作用

胆汁酸的微生物转化存在四种不同的途径，即早期解离、脱羟基、氧化和差向异构[1]。再共轭是最近发现的另一种途径[1]。这些途径在不同位点上改变分子结构，其中一些途径需要多种化学还原反应[1]。

14.2.1 早期解离

早期解离是将胆盐水解为初级胆汁酸和氨基酸，通常为甘氨酸或牛磺酸[9]。这一反应极大地改变了胆汁酸的理化性质，使其亲脂性更强并部分质子化，这使得产物能够通过脱羟基酶和差向异构酶进一步代谢[13]。

胆盐水解酶编码基因已在胃肠道微生物中被发现，包括拟杆菌属、梭菌属、乳杆菌属和双歧杆菌属细菌，其中在厚壁菌门中发现的物种多样性最为丰富[3]。在所有主要门类中能够催化这一反应的能力表明，编码这些酶的基因是可水平转移的[1]。胆盐水解由胃肠道中的革兰氏阳性菌（双歧杆菌属、乳杆菌属、梭菌属、肠球菌属和李斯特氏菌属）和革兰氏阴性菌［寡养单胞菌属（*Stenotrophomonas*）、拟杆菌属和布鲁氏菌属（*Brucella*）］共同完成[1]。在人类，约有26%已鉴定出的胃肠道微生物菌株能够进行胆盐水解[1]。

胆汁活性的早期解离可能为胃肠道微生物提供了碳、氮和硫等元素，其中一些化合物（如硫化氢）或许会对健康产生长期影响，因为它会增加结肠细胞的周转率，并与炎症和癌症相关[3]。Joyce等[14]基于小鼠的研究提出，胆盐水解具有极大改变宿主功能的能力，特别是在局部（胃肠道）和全身性（肝脏）系统[14]。胃肠道pH处于5～7的中性至弱酸性的范围会产生最佳的胆盐水解活性[1]。

14.2.2 脱羟基

脱羟基作用是指通过7α-脱羟基酶将初级胆汁酸胆酸转化为次级去氧胆酸，或将初级鹅去氧胆酸转化为次级石胆酸的过程。这个过程需要7种酶来完成8个催化反应，由真杆菌属（*Eubacterium*）和梭菌属的细菌来完成[3]。一种具备脱羟基能力的酶——BaiE，在裂解梭菌（*Clostridium scindens*）、海氏梭菌（*Clostridium hylemonae*）、平野梭菌之间结构上高度保守（保持相对不变的状态）[1]。平野梭菌是一种能将初级胆汁酸转化为次级胆汁酸的主要微生物菌群。当这种微生物群的数量减少时，初级胆汁酸就会增多。粪便中次级胆汁酸水平较低是许多慢性炎性肠病常见的一种表现[12]。

14.2.3 氧化和差向异构

胆汁酸的差向异构是由肠道微生物来完成的，分为两个不同的步骤进行：先是羟基的氧化，随后是还原，这些反应由同一种微生物或微生物的共培养物来完成[1]。有些微生物能够在多个（1～3个）羟基位置完成氧化。当胆汁酸被氧化时，其两亲性（分子中既有疏水性部分，又有亲水性部分的特性）的能力会下降，从而降低了其作为去污剂发挥作用的能力，进而阻止了胆汁酸对细胞膜造成损害[1]。

14.2.4 再共轭

Quinn等在2021年开展的一项研究显示，肠道微生物群也参与了氨基酸与胆汁酸的再共轭过程[15]。与在肝细胞内结合的化合物不同，由微生物群结合的化合物在胆酸主链上与苯丙氨酸、亮氨酸和酪氨酸等氨基酸相结合。波尔特氏肠道梭状菌（*Enterocloster bolteae*），前身是鲍氏梭菌（*Clostridium bolteae*），是已确认的能够产生微生物结合型胆汁酸的菌种。这些化合物的主要功能是溶解饮食中的脂肪，这可能导致胆汁酸的乳化特性发生改变[1]（图14.2）。

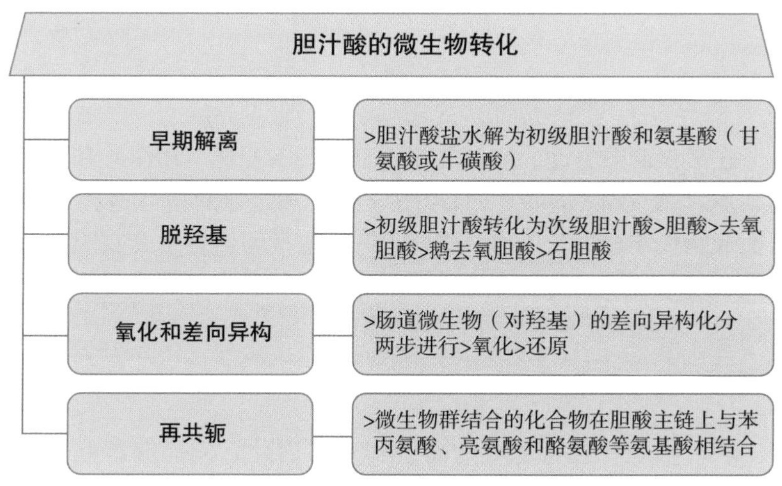

图14.2　微生物群转化胆汁酸的4种主要途径

14.3　胆汁和胆汁酸在各种生理系统调节中的基本作用

14.3.1　消化

胆汁酸起着乳化剂的作用，并能形成微胶粒[9-10]。通过充当一种功能性生物去污剂，胆汁酸能够使水和脂肪混合，形成微胶粒[9]。这种作用促进了包括脂质和脂溶性维生素在内的营养素在肠道内的吸收[9-10]。脂质通常不溶于水；一旦被乳化，脂肪酶就能在消化脂质方面发挥作用，并使其接近肠道刷状缘，增强脂质和脂溶性维生素的吸收[3, 6, 9]。

14.3.2 新陈代谢

胆盐有助于胆固醇、脂质和葡萄糖的代谢[1, 3]。它们通过推动胆汁流动来清除胆红素等各种代谢物，从而在肠道代谢中发挥积极作用[1, 9]。

14.3.3 细胞信号

在激素调节方面，胆盐作用于法尼酯X受体（FXR）和G蛋白偶联胆汁酸受体Gpbar1（TGR5）[9]。FXR介导的信号通路可调控肝葡萄糖代谢相关分子[8]。此外，许多激素和信息素会随胆汁排出体外，并且在某些物种中有助于肠道的生长和发育[2]。

14.3.4 微生物组组成

胆汁酸对细菌细胞具有毒性作用，因此它们能够影响胃肠道微生物的密度和多样性[3]。

14.3.5 免疫内环境稳定

宿主通过分泌免疫球蛋白A（IgA）、炎性细胞因子及刺激先天性免疫系统来保护免受肠道感染[2]。白三烯及其代谢物，以及其他炎性细胞因子都会出现在胆汁中[2]。例如，肿瘤坏死因子（TNF）-α是在胆管上皮细胞中合成[2]。

14.3.6 外源性和内源性底物处理

这一作用有助于清除外来或有毒物质、亲脂性物质（胆固醇），以及无法通过肾脏排泄的胆红素和胆盐[2, 6]。

14.3.7 循环系统支持

胆汁是肝胆循环和肝肠循环的重要组成部分[2]。

14.4 胆汁中的营养素

14.4.1 脂肪（胆固醇）

胆固醇是胆汁中主要的固醇，而磷脂酰胆碱是胆汁中主要的磷脂，并且胆汁也是胆固醇排出体外的主要途径[2]。中性脂质（甘油二酯、甘油三酯）或酸性脂质（脂肪酸）通常不会大量存在于胆汁中[2]。

14.4.2 蛋白质

胆汁中含有许多蛋白质、肽和氨基酸[2]。单个氨基酸可通过分布在胆管上皮细胞管腔膜上的特定氨基酸转运体从胆汁中部分回收[2]。一项针对人类的研究显示，动物性饮食会迅速改变肠道微生物群（GM），增加耐胆汁的厌氧菌的数量，如拟杆菌属、另枝菌属和嗜胆菌属（*Bilophila*），同时厚壁菌门细菌的数量减少[16]。

蛋白质组学分析仍处于发展阶段，诸多障碍使得胆汁蛋白质组的分析非常困难[2]。

14.4.3 维生素

胆汁还会向肠道输送维生素。维生素D代谢物——25-羟维生素D首先在肝细胞中形成。在新生儿体内，这些代谢物可能在肠道生长和发育方面发挥作用，而在成人体内，它们则在钙稳态方面起作用[2]。叶酸、吡哆醇和钴胺素也会通过胆汁进入肠道。

14.4.4 其他

一些溶质在被释放到肠道之前，其胆汁成分会被胆管上皮细胞吸收。葡萄糖和磷酸盐溶质都存在这种情况[2]。类固醇激素（如雌激素）、催乳素和胰岛素也是胆汁排泄的重要物质。胆汁还为信息素的排泄提供了途径[2]。

14.5 肝-肠-脑轴

宿主与微生物群之间的相互作用，以及胆汁酸对肠道生理的影响，两者之间存在着复杂的双向关系[8, 13]。肠道与肝脏之间通过门静脉、胆道和体循环进行联系。胃肠道微生物群组成的改变会影响产代谢物的菌群多样性，进而改变代谢物和信号分子的类型和数量，从而导致影响神经、肝脏和胃肠道系统的相关途径发生变化[3, 17]。胆汁酸与微生物之间相互作用的紊乱跟多种胃肠道、代谢及炎性疾病有关；其中也包括一些与年龄相关的衰退性疾病[3]。病变的肝脏无法有效抑制细菌的过度生长，同时也无法清除有害的微生物副产物，因此，肝脏损伤与肠道生态失调的严重程度密切相关。了解肠-脑轴的作用、肝脏在肠-脑轴中的作用不容忽视，特别是在诸如肝性脑病这类肝脏疾病中，微生物群-肠-肝-脑轴被认为是一个典型的模型[17]。

胃肠道微生物群能够产生多种生物活性物质，包括神经递质、次级胆汁酸、短链脂肪酸（SCFAs）、支链氨基酸和肠激素，这些都是肠-脑轴传递的信号[2]。例如，SCFAs进入循环系统后，会通过肠-脑轴向大脑发送信号[2]。胆汁酸不仅能结合和激活正常的胆汁酸相关受体，还能通过招募“非胆汁酸”受体来诱导细胞反应，进而影响多种途径[11]。一些例子包括：TGR5能够反式激活表皮生长因子受体，影响包括肝细胞、肠上皮细胞和胰腺上皮细胞在内的调节细胞生长的途径，以及通过调节内吞作用来控制蛋白质在细胞表面的移动进出的能力[11]。这种双向通信对免疫系统也具有影响。IgA是胆汁中的一种主要蛋白质，有助于胆道系统内的免疫监视[2]。

许多疾病的发生和发展都是由微生物群-肠-肝-脑轴介导的。微生物群的改变，以及其参与胃肠道和肝脏系统生理功能的能力变化，都会引发与炎症相关的疾病，如肠易激综合征、炎性肠病、功能性消化不良、肝硬化和肝性脑病[17]。人类的精神疾病也与许多胃肠道和肝脏相关病症存在关联，而精神疗法和精神类药物在人类患者的多靶点治疗中有所涉及[17]（图14.3）。

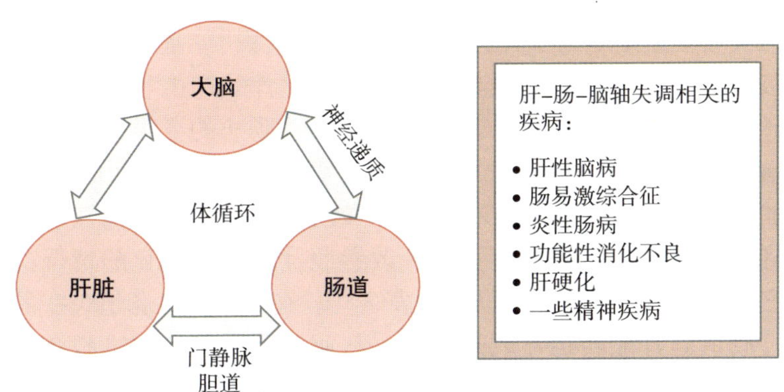

图14.3 肝-肠-脑轴（简化版）和微生物群失调相关的疾病

各种处于终末期的慢性肝病通常都被归类为肝硬化[17]。临床上，人类患者会出现门静脉高压、肝功能下降的情况，并且微生物组的变化与疾病进展之间存在明显的相关性[17]。在肝性脑病、自发性细菌性腹膜炎及其他感染病症中可观察到细菌移位现象[17]。微生物群-肠-肝-脑轴的变化与肝硬化的进展密切相关，特定的肠道微生物与神经元和突触功能的变化相关联，而这种变化会引发与肝硬化相关的大脑功能障碍[17]。

肝性脑病在犬猫中较为常见，可表现为广泛的神经异常[17-18]。

先前的研究表明，肝性脑病的发生是由于有害微生物副产物（如氨、吲哚、羟吲哚和内毒素）的增加，而病变的肝脏无法清除这些增多的毒性代谢物所致[17-18]。肝性脑病的发病机制还包括炎症（全身性或局部性）、肠漏症、细菌移位，以及小肠细菌过度生长[17-18]。

14.6 胆汁酸代谢障碍

胆汁酸再循环系统的紊乱可对多个生理系统产生影响。胆汁酸排泄到胆小管及胆汁酸从门静脉血液中转运的过程，都需要能量依赖性转运泵的参与，这可能在多种情况下受到干扰，包括由梗阻或炎症（细胞因子介导）引起的胆汁淤积[5]。胆汁酸吸收不良会破坏肝肠循环，从而造成更多的初级胆汁酸产生和排泄进入肠腔，进而产生分泌效应[12]。对于患有炎性肠病的人类患者，回肠顶端钠依赖性胆汁酸转运体（ASBT）遭到破坏，导致小肠内胆汁酸的重吸收减少。结肠中初级胆汁酸的增多会引发分泌性腹泻或水样腹泻。糖皮质激素有可能会改善胆汁酸吸收不良的情况，因为它们能够诱导小肠中ASBT的表达[12]。在患有慢性肠道炎症的犬中，肠道胆汁酸转运体表达下调，从而导致粪便中初级胆汁酸排泄增加[5]。

微生物组的组成可通过多种方式发生改变，包括饮食、抗生素治疗和胆汁酸的抗菌作用，其中在胆汁酸抗菌作用中，胃肠道微生物群细胞膜会被初级胆汁酸的去污特性所破坏。在正常功能状态下，这一作用可防止胃肠道内细菌的过度生长[16]。初级胆汁酸含量的波动会改变微生物组的密度。微生物组组成的这种变化会对胆汁循环系统产生类似多米诺骨牌的连锁效应[8]。

（1）微生物组组成的变化导致胆汁酸代谢发生改变，并可能影响结肠中不同胆汁酸的水平[13]。一些肝脏相关的疾病与不同的肠道微生物模式有关，在这些疾病中已经发现肝脏-微生物群-胆汁酸之间的相互作用发生改变。这可能导致受疾病影响的患者粪便中初级胆汁酸和次级胆汁酸的比值升高，以及血清中结合胆汁酸和非结合胆汁酸的比值升高[3]。早期的研究表明，在慢性肠病中观察到的生态失调也会导致具有7α-脱羟基活性的细菌种类减少[12]。

(2) 代谢物的变化会破坏正常的生理功能。例如，发酵过程中乳酸生成量的变化可能会引发胆汁酸腹泻[12]。近期一项针对患有各种胃肠道疾病的猫的研究显示，其血清D-乳酸浓度有所升高，而通常情况下，在哺乳动物的血清中并不会大量出现这种形式的乳酸[16]。胃肠道微生物群失调可能会导致细菌产生过多的D-乳酸，从而增加健康风险，因为D-乳酸已被证实会导致某些猫出现神经系统的症状[12]。近期有多项利用代谢物组学开展的研究，对患有胃肠道疾病的犬血清或粪便中的数百种代谢物进行了测定。在一项研究中，对患有特发性炎性肠病的犬的血清代谢物特征谱进行分析，结果显示，IBD犬的血清中与磷酸戊糖途径相关的代谢物浓度明显升高，这意味着IBD患犬体内存在氧化应激的情况。更重要的是，经过3周的治疗后，代谢物特征谱并未恢复正常，这意味着尽管临床症状有所改善，但肠道炎症仍持续存在。另一项近期的研究发现，患有炎性肠病的犬在多种代谢途径方面都存在显著改变，如SCFA代谢异常（丙酸盐减少）、胆汁酸代谢改变、糖酵解途径及色氨酸-吲哚途径改变。未来还需要进行更深入的研究来评估更多代谢物的变化[12]。

(3) 结肠胆汁酸池的疏水性/亲水性（排斥或亲水的能力）比值发生改变[13]。

(4) 胆汁酸代谢相关微生物群的减少会破坏胆汁酸代谢，进而影响宿主的代谢途径[3]。这会通过激活代谢活跃组织中的受体FXR和TGR5而导致胆汁酸信号事件发生改变[8]。这种改变可能会导致肝脏葡萄糖和脂质代谢的异常，并引发代谢失调[3, 8]。在糖尿病患者中，已经观察到胆汁酸代谢的变化，这可能会影响其控制血糖水平的能力[8]。

(5) 胆管损伤导致转运系统受损或过量的胆汁被释放到肠道中，可能会影响营养素的吸收[2]。

（6）微生物可通过其他机制对疾病发病机制产生影响，如增加肠道通透性，导致慢性促炎状态，以及增加能量摄入[3]。

（7）对上皮细胞有毒性的非结合胆汁酸增加。这可能导致肠道通透性增加（图14.4）。

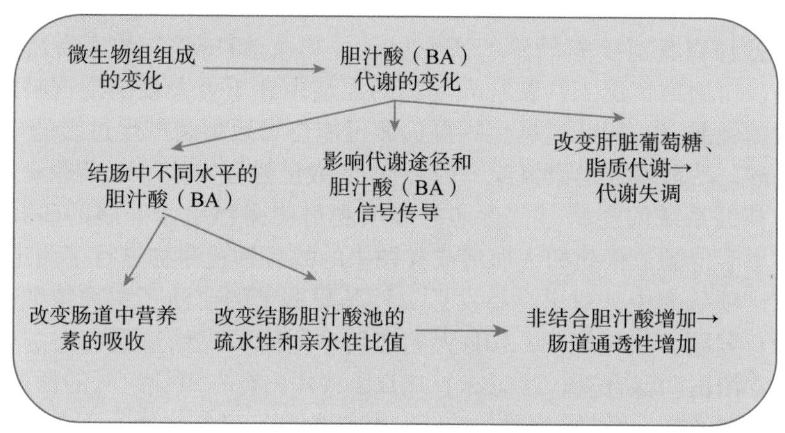

图14.4　胃肠道微生物组发生变化时对胆汁酸再循环系统产生的连锁反应

14.6.1　胆汁酸代谢异常相关疾病

14.6.1.1　老化

虽然老化不是一种疾病，但可能会引起体内的微生物发生变化，进而导致胆汁酸代谢的改变[3]。例如，粪便中非结合胆汁酸增加的老龄小鼠与胃肠道微生物组向促炎状态的转变有关。在研究阿尔茨海默病的小鼠模型中，观察到胆酸减少，而通过7α-脱羟基酶作用生成的次级胆汁酸增加，以及能够完成这种脱羟基化作用的梭菌属的微生物群数量增加[3]。同样，肥胖人群的空腹血清中初级胆汁酸浓度降低，次级胆汁酸浓度升高[8]。

14.6.1.2　糖尿病

糖尿病也与生态失调和胆汁酸代谢紊乱有关。革兰氏阴性菌数量的增加会促进脂多糖的吸收，这可能会调节宿主的炎症活性[8]。在犬的高脂肪饮食中，当饮食中总能量的75%来自膳食脂肪时，会导致粪便胆汁酸浓度发生变化[8]。在一项为期7周的研究中，给犬喂食高脂肪/低纤维饮食，次级胆汁酸去氧胆酸（DCA）和熊去氧胆酸（UDCA）的粪便浓度均有所升高，同时，擅长将初级胆汁酸转化为次级胆汁酸的梭菌科家族成员的细菌数量也显著增加[8]。

次级胆汁酸（去氧胆酸和石胆酸）具有促癌和抗癌双重活性[19]。在人类，胆汁酸通过以下4种机制与结直肠癌发生相关：

（1）高浓度的胆汁酸会破坏上皮细胞，引发炎性反应，这可能会转变为癌前状态。

（2）活性氧和活性氮的诱导会导致DNA受损和修复途径的破坏。

（3）长期暴露于胆汁酸环境下，结肠细胞会对正常死亡周期产生抗性，从而使得细胞发生突变并转化为癌细胞。

（4）胆汁酸调节基因表达，促进肿瘤发生[19-20]。

14.6.1.3　胆汁酸腹泻

胆汁酸腹泻逐渐被认为是人类腹泻的常见原因，这类腹泻可能有以下4种类型[12]。

（1）1型　胆汁酸吸收不良。可见回肠切除术后或胃肠道炎症导致胆汁酸吸收障碍和腹泻[12]。

（2）2型　特发性胆汁酸吸收不良。这种类型的功能障碍可能与回肠的激素成纤维细胞生长因子19有关，该激素会导致肝脏胆汁酸合成的反馈系统紊乱[12]。

（3）3型　疾病相关性胆汁酸腹泻。常继发于各种胃肠道疾病，如小肠生态失调、乳糜泻、慢性胰腺炎及放射性肠病[12]。

（4）生态失调　会引起具有7α-脱羟基化活性的细菌种类减少，从而导致胆汁酸代谢发生变化[12]。研究发现，与健康对照组相比，患病组犬粪便初级胆汁酸显著增加，次级胆汁酸显著减少[12]。患有慢性肠病的犬的初步数据表明，从初级胆汁酸到次级胆汁酸的细菌转化能力受损[12]。已观察到，失调指数的增加与胆汁酸代谢紊乱之间存在相关性，胆汁酸吸收不良与慢性腹泻患犬具有临床相关性[12]。

14.7 关键营养因素

饮食在调节肠道环境方面起着至关重要的作用，肠道环境已被证明可以改变肝功能。虽然还需要进一步的研究，但一些营养方法可能会对患有肝病和相关疾病的宠物有益。

14.7.1 水

事实证明，喝水能促使胆囊收缩和排空[21]。

14.7.2 脂肪

膳食脂肪会增加到达结肠的胆汁酸的合成量和分泌量，这可能会导致具有促炎作用的次级胆汁酸的合成增加，从而加剧多种胃肠道疾病的发病进程[3]。脂肪往往会导致微生物组的多样性降低，进而影响代谢物的产生。腹泻和胃肠道生态失调的宠物应避免高脂肪饮食。

14.7.3 蛋白质

蛋白质的来源可能会改变胃肠道微生物的种类。一项针对人类的研究表明，动物性饮食会迅速改变胃肠道微生物群，增加耐胆汁微生物的数量，如沃氏嗜胆菌（*Bilophila wadsworthia*）和拟杆菌属细菌，而减少厚壁菌门细菌的数量[16]。蛋白质分解代谢会增加氨的水平，对患有肝性脑病的宠物，建议限制蛋白质摄入量。然而，新的研究表明，患有肝性脑病的人可以很好地耐受正常蛋白质摄入量[18]。蛋白质的来源可能会影响宠物对高蛋白、高热量饮食的耐受量，以酪蛋白-植物蛋白为基础的饮食可显著降低肝性脑病患者的血氨水平及改善精神状态[22]。水解日粮可能对患有肝性脑病的宠物有益，因为经口补充支链氨基酸对肝硬化具有营养作用，并能降低肝性脑病复发的风险[23]。

14.7.4 糖类

不可吸收双糖（乳果糖和乳糖醇）可以治疗和预防显性肝性脑病，并显著提高轻微肝性脑病的恢复率[17]。众所周知，不可吸收双糖具有润肠通便的作用，还能减少氨的产生，具有调节胃肠道微生物群的益生元作用，以及通过增强神经可塑性来改善认知功能，这些都是不可吸收双糖的其他作用机制[17]。

14.7.5 纤维

纤维是一种有益于胃肠道微生物的营养来源。寡糖是一种快速发酵剂，能够提高细菌的生长速度。双歧杆菌在发酵过程中会产生SCFA，从而降低肠道pH，这可能会提高早期解离的能力，同时抑制病原菌的生长。特别是低聚果糖（FOS），已知可降低糖尿病患者的空腹血糖、胆固醇和低密度脂蛋白水平[24]。

14.7.6 益生菌

益生菌可为患有肝病和继发性病症的病例带来一些益处。益生菌可抑制病原菌的过度生长，竞争性排斥病原体，增强肠道屏障，提高宿主免疫力，促进IgA的分泌，调节细胞因子的生成，制造或分泌SCFAs并促进离子和微量元素的吸收[17]。特定菌株对产生预期效果非常重要。在一项研究中，益生菌鼠李糖乳杆菌GG（*Lactobacillus rhamnosus* GG，LGG）可增加远端小肠的有益细菌数量，恢复肠道屏障功能，减轻肝脏炎症和脂肪变性，并对高果糖饮食引起的脂肪肝小鼠起到保护作用[25]。然而，另一项研究发现，与补充LGG相较，给高脂、高糖类饮食的雌性小鼠补充乳酸乳球菌乳脂亚种（*Lactococcus lactis* subsp. *cremoris*）在减少肝脏脂肪沉积和炎症方面更有效[17, 26]。在这些情况下，还应考虑使用侧重于改善心理健康或缓解焦虑的益生菌[17]。此外，粪便微生物移植也可能在这类失调的疾病中发挥益处。在犬猫中还需要更多的研究来验证胆汁酸代谢紊乱的治疗方法。

对于胆汁酸性腹泻的人类患者，临床首选的治疗方法是使用胆汁酸螯合剂。38%的胆汁酸腹泻患者在服用胆汁酸螯合剂后排便频率降低[12]。

14.8 章节概要

- 胆汁是一种复杂的水性分泌物，由约95%的水和胆盐、胆红素、磷脂、胆固醇、氨基酸、类固醇、酶、卟啉、维生素、重金属，以及外源性药物、异生素（外源性物质）和环境毒素组成。
- 胃肠道微生物群是胆汁酸化学反应的主要介质，糖尿病、肝硬化、炎性肠病和癌症等疾病都与次级胆汁酸正常化学反应的改变有关。
- 人类、犬和猫体内的两种主要初级胆汁酸为胆酸（CA）和鹅去氧胆酸（CDCA）。
- 共轭的结果是胆盐的酸性更强，限制了其在通过肝脏中胆道系统时的被动重吸收。
- 胆汁酸一旦被吸收，就会进入门静脉血液系统，循环回到肝脏，超过95%的胆汁酸会被肝细胞摄取，重新结合并再分泌到胆汁中。
- 胆汁酸的微生物转化有4种不同的途径，分别是早期解离、脱羟基、氧化和差向异构。

- 再共轭是最近发现的另一种途径。
- 胆汁和胆汁酸在各种生理系统调节中起着重要作用。
- 肠道和肝脏之间通过门静脉、胆道和体循环进行联系。
- 胃肠道微生物群能够产生多种生物活性物质，其中包括神经递质、次级胆汁酸、短链脂肪酸（SCFAs）、支链氨基酸和肠激素，这些都是肠-脑轴传递的信号。
- 微生物组组成可通过多种方式发生改变，包括饮食、抗生素治疗和胆汁酸抗菌作用。其中，在胆汁酸抗菌作用中，胃肠道微生物群细胞膜会被初级胆汁酸的去污特性破坏。
- 糖尿病也与生态失调和胆汁酸代谢紊乱有关。
- 膳食脂肪会增加到达结肠的胆汁酸的合成量和分泌量，这可能会导致具有促炎作用的次级胆汁酸的合成增加（Bernstein等，2011），从而加剧多种胃肠道疾病的发病进程。

参考文献（原书）

1 Guzior, D.V. and Quinn, R.A. (2021). Review: microbial transformations of human bile acids. Microbiome 9: 140. https://doi.org/10.1186/ s40168-021-01101-1.

2 Baloni, P., Funk, C.C., Yan, J. et al. (2020). Metabolic network analysis reveals altered bile acid synthesis and metabolism in Alzheimer' s disease. Cell Reports Medicine 1 (8): 100138. https://doi.org/10.1016/j.xcrm.2020.100138.

3 Molinero, N., Ruiz, L., and Sánchez, B. (2019). Intestinal bacteria interplay with bile and cholesterol metabolism: implications on host physiology. Frontiers in Physiology 10: 185. https://doi.org/10.3389/fphys.2019.00185.

4 Engelking, L.(2015). Bile acids. In: Textbook of Veterinary Physiological Chemistry, 3e (ed. L. Engelking), 397–405. Academic Press https://doi.org/10.1016/B978-0-12-391909-0.50062-1.

5 Cheng, H.M., Mah, K.K., and Seluakumaran, K. (2020). Recycling of bile salts: enterohepatic circulation (EHC). In: Defining Physiology: Principles, Themes, Concepts, vol. 2. Cham: Springer https://doi.org/10.1007/978-3-030-62285-5_12.

6 Chiang, J.Y.L. (2013). Bile acid metabolism and signaling. Comprehensive Physiology 3 (3): 1191–1212. https://doi.org/10.1002/cphy.c120023.

7 Miyazaki, T., Sasaki, S.I., Toyoda, A. et al. (2020). Impaired bile acid metabolism with defectives of mitochondrial-tRNA taurine modification and bile acid taurine conjugation in the taurine depleted cats. Scientific Reports 10: 4915. https://doi.org/10.1038/s41598-020-61821-6.

8 Jergens, A.E., Guard, B.C., Redfern, A. et al. (2019). Microbiota-related changes in unconjugated fecal bile acids are associated with naturally occurring, insulin-dependent diabetes mellitus in dogs. Frontiers in Veterinary Science 6: 199. 10.3389/fvets.2019.00199.e erences

9 Staels, B. and Fonseca, V.A. (2009). Bile acids and metabolic regulation: mechanisms and clinical responses to bile acid sequestration. Diabetes Care 32 (Suppl 2): S237–S245. https://doi.org/10.2337/dc09-S355.

10 Ramírez-Pérez, O., Cruz-Ramón, V., Chinchilla-López, P. et al. (2017). The role of the gut microbiota in bile acid metabolism. Annals of Hepatology 16 (Suppl 1): S21–S26. https://doi.org/10.5604/01.3001.0010.5672.

11 Boyer, J.L. (2013). Bile formation and secretion. Comprehensive Physiology 3 (3): 1035–1078. https://doi.org/10.1002/cphy.c120027.

12 Blake, A.B., Guard, B.C., Honneffer, J.B. et al. (2019). Altered microbiota, fecal lactate, and fecal bile acids in dogs with gastrointestinal disease. PloS One 14 (10): e0224454. https://doi.org/10.1371/journal.pone.0224454.

13 Fiorucci, S. and Distrutti, E. (2015). Bile acid-activated receptors, intestinal microbiota, and the treatment of metabolic disorders. Trends in Molecular Medicine 21 (11): 702–714. https://doi.org/10.1016/j.molmed.2015.09.001.

14 Joyce, S.A., MacSharry, J., Casey, P.G. et al. (2014). Regulation of host weight gain and lipid metabolism by bacterial bile acid modification in the gut. Proceedings of the National Academy of Sciences 111 (20): 7421–7426. https://doi.org/10.1073/pnas.1323599111.

15 Quinn, R.A., Melnik, A.V., Vrbanac, A. et al. (2020). Global chemical effects of the microbiome include new bile-acid conjugations. Nature 579: 123–129. https://doi.org/10.1038/s41586-020-2047-9.

16 Singh, R.K., Chang, H.W., Yan, D. et al. (2017). Influence of diet on the gut microbiome and implications for human health. Journal of Translational Medicine 15: 73. https://doi.org/10.1186/s12967-017-1175-y.

17 Ding, J.H., Jin, Z., Yang, X.X. et al. (2020). Role of gut microbiota via the gut-liver-brain axis in digestive diseases. World Journal of Gastroenterology 26 (40): 6141–6162. https://doi.org/10.3748/wjg.v26.i40.6141.

18 Campion, D., Giovo, I., Ponzo, P. et al. (2019). Dietary approach and gut microbiota modulation for chronic hepatic encephalopathy in cirrhosis.World Journal of Hepatology 11 (6): 489–512. 10.4254/wjh.v11.i6.489.

19 Epiphanio, T.M.F. and Santos, A. (2021). Small animals gut microbiome and its relationship with cancer. In: Canine Genetics, Health and Medicine (ed. C. Rutland). IntechOpen https://doi.org/10.5772/intechopen.95780.

20 Nguyen, T.T., Ung, T.T., Kim, N.H. et al. (2018). Role of bile acids in colon carcinogenesis. World Journal of Clinical Cases 6 (13): 577–588. https://doi.org/10.12998/wjcc.v6.i13.577.

21 Svenberg, T., Christofides, N.D., Fitzpatrick, M.L. et al. (1985). Oral water causes emptying of the human gallbladder through actions of vagal stimuli rather than motilin. Scandinavian Journal of Gastroenterology 20 (6): 775–778. https://doi.org/10.3109/00365528509089212.

22 Gheorghe, L., Iacob, R., Vădan, R. et al. (2005). Improvement of hepatic encephalopathy using a modified high-calorie high-protein diet. Romanian Journal of Gastroenterology 14 (3): 231–238. PMID 16200232.

23 Amodio, P., Canesso, F., and Montagnese, S. (2014). Dietary management of hepatic encephalopathy revisited. Current Opinion in Clinical Nutrition and Metabolic Care 17 (5): 448–452. 10.1097/MCO.0000000000000084.

24 Hand, M.S., Thatcher, C.D., Remillard, R.L. et al. (2010). Macronutrients. In: Small Animal Clinical Nutrition, 5e (ed. M.S. Hand et al.), 70. Mark Morris Institute.

25 Ritze, Y., Bárdos, G., Claus, A. et al. (2014). Lactobacillus rhamnosus GG protects against non-alcoholic fatty liver disease in mice. PloS One 9 (1): e80169. 10.1371/journal.pone.0080169.

26 Naudin, C.R., Maner-Smith, K., Owens, J.A. et al. (2020). Lactococcus lactis subspecies cremoris elicits protection against metabolic changes induced by a western-style diet. Gastroenterology 159 (2): 639–651.e5. 10.1053/j.gastro.2020.03.010.

15 胃肠道微生物组

15.1 胃肠道微生物组

从广义上来讲，犬猫的胃肠道包括口腔、咽、食管、胃、十二指肠、空肠、回肠、结肠和直肠。口腔微生物组在第11章中已有讨论，这里不再叙述。因此，本章将介绍从咽部到直肠的微生物组。值得一提的是，不同动物个体之间的微生物组存在巨大差异，因此基于一个或多个“正常”或“健康”个体所确定的“正常”或“健康”微生物组的描述，并不一定意味着不同个体的不同微生物组是“异常”或“不健康”的。犬和猫胃肠道的微生物组是一个庞大而复杂的系统，我们对其真正本质的了解还只是刚刚开始。

15.1.1 咽部微生物组

咽部是胃肠道中一个相对独特的组成部分，由于鼻咽（呼吸道的组成部分）与口咽（胃肠道的组成部分）之间的相互连通，咽部在很大程度上处于有氧环境中。实际上，口咽连接着口腔、鼻咽、喉部、下呼吸道及胃肠道。然而，即使在人类研究中，对咽部微生物组的表征分析也很有限，而对于犬猫来说，几乎没有相关研究。

因此，咽部作为一个共通区域，包含两个系统的上皮、黏膜和微生物群特征[1]。在人类，咽部微生物群的主要优势菌门与呼吸道相同，主要是厚壁菌门、放线菌门、拟杆菌门、变形菌门和梭杆菌门，但其丰富度和均匀度比呼吸道其他部位更高[1]。据报道，链球菌属为优势菌群，其他常见菌属包括韦荣氏球菌属

(*Veillonella*)、梭杆菌属、孪生球菌属（*Gemella*)、颗粒链球菌属(*Granulicatella*）和罗斯氏菌属（*Rothia*)[2]。在犬中，拟杆菌门、厚壁菌门、梭杆菌门、变形菌门和假单胞菌门（Pseudomonadota）是口咽部最常见的菌门，其中巴斯德氏菌科（Pasteurellaceae)、莫拉氏菌科和叶啉单胞菌属，以及表皮杆状菌属、链球菌属、不动杆菌属（*Acinetobacter*)、短波单胞菌属（*Brevundimonas*）和假单胞菌属都是特征菌群[3]。与人类的研究结果类似，犬的口咽微生物群似乎介于鼻腔和口腔之间，鼻腔微生物以变形菌门占绝对优势，而口腔微生物中变形菌门比例较低，拟杆菌门、厚壁菌门、梭杆菌门占比较高[3]。

在人类，病原体在口咽部较为常见，如链球菌属、嗜血杆菌属（*Haemophilus*）和奈瑟氏菌属（*Neisseria*）细菌，以及还有肺炎链球菌、化脓性链球菌（*Streptococcus pyogenes*)、无乳链球菌(*Streptococcus agalactiae*)、停乳链球菌类马亚种（*Streptococcus dysgalactiae* subsp. *equisimilis*）等[1]。这些潜在的致病性微生物可导致人类从自限性咽炎到败血症及中毒性休克综合征等多种疾病。在犬中，链球菌属、巴斯德氏菌属、莫拉氏菌属、肠杆菌科及梭杆菌属细菌是常见的潜在病原体，且都能从口咽拭子中检测到[3]。宿主抵御这些微生物潜在致病活性的能力，可能归因于口咽部微生物之间的相互作用，以及健康且功能良好的黏膜和上皮屏障，它们能够阻止潜在致病微生物的侵入。

15.1.2 食管微生物组

有关犬猫食管微生物组的研究很少，甚至比对咽部的研究还要少。对人类食管微生物组的研究主要与食管癌有关。

与肠道相比，健康人类食管中的微生物数量明显减少，食管中的微生物细胞数量仅有10^3～10^4个/g，而大肠中的微生物细胞数量则高达10^{12}个/g（——译者修改）[2]。人类食管的微生物群似乎与口腔和胃部的微生物群截然不同，这支持了这样一种观点，即胃肠道这一区域拥有自身的微生物组，而不仅仅是通过吞食带有微生物的食物残渣获取的暂时性菌群。在人类健康食管中反复鉴定出的主要微生物菌属包括链球菌属、梭杆菌属、普雷沃氏菌属和韦荣氏球菌属[2]。具体而言，链球菌属似乎是优势菌属，而普雷沃氏菌属、梭杆菌属和韦荣氏球菌属的比例相对较低[4]。

在人类，大多数食管疾病主要归因于胃食管反流（GER）[2]。胃食管反流在犬中较为常见[5]，但在猫中报道较少[6]。在人类，胃食管反流引起的食管微生物群改变可能会导致化生，甚至从慢性食管炎进展为食管腺癌[2]。与化生和腺癌相关的食管生态失调的表现为从革兰氏阳性菌（主要是厚壁菌门细菌）为主的菌群向革兰氏阴性菌（包括拟杆菌门、变形菌门和梭杆菌门细菌）的转变[2, 4, 7]。具体而言，幽门螺杆菌（*Helicobacter pylori*）、大肠埃希氏菌和弯曲杆菌属（*Campylobacter*）细菌的存在似乎是人类食管致病性变化的典型特征[4, 7]。

15.1.3 胃微生物组

胃内部的酸性环境和胃蛋白酶的存在对栖息在胃肠道其他部位的许多微生物来说不是一个适宜的环境，因此，长期以来人们都认为胃是无菌的。与食管类似，胃内部的微生物密度相对较低，细胞数量仅有10^2～10^4个/g[4, 8]。对典型胃微生物组的表征分析很少，即使是人类研究也主要涉及与疾病相关的微生物组改变，特别是幽门螺杆菌（*H. pylori*）与胃癌之间的关联[9]。在人类，幽门螺杆菌感染与微生物多样性降低和胃部疾病（包括胃炎、胃溃疡、腺癌和淋巴瘤）的发生密切相关，尽管全球感染率超过50%，但出现临床症状的个体却很少[9-10]。在幽门螺杆菌阴性的人群中，胃微生物组的特征主要是以厚壁菌门、放线菌门、拟杆菌门、变形菌门和梭杆菌门为主，其数量依次递减，而在幽门螺杆菌阳性的胃微生物组中，超过70%的微生物群可以完全由幽门螺杆菌构成。

在犬猫中，对螺杆菌属存在一些争议，因为在有或没有胃部病理变化的犬猫中都检测到了幽门螺杆菌和非幽门螺杆菌的螺杆菌（non-*H. pylori helicobacters*）感染[11-12]。事实上，螺杆菌属细菌可能是猫或犬胃部典型的数量最丰富的微生物[8, 12]。有研究表明，螺杆菌属细菌可能与猫胃肠道淋巴瘤的病因学有关[13]，但在患有胃炎、滤泡增生、糜烂和溃疡的犬中也发现了非幽门螺杆菌的螺杆菌[14-15]。临床上，尽管感染复发的情况很常见，但对犬进行根除螺杆菌属细菌的治疗可能会改善临床症状。目前，犬猫"正常"的胃微生物组尚未得到明确的表征，而螺杆菌属细菌的意义也尚不清楚。

15.1.4 肠道微生物组

肠道起始于十二指肠，止于直肠，可能是在犬猫微生物群方面研究最多的微生物栖息地。肠道微生物群在胃肠道动力、肠道上皮细胞的发育和功能、免疫系统、新陈代谢及抵御病原体等方面发挥作用。肠道表面积巨大，是机体与体外环境最大的联系场所。犬的肠道长度约为其身体长度的6倍，而猫的肠道长度约为其身体长度的4倍，绒毛大大增加了肠道的表面积，每根绒毛上还带有微绒毛，其密度约为23根/mm^2[16]。在肠道内，微生物的细胞数量可超过宿主细胞数量的10倍，达到10^5～10^{11}个/g[8, 17]。微生物的丰度和丰富度沿着肠道（从口端到肛端）逐渐增加[18]。此外，肠道不同区段的微生物群落代表了不同的环境生态位，这取决于氧气的存在与否（十二指肠中氧气相对丰富，而结肠中几乎没有氧气），以及管腔微环境中的营养素的物质组成[18]。

通常，粪便微生物群及其代谢物被看作肠道微生物组的代表，但这只展示了整体情况中的一部分。粪便样本容易获取且无创，而直接从肠道本身采样则需要更具侵入性的技术，比如在全身麻醉下进行内窥镜检查或造瘘术，或在尸检时采集样本[19-20]。虽然不同个体之间及在不同条件下微生物存在显著差异，但人们普遍观察到，犬猫肠道微生物群主要由5个菌门构成：厚壁菌门、变形菌门、梭杆菌门、拟杆菌门和放线菌门[20-21]。梭杆菌门、拟杆菌门和厚壁菌门这3个优势菌门占犬粪便样本的大多数[21]，而猫粪便样本似乎以厚壁菌门为主要特征，其次是放线菌门和变形菌门，但占比相对较小[22]（表15.1）。令人惊讶的是，营养生理如此不同的动物——兼性肉食或杂食性的犬与专性肉食的猫，却共享相同的细菌门类。但必须记住，首先，每个细菌门类都包含多个纲、目、科、属和种的细菌，从而在较低层次上允许存在极大的多样性；其次，即使在物种共享的情况下，它们的基因表达也可能非常不同，从而能够适应截然不同的环境。虽然细菌是研究和讨论最多的微生物，但真菌在肠道内也大量存在。在犬，已鉴定出子囊菌门（Ascomycota）、担子菌门（Basidiomycota）、球囊菌门（Glomeromycota）和接合菌门（Zygomycota）；而在猫，子囊菌门是唯一占优势的真菌门类[25]。

肠道各区段微生物组的特征可以部分通过管腔微环境的组成来解释，包括氧气含量和营养素成分，这些不仅为宿主提供营养，也滋养着宿主体内的微生物[24]。这一点可以从细菌群落组成的变化、细菌所表达基因的变化，或者两者兼有的变化中体现出来[26]。

15.2 胃肠道微生物组在维生素合成中的作用

胃肠道内的微生物在代谢、改变和生成对宿主有益的营养素（包括必需维生素）方面发挥着重要功能。元基因组学研究表明，犬猫肠道中优势菌门之一的变形菌门，有4%～5%的基因功能与维生素、辅因子、辅基和色素合成有关[27]。实际上，在犬猫整个胃肠道元基因组中，维生素相关功能占5%～6%。这是该菌门已知的第二大功能分类，仅次于蛋白质代谢。

人类胃肠道微生物组的维生素从头合成能力已得到充分研究[31]，并以此作为研究犬和猫肠道微生物合成维生素（尤其是B族维生素和维生素K）的比较基线[32]。硫胺素（维生素B_1）、核黄素（维生素B_2）、烟酸（维生素B_3）、吡哆醇（维生素B_6）、叶酸

表 15.1 胃肠道微生物组的常见细菌组成

门	纲	目	科	属
厚壁菌门（Firmicutes）	梭菌纲（Clostridia）	梭菌目（Clostridiales）	梭菌科（Clostridiaceae） 瘤胃球菌科（Ruminococcaceae） 真杆菌科（Eubacteraceae）	梭菌属（*Clostridium*） 瘤胃球菌属（*Ruminococcus*） 栖粪杆菌属（*Faecalibacterium*） 真杆菌属（*Eubacterium*）
	芽孢杆菌纲（Bacilli）	乳杆菌目（Lactobacilliales）	乳杆菌科（Latobacillaceae） 链球菌科（Streptococcaceae）	乳杆菌属（*Lactobacillus*） 链球菌属（*Streptococcus*） 肠球菌属（*Enterococcus*）
	丹毒丝菌纲（Erysiphelotrichia）	丹毒丝菌目（Erisophelotrichales）	丹毒丝菌科（Erysiphelotrichaceae）	苏黎世杆菌属（*Turicibacter*） 链形小杆菌属（*Catenibacterium*） 粪芽孢杆菌属（*Coprobacillus*） 别样棒菌属（*Allobaculum*）

（续）

门	纲	目	科	属
厚壁菌门 （Firmicutes）	阴性球菌纲 （Negativicutes）	月形单胞菌目 （Selenomonadales） 韦荣氏球菌目 （Vellonellales）	月形单胞菌科 （Selenomonadaceae） 韦荣氏球菌科 （Veillonellaceae）	巨单胞菌属 （*Megamonas*） 戴阿利斯特菌属 （*Dialister*） 巨球形菌属 （*Megasphera*） 韦荣氏球菌属 （*Veillonella*）
拟杆菌门 （Bacteroidetes）	拟杆菌纲 （Bacteroidia）	拟杆菌目 （Bacteroidales）	普雷沃氏菌科 （Prevotellaceae） 拟杆菌科 （Bacteroidaceae）	普雷沃氏菌属 （*Prevotella*） 拟杆菌属 （*Bacteroides*）
放线菌门 （Actinobacteria）	红蝽菌纲 （Coriobacteria）	红蝽菌目 （Coriobacteriales） 爱格士氏菌目 （Eggerthellales）	红蝽菌科 （Coriobacteriaceae） 陌生菌科 （Atopobiaceae） 爱格士氏菌科 （Eggerthellaceae）	柯林斯氏菌属 （*Collinsella*） 欧尔森氏菌属 （*Olsenella*） 斯奈克氏菌属 （*Slackia*） 爱格士氏菌属 （*Eggerthella*）

（续）

门	纲	目	科	属
放线菌门（Actinobacteria）	放线菌纲（Actinobacteria）	双歧杆菌目（Bifidobacteriales）	双歧杆菌科（Bifidobacteriaceae）	双歧杆菌属（*Bifidobacterium*）
梭杆菌门（Fusobacteria）	梭杆菌纲（Fusobacteria）	梭杆菌目（Fusobacteriales）	梭杆菌科（Fusobacteriaceae）	梭杆菌属（*Fusobacterium*）
变形菌门（Proteobacteria）	伽玛变形菌纲（Gammaproteobacteria）	肠杆菌目（Enterobacteriales） 气单胞菌目（Aeromonadales）	肠杆菌科（Enterobacteraceae） 琥珀酸弧菌科（Succinivibrionaceae）	埃希氏菌属（*Escherichia*） 志贺氏菌属（*Shigella*） 琥珀酸弧菌属（*Succinivibrio*） 厌氧生活螺菌属（*Anaerobiospirillum*）

资料来源：改编自Ritchie等[20]、Pilla等[21]、Barko等[23]和Pilla等[24]的研究。

（维生素B_9）、钴胺素（维生素B_{12}）和甲基萘醌类（维生素K_2）都可能由肠道微生物合成[29, 32-33]。微生物不仅可能直接参与维生素的生物合成，而且微生物种群结构和代谢的改变也可能间接影响宿主的维生素代谢，例如微生物胆汁酸代谢的改变会影响脂溶性维生素的吸收[34]。

15.3 胃肠道微生物组相关或影响的疾病

肠道微生物组并不是一个被动存在的生态系统，其中的微生物并非仅仅与宿主共存并从宿主摄入的营养素中获取养分。正如在第2章所讨论的，肠道微生物组的功能多种多样，在宿主营养代谢、黏膜结构完整性、免疫调节，以及与远端机体系统联系等方面发挥作用。因此，直接影响胃肠道系统和全身性的健康问题都可能受到肠道微生物组的影响，并与之相关。

“生态失调”是指动物个体健康或正常微生物组（正常生态）的紊乱，它既可以是胃肠道疾病的原因，也可以是其症状。生态失调可以包括微生物种群结构和/或功能的改变。生态失调可能由以下原因引起：肠道病原体感染、服用抗菌药物的继发反应、急性和/或慢性胃肠道炎症、肠道动力障碍、胃酸分泌改变（包括治疗性抑制）和胰腺外分泌功能不全[35]。

生态失调的后果多种多样，包括：

- 胆汁酸的代谢和共轭发生改变，可能导致慢性胃肠道炎症、脂肪吸收异常和血糖控制失调[36-37]。
- 不可消化糖类的发酵减少，导致抗炎短链脂肪酸的产生减少，以及肠细胞的能量底物减少[35]。
- 维生素的合成和吸收降低，导致钴胺素和叶酸代谢的改变[35, 38]。
- 吸收不良和腹泻[38]。
- 黏膜免疫功能改变和黏膜屏障功能障碍，可能导致肠道通透性增加、细菌移位、肠毒血症以及肠道免疫应答异常，包括过敏反应[35, 38]。

- 对肠道病原体的竞争减少，可能导致肠炎[35]。

正如第2章所述，健康的胃肠道微生物组可刺激黏膜屏障功能，包括维持上皮细胞之间的紧密连接和刺激黏液分泌[39–40]。而生态失调会破坏这一屏障的完整性。肠道屏障功能失调或“肠漏症”，已被认为是多种健康问题中一个潜在的影响因素。健康的肠道在外部环境（所有潜在病原体和毒素）与动物体内各系统之间起着屏障作用。肠道屏障功能失调可引发多种潜在的病理后果，其中包括一些显著且被广泛认知的疾病，如慢性肠病、炎性肠病[41–42]、食物过敏和特异反应性疾病[43–44]，以及一些较为隐匿且具有长期影响的后遗症。与生态失调和肠道屏障功能障碍有关的非胃肠道疾病（即胃肠道外的疾病），如慢性肾病和黏液瘤性二尖瓣疾病，可能通过肠道细菌及其代谢物的移位而相关联[45–46]。生态失调的犬猫可能没有明显的临床症状，也可能表现出与多种相关疾病一致的症状。在很多情况下，生态失调可能是疾病的一个标志，或由疾病过程引起，和/或可能积极参与疾病的发病机制，而因果关系往往并不容易区分。

15.3.1 慢性肠病

慢性肠病是一组以肠道慢性炎症为特征的疾病，可能会产生持续性、进行性或消长性的临床症状。常见临床症状包括呕吐、腹泻、腹鸣、腹胀、食欲不振和体重减轻。无论潜在的病因如何，慢性肠病在某种程度上都与生态失调有关[21]。

15.3.1.1 抗生素反应性肠病

犬小肠生态失调的一个主要潜在后果是抗生素反应性腹泻（ARE），有时也被称为小肠细菌过度生长（SIBO）。实际上，SIBO这个名称并不准确，因为小肠中并没有公认的病理性细菌数量[35, 38, 47]，所以细菌“过度生长”本身并不是一个恰当的描述性术语，但在临床实践中仍经常听到这种说法。确定ARE的一个常见诊断标准是血清钴胺素减少，同时血清叶酸相应增加，这是由于微生物群失衡导致细菌对钴胺素的利用增加及叶酸产生增加所致，尽管这一诊断方法既不具有高度敏感性，也不具有高度特异性[35, 47]。最近，有研究提出了犬猫的生态失调指数，是通过以下特定菌群的相对丰度进行评估的：在猫中选用的是拟杆菌属细菌、双歧杆菌属细菌、平野梭菌、栖粪杆菌属细菌、苏黎世杆菌属细菌、大肠埃希氏菌和链球菌属细菌，在犬中选用的是栖粪杆菌属细菌、苏黎世杆菌属细菌、大肠埃希氏菌、链球菌属细菌、布劳特氏菌属细菌、梭杆菌属细菌和平野梭菌[48–49]。在改善犬的ARE方面最常用的有效抗菌疗法是泰乐菌素和甲硝唑，但有些动物需要反复或长期治疗[35, 47]。猫对抗菌药物的反应较小，ARE似乎是犬特有的病症[47, 50]。鉴于该疾病与肠道中的微生物种群直接相关，有人提出，施用有益细菌（益生菌）可能是抗菌疗法的一种替代方法。然而，用单一菌株的益生菌治疗对泰乐菌素反应性腹泻的犬未能防止疾病复发[51]。反而有可能在施用抗菌药物期间，对泰乐菌素具有抗性的有益细菌会大量繁殖，从而可能有助于缓解临床症状[52]。

15.3.1.2 食物反应性肠病

顾名思义，食物反应性肠病（FRE）主要归因于对饮食抗原的异常免疫应答，这种反应可通过去除致敏食物而得到改善[53–54]。患有FRE的犬猫表现出与患有炎性肠病（IBD）的犬类似的组织学炎性病变，微生物群的丰富度和多样性也有类似的变化[53–55]。在通过改变饮食成功治疗FRE的犬和猫中，生态失调也有所改善，然而在FRE治疗期间给犬服用益生菌并未改变治疗结果[53–56]。因此，生态失调可能是犬FRE的一个结果，而非原因。

15.3.1.3 炎性肠病（IBD）

炎性肠病或类固醇反应性肠病，是一种特发性免疫介导性疾病。IBD的诊断需要结合排除法得出——对饮食或抗菌治疗无反应，以及具有特征性但非特异性的炎症细胞浸润的组织学特征[57]。

胃肠道内微生物群落的变化与IBD的发生发展相关。尽管单靠生态失调似乎不足以诱发IBD，但它是包括遗传易感性、异常免疫应答和环境因素在内的多因素病因中的一个致病因素[53, 57]。在患有IBD的犬猫中，生态失调的特征表现为变形菌门细菌数量增加，厚壁菌门和拟杆菌门细菌数量减少[57–58]。据报道，拟杆菌科、普雷沃氏菌科、瘤胃球菌科、韦荣氏球菌科和毛螺菌科是受影响最严重的细菌科，它们都是SCFAs的生产者[21]。SCFAs产生减少会对结肠细胞产生负面影响，因为管腔中的SCFAs是结肠细胞的主要能量来源[59]。值得一提的是，将IBD与消化道小细胞淋巴瘤区分开来具有挑战性，因为两者的临床症状、组织学表现和生态失调可能非常相似[60]。事实上，有人推测，IBD可能是淋巴瘤的初级形式，在猫中或会发展为淋巴瘤[61]。

15.3.2 食物过敏和特异反应性

食物过敏（dietary hypersensitivity或dietary allergies）和特异反应性都与胃肠道微生物组有关。食物过敏和特异反应性都是对摄入物质产生的免疫不良反应。胃肠道的功能是吸收非致病性营养素，排除潜在的致病性物质，并对潜在的病原体入侵做出免疫应答。这一功能的重要组成部分是遍布整个肠道的庞大免疫系统，被称为肠相关淋巴组织（GALT）[23, 44, 62]。简而言之，GALT由肠系膜淋巴结、淋巴小结、派伊尔结、固有层内的淋巴细胞和浆细胞，以及含有上皮内淋巴细胞的肠上皮细胞组成[23, 44, 62]。在健康动物体内，蛋白质成分（游离氨基酸、二肽和降解的蛋白质）穿透黏膜屏障后，会由派伊尔结中的特殊细胞将抗原呈递给淋巴细胞，对无害抗原的识别会抑制任何免疫应答[44]。这被称为抗原耐受性，并受到共生细菌及其代谢物的影响[63]。当黏膜屏障被破坏时，大分子物质，特别是蛋白质和糖蛋白会被呈递，进而导致针对这些成分的免疫复合物形成，以及局部由IgM、lgG和/或IgE介导的炎症反应[44, 62]。未来再次暴露于该抗原就会导致持续的炎症，GALT就会引发超敏反应。如前所述，微生物群在维持黏膜屏障的完整性及调节肠道炎症方面发挥作用[23, 62]。生态失调可能会改变辅助性T细胞这类特定免疫细胞的平衡，导致耐受性降低和易发生过敏反应，同时减少抗炎微生物代谢物如SCFAs的产生[63]。最终结果是对摄入的食物和环境物质产生过度的炎性反应。

食物过敏是一个术语，指的是对摄入不耐受食物所产生的一系列免疫介导反应[44]。

过敏反应的临床症状可能包括胃肠道症状、皮肤病症状或两者兼而有之。与食物不耐受相反，过敏反应需要对食物进行预先致敏——也就是说犬和猫只能对他们之前接触过的食物产生过敏反应。摄入食物中的蛋白质和糖蛋白的呈递会导致GALT的过敏反应，并对特定食物成分产生不耐受[44]。因此，富含蛋白质的食物最常引发食物过敏，最常见的膳食蛋白质也是过敏反应中最主要的致敏源——对犬猫而言，牛肉和乳制品最为常见，在犬中常见的还有小麦和鸡肉，在猫中常见的则是鱼[44]。改变饮食以去除抗原性蛋白质可能会短暂地改善临床症状，但随着抗原性蛋白质继续通过渗漏的肠道屏障，可能会出现新的过敏症状，因此可能需要使用水解蛋白饮食[64]。

特异反应性（特应性）的主要表现是皮炎，特应性犬可能没有胃肠道症状，但这种疾病是一种全身性疾病，并非只局限于皮肤[43]。正如在第13章中所讨论的，除了皮肤微生物群外，肠道微生物群通过影响免疫细胞活性、炎症和生物活性代谢物，在特异反应性病因中起着关键作用[43, 65]。肠道黏膜屏障受损可能会使摄入的环境成分发生移位，从而导致对原本无害的物质产生免疫不耐受。初步数据显示，特应性犬的肠道生态失调变化与特应性的人有相似之处，其α多样性低于非特应性犬[65]。在该研究中，有4个菌属细菌在特应性犬的肠道中显示出较高的流行率：壳状菌属（*Conchiformibius*）细菌、链形小杆菌属（*Catenibacterium*）细菌、活泼瘤胃球菌（*Ruminococcus* gnavus）和巨单胞菌属细菌；而毛螺菌属（*Lachnospira*）细菌和扭链瘤胃球菌（*Ruminococcus torques*）数量有所减少。据推测，这两大菌群的减少可能会减少SCFA的产生和增加黏蛋白的降解，而导致肠道上皮屏障的完整性受损和免疫调节功能减弱。事实上，特应性的犬似乎对含有SCFA产生菌——乳杆菌属的益生菌有反应。有报道称这种益生菌可部分预防特应性疾病，停用后仍有持续效果，并能减轻疾病的严重程度[66-68]。

15.3.3 肥胖

超重和肥胖是全世界最常见的与营养相关的犬猫健康和福利问题，大约有一半或更多的伴侣犬猫受到不良影响[69]。鉴于微生物群在营养消化和新陈代谢中所起的作用，微生物组的改变与犬、猫及包括人类在内的其他动物的肥胖相关也就不足为奇了。研究表明，肥胖犬的微生物种群发生改变，其多样性指数低于瘦犬，其中变形菌门、放线菌门和/或双歧杆菌科细菌的比例高于瘦犬[34, 70-71]。在猫中也有类似的发现，与非肥胖猫相比，肥胖猫的微生物多样性降低，其中厚壁菌门细菌的占比更低，厚壁菌门与拟杆菌门细菌的比值下降[72]。在这项研究中，元基因组学还表明，肥胖猫微生物组中脂肪酸合成途径的表达上调。此外，肥胖犬的体重减轻速度和能力似乎也与微生物组成有关。在一项研究中发现，巨单胞菌属和瘤胃球菌科细菌数量的变化与体重减轻呈负相关[73]。在另一项针对减肥肥胖犬的研究中，梭菌纲和芽孢杆菌纲成员减少，而别样棒菌属（厚壁菌门的一个属）数量增加[74]。在这两项研究中，肥胖动物在减肥前体内SCFA生产菌的占比较高，这可能意味着其能量获取效率更高，从而导致了肥胖。然而，在解释这些发现时，也必须考虑到肥胖和减肥都受诸多因素影响，包括能量摄入、能量输出和饮食成分的变化，所有这些因素都可能改变胃肠道微生物组[75]。

15.3.4 糖尿病

伴侣动物的糖尿病表现与人类相似，猫通常表现出类似Ⅱ型的胰岛素抵抗型糖尿病，大多与肥胖有关，犬则表现出类似Ⅰ型的自身免疫性胰岛β细胞破坏[76-78]。在人类，研究表明生态失调与糖尿病的发生发展及治疗之间存在关联，从而促进了人们对伴侣动物的研究[37, 79]。在犬中，据报道，与非糖尿病犬相比，糖尿病犬中肠杆菌科丰度增加，而难养杆菌科（Mogibacteriacea）、厌氧原体科（Anaeroplamataceae）细菌丰度降低[37]。有报道称，与瘦的非糖尿病猫相比，糖尿病猫菌群多样性指数降低，厌氧棍状菌属（*Anaerotruncus*）、戴阿利斯特菌属和瘤胃球菌科细菌数量减少[80]。由于糖尿病猫中肥胖患病率较高，与肥胖和糖尿病相关的微生物变化可能会使猫的研究结果变得复杂化。

糖尿病犬的直肠微生物组似乎也会随着治疗而发生变化，一项研究表明，在新诊断的糖尿病犬中，开始接受胰岛素治疗后，与人类葡萄糖耐量和胰岛素敏感性相关的菌属——拟杆菌属细菌数量会增加[79]。此外，研究还发现肠球菌属和大肠埃希氏菌-志贺氏菌属（*Escherichia-Shigella*）细菌数量与血清果糖胺呈正相关，而果糖胺是慢性高血糖的指标。在猫，发现肠杆菌科细菌数量也与血清果糖胺呈正相关，而普雷沃氏菌科细菌数量则与果糖胺呈负相关[80]。

15.3.5 肿瘤

癌症是宿主遗传学和环境因素（表观遗传学）相互作用，导致正常细胞复制失调的结果。在人类中，微生物与特定肿瘤的发生有关，如15.1.3节提到的螺杆菌属和胃癌。慢性炎症可导致化生，最终发展为异型增生和肿瘤，而胃肠道微生物组与局部和全身性炎症有着内在联系[81]。此外，肠道微生物组的改变与局部胃肠道淋巴瘤和上皮性肿瘤及多中心淋巴瘤有关[82-84]。在这三项研究中，患病犬都检测到了生态失调，栖粪杆菌属［真杆菌目(Eubacteriales)］细菌数量减少，链球菌属细菌数量增加。一项研究对比了患有IBD或小细胞型消化道淋巴瘤的猫与健康猫的粪便微生物组，发现患有IBD和淋巴瘤的猫粪便微生物组中厚壁菌门、放线菌门和拟杆菌门丰度较低，而肠杆菌科和链球菌科丰度增加[60]。在IBD和胃肠道淋巴瘤之间未检测到微生物组的差异，这凸显了慢性胃肠道炎症与肿瘤发生之间的关联。

15.3.6 充血性心力衰竭

与能量代谢相关的局部炎症性疾病或全身性疾病相比，心脏疾病与胃肠道微生物组之间的关联似乎并不那么明显。然而，在患有黏液瘤性二尖瓣疾病和充血性心力衰竭的犬中已经证实存在生态失调，其特征是参与胆汁酸代谢的平野梭菌数量减少，以及产生氧化三甲胺（TMAO）的大肠埃希氏菌数量增加[45, 85]。犬二尖瓣疾病的晚期阶段与更高水平的TMAO相关，而微生物胆汁酸代谢产生的次级胆汁酸可抑制致病性微生物的生长。这些研究揭示了微生物代谢物可能会影响胃肠道外的机体系统，并可能促进看似与肠道无关疾病的发展。

15.3.7 慢性肾病

正如第17章所讨论的，胃肠道微生物组与肾脏之间的关系已被证实，即胃肠道-肾脏或肠道-肾脏轴。饮食成分（如磷）和饮食成分微生物发酵终产物（如尿毒症毒素硫酸吲哚和犬尿喹啉酸），已知会促进犬猫的慢性肾病（CKD）或与之相关[86]。已被证实患有CKD的猫肠道细菌多样性和丰富度降低，血清尿毒症毒素增加，这表明蛋白水解细菌活性增加，正如在患有CKD的人类中所呈现的一样[87]。在一项研究中，患有CKD的猫粪便微生物组中拟杆菌目细菌的数量比未患CKD的猫低，而补充纤维后情况有所改善[88]。虽然CKD在犬中不像在猫中那么常见，但它仍然是一种较为常见的病症，不过对犬微生物组和CKD之间的研究开展得较少。一项研究发现，患有或未患有早期（国际肾脏兴趣协会Ⅰ期）CKD的犬的粪便微生物群没有差异，但粪便代谢物组却有不同，谷胱甘肽、赖氨酸、含硫氨基酸和苯丙氨酸代谢的标记物水平更高，而脂肪酸和染料木黄酮硫酸盐的指标水平更低[89]。

15.4 章节概要

- 胃肠道微生物组是一个复杂而庞大的微生物群落，这些微生物在胃肠道的不同区段有所不同。
- 有些生物可能是共生生物，也可能具有潜在的致病性，这可能取决于多种因素。
- 相较于单个物种的密度，构成肠道微生物组的物种平衡可能是肠道健康更好的指标，这也促使了针对犬猫制定生态失调指数。
- 肠道微生物组的变化与许多局部（如慢性肠病、消化道淋巴瘤）和远端部位（如心脏和肾脏疾病）的健康状况相关联。
- 通常不清楚生态失调是疾病状态的原因还是结果，也不清楚纠正失调的干预措施是否有效或能否改善不良健康状况的症状。

参考文献（原书）

1 de Steenhuijsen Piters, W., Sanders, E., and Bogaert, D. (2015). The role of the local microbial ecosystem in respiratory health and disease.Philosophical Transactions B 370: 20140294.

2 Di Pilato, V., Freschi, G., Fingressi, M. et al. (2016). The esophageal microbiome in health and disease. Annals of the New York Academy of

Sciences 1381: 21–33.

3 Pereira, A. and Clemente, A. (2021). Dogs' microbiome from tip to toe. Topics in Companion Animal Medicine 45: 100584.

4 Hunt, R. and Yaghoobi, M. (2017). The esophageal and gastric microbiome in health and disease. Gastroenterology Clinics of North America 46: 121–141.

5 Muenster, M., Hoerauf, A., and Vieth, M. (2017). Gastro-oesophageal reflux disease in 20 dogs (2012 to 2014). Journal of Small Animal Practice 58: 276–283.

6 Frowde, P., Battersby, I., Whitley, N., and Elwood, C. (2011). Oesophageal disease in cats. Journal of Feline Medicine and Surgery 13: 564–569.

7 Okereke, I., Hamilton, C., Wenholz, A. et al. (2019). Associations of the microbiome and esophageal disease. Journal of Thoracic Disease 11 (S12): S1588–S1593.

8 Lee, D., Goh, T., Kang, M. et al. (2022). Perspectives and advances in probiotics and the gut microbiome in companion animals. Journal of Animal Science and Technology 64 (2): 197–217.

9 Noto, J. and Peek, R. Jr. (2017). The gastric microbiome, its interaction with helicobacter pylori, and its potential role in the progression to stomach cancer. PLoS Pathogens 13 (10): e1006573.

10 Taiilieu, E., Chiers, K., Amorim, I. et al. (2022). Gastric helicobacter species associated with dogs, cats and pigs: signifcance for public and animal health. Veterinary Research 53: 1–5.

11 Haesebrouck, F., Pasmans, F., Flahou, B. et al. (2009). Gastric helicobacters in domestic animals and nonhuman primates and their significance for human health. Clinical Microbiology Reviews 22 (2): 202–223.

12 Teixeira, S., Filipe, D., Cerqueira, M. et al. (2022). Helicobacter spp. in the stomach of cats: successful colonization and absence of relevant histopathological alterations reveals high adaptation to the host gastric niche. Veterinary Sciences 9: 228.

13 Bridgeford, E., Marini, R., Feng, Y. et al. (2008). Gastric helicobacter species as a cause of feline gastric lymphoma: a viable hypothesis. Veterinary Immunology and Immunopathology 123 (1–2): 106–113.

14 Husnik, R., Klimes, J., Kovarikova, S., and Kolorz, M. (2022). Helicobacter species and their association with gastric pathology in a cohort of dogs with

chronic gastrointestinal signs. Animals 12: 1254.

15 Kubota-Aizawa, S., Ohno, H., Fukushima, K. et al. (2017). Epidemiological study of gastric helicobacter spp. in dogs with gastrointestinal disease in Japan and diversity of helicobacter heilmannii sensu stricto. The Veterinary Journal 225: 56–62.

16 Kararli, T. (1995). Comparison of the gastrointestinal anatomy, physiology, and biochemistry of humans and commonly used laboratory animals. Biopharmaceutics & Drug Disposition 16: 351–380.

17 Suchodolski, J. (2011). Intestinal microbiota of dogs and cats: a bigger world than we thought. Veterinary Clinics of North America: Small Animal Practice 41: 261–272.

18 Suchodolski, J., Camacho, J., and Steiner, J. (2008). Analysis of bacterial diversity in the canine duodenum, jejunum, ileum, and colon by comparative16s rrna gene analysis. FEMS Microbiology Ecology 66: 567–578.

19 Suchodolski, J., Morris, E., Allenspach, K. et al. (2008). Prevalence and identification of fungal DNA in the small intestine of healthy dogs and dogs with chronic enteropathies. Veterinary Microbiology 132: 379–388.

20 Ritchie, L., Steiner, J., and Suchodolski, J. (2008). Assessment of microbial diversity along the feline intestinal tract using16s rrna gene analysis. FEMS Microbiology Ecology 66: 590–598.

21 Pilla, R. and Suchodolski, J. (2020). The role of the canine gut microbiome and metabolome in health and gastrointestinal disease.Frontiers in Veterinary Science 6: 498.

22 Tal, M., Verbrugghe, A., Gomez, D. et al. (2017). The effect of storage at ambient temperature on the feline fecal microbiota. BMC Veterinary Research 13: 256.

23 Barko, P., McMichael, M., Swanson, K., and Williams, D. (2018). The gastrointestinal microbiome: a review. Journal of Veterinary Internal Medicine 32: 9–25.

24 Pilla, R. and Suchodolski, J. (2021). The gut microbiome of dogs and cats, and the influence of diet. Veterinary Clinics of North America:Small Animal Practice 51: 605–621.

25 Handl, S., Dowd, S., Garcia-Mazcorro, J. et al. (2011). Massive parallel16s rrna gene pyrosequencing reveals highly diverse fecal bacterial and fungal communities in healthy dogs and cats. FEMS Microbiology Ecology 76: 301–310.

26 Suchodolski, J. (2021). Analysis of the gut microbiome in dogs and cats. Veterinary Clinical Pathology 50 (Suppl. 1): 6–17.

27 Moon, C., Young, W., Maclean, P. et al. (2018). Metagenomic insights into the roles of proteobacteria in the gastrointestinal microbiomes of healthy dogs and cats. Microbiology Open 7: e00677.

28 Deng, P. and Swanson, K. (2015). Gut microbiota of humans, dogs and cats: current knowledge and future opportunities and challenges. British Journal of Nutrition 113: S6–S17.

29 Swanson, K., Dowd, S., Suchodolski, J. et al. (2011). Phylogenetic and gene-centric metagenomics of canine intestinal microbiome reveals similarities with humans and mice. The ISME Journal 5: 639–649.

30 Barry, K., Middelbos, I., Boler, B.V. et al. (2012). Effects of dietary fiber on the feline gastrointestinal metagenome. Journal of Proteome Research 11: 5924–5933.

31 LeBlanc, J., Milani, C., de Giori, G. et al. (2013). Bacteria as vitamin suppliers to their host: a gut microbiota perspective. Current Opinion in Biotechnology 24: 160–168.

32 Young, W., Moon, C., Thomas, D. et al. (2016). Pre-and post-weaning diet alters the faecal metagenome in the cat with differences in vitamin and carbohydrate metabolism gene abundances. Scientific Reports 6: 1–6.

33 Pilla, R., Guard, B., Blake, A. et al. (2021). Long-term recovery of the fecal microbiome and metabolome of dogs with steroid-responsive enteropathy. Animals 11: 2498.

34 Forster, G., Stockman, J., Noyes, N. et al. (2018). A comparative study of serum biochemistry, metabolome and microbiome parameters of clinically healthy, normal weight, overweight and obese companion dogs. Topics in Companion Animal Medicine 33: 126–135.

35 Suchodolski, J. (2016). Diagnosis and interpretation of intestinal dysbiosis in dogs and cats. The Veterinary Journal 215: 30–37.

36 Duboc, H., Rajca, S., Rainteau, D. et al. (2013). Connecting dysbiosis, bile-acid dysmetabolism and gut inflammation in inflammatory bowel diseases. Gut 62: 531–539.

37 Jergens, A., Guard, B., Redfern, A. et al. (2019). Microbiota-related changes in unconjugated fecal bile acids are associated with naturally occurring, insulin-dependent diabetes mellitus in dogs. Frontiers in Veterinary Science 6: 199. https://doi.org/10.3389/fvets.2019.00199.

38 Minamoto, Y., Hooda, S., Swanson, K., and Suchodolski, J. (2012). Feline gastrointestinal microbiota. Animal Health Research Reviews 13 (1): 64–77.

39 Kleessen, B. and Blaut, M. (2005). Modulation of gut mucosal biofilms. British Journal of Nutrition 93 (Suppl. 1): S35–S40.

40 Jandhyala, S., Talukdar, R., Subramanyam, C. et al. (2015). Role of the normal gut microbiota. World Journal of Gastroenterology 21 (29): 8787–8803.

41 Jergens, A., Parvinroo, S., Kopper, J., and Wannemuehler, M. (2021).Rules of engagement: epithelial-microbe interactions and inflammatory bowel disease. Frontiers in Medicine 8: https://doi.org/10.3389/fmed.2021.669913.

42 Atherly, T., Rossi, G., White, R. et al. (2019). Glucocorticoid and dietary effects on mucosal microbiota in canine inflammatory bowel disease. PLoS One 14 (12).

43 Craig, J. (2016). Atopic dermatitis and the intestinal microbiota in humans and dogs. Veterinary Medicine and Science 2: 95–105.

44 Verlinden, A., Hesta, M., Millet, S., and Janssens, G. (2006). Food allergy in dogs and cats: a review. Critical Reviews in Food Science and Nutrition 46: 259–273.

45 Li, Q., Larouche-Lebel, E., Loughran, K. et al. (2021). Gut dysbiosis and its associations with gut microbiota-derived metabolites in dogs with myxomatous mitral valve disease. mSystems 6: e00111–e00121.

46 Bartochowski, P., Gayrard, N., Bornes, S. et al. (2022). Gut–kidney axis investigations in animal models of chronic kidney disease. Toxins 14: 626.

47 Hall, E. (2011). Antibiotic-responsive diarrhea in small animals. Veterinary Clinics of North America: Small Animal Practice 41 (2): 273–286.

48 AlShawaqfeh, M., Wajid, B., Minamoto, Y. et al. (2017). A dysbiosis index to assess microbial changes in fecal samples of dogs with chronic inflammatory enteropathy. FEMS Microbiology Ecology 93: fix136.

49 Sung, C.-H., Marsilio, S., Chow, B. et al. (2022). Dysbiosis index to evaluate the fecal microbiota in healthy cats and cats with chronic enteropathies. Journal of Feline Medicine and Surgery 24 (6): e1–e2.

50 Jergens, A., Crandell, J., Evans, R. et al. (2010). A clinical index for disease activity in cats with chronic enteropathy. Journal of Veterinary Internal Medicine 24: 1027–1033.

51 Westermarck, E., Skrzypczak, T., Harmoinen, J. et al. (2005). Tylosinresponsive chronic diarrhea in dogs. Journal of Veterinary Internal Medicine 19: 177–186.

52 Kilpinen, S., Rantala, M., Spillmann, T. et al. (2015). Oral tylosin administration is associated with an increase of faecal enterococci and lactic acid bacteria in dogs with tylosin-responsive diarrhoea. The Veterinary Journal 205: 369–374.

53 Kalenyak, K., Isaiah, A., Heilmann, R. et al. (2018). Comparison of the intestinal mucosal microbiota in dogs diagnosed with idiopathic inflammatory bowel disease and dogs with food-responsive diarrhea before and after treatment. FEMS Microbiology Ecology 94: fix173.

54 Bresciani, F., Minamoto, T., Suchodolski, J. et al. (2018). Effect of an extruded animal protein-free diet on fecal microbiota of dogs with food-responsive enteropathy. Journal of Veterinary Internal Medicine 32: 1903–1910.

55 Ramadan, Z., Laflamme, D., Czarnecki-Maulden, G. et al. (2014). Fecal microbiota of cats with naturally occurring chronic diarrhea assessed using 16s rrna gene 454-pyrosequencing before and after dietary treatment. Journal of Veterinary Internal Medicine 28: 59–65.

56 Sauter, S., Benyacoub, J., Allenspach, K. et al. (2006). Effects of probiotic bacteria in dogs with food responsive diarrhoea treated with an elimination diet. Journal of Animal Physiology and Animal Nutrition 90: 269–277.

57 Vázquez-Baeza, Y., Hyde, E., Suchodolski, J., and Knight, R. (2016). Dog and human inflammatory bowel disease rely on overlapping yet distinct dysbiosis networks. Nature Microbiology 1: 1–5.

58 Honneffer, J., Minamoto, Y., and Suchodolski, J. (2014). Microbiota alterations in acute and chronic gastrointestinal inflammation of cats and dogs. World Journal of Gastroenterology 20 (44): 16489–16497.

59 Minamoto, Y., Minamoto, T., Isaiah, A. et al. (2019). Fecal short-chain fatty acid concentrations and dysbiosis indogs with chronic enteropathy.Journal of Veterinary Internal Medicine 33: 1608–1618.

60 Marsilio, S., Pilla, R., Sarawichitr, B. et al. (2019). Characterization of the fecal microbiome in cats with infammatory bowel disease or alimentary small cell lymphoma. Scientific Reports 9: 1.

61 Moore, P., Woo, J., Vernau, W. et al. (2005). Characterization of feline t cell receptor gamma (tcrg) variable region genes for the molecular diagnosis of feline intestinal t cell lymphoma. Veterinary Immunology and Immunopathology 106: 167–178.

62 Jergens, A. (2002). Understanding gastrointestinal inflammation implications for therapy. Journal of Feline Medicine and Surgery 4: 179–182.

63 Tizard, I. and Jones, S. (2018). The microbiota regulates immunity and immunologic diseases in dogs and cats. Veterinary Clinics of North America: Small Animal Practice 48: 307–322.

64 Cave, N. (2006). Hydrolyzed protein diets for dogs and cats. Veterinary Clinics of North America: Small Animal Practice 36: 1251–1268.

65 Rostaher, A., Morsy, Y., Favrot, C. et al. (2022). Comparison of the gut microbiome between atopic and healthy dogs – preliminary data. Animals 12: 2377.

66 Marsella, R., Santoro, D., and Ahrens, K. (2012). Early exposure to probiotics in a canine model of atopic dermatitis has long-term clinical and immunological effects. Veterinary Immunology and Immunopathology 146: 185–189.

67 Marsella, R. (2009). Evaluation of lactobacillus rhamnosus strain gg for the prevention of atopic dermatitis in dogs. American Journal of Veterinary Research 70 (6): 735–740.

68 Kim, H., Rather, I., Kim, H. et al. (2015). A double-blind, placebo controlled-trial of a probiotic strain lactobacillus sakei probio-65 for the prevention of canine atopic dermatitis. Journal of Microbiology and Biotechnology 25 (11): 1966–1969.

69 Hamper, B. (2016). Current topics in canine and feline obesity. Veterinary Clinics of North America: Small Animal Practice 46: 785–795.

70 Handl, S., Ge rman, A., Holden, S. et al. (2012). Faecal microbiota in lean and obese dogs. FEMS Microbiology Ecology 84: 332–343.

71 Park, H.-J., Lee, S.-E., Kim, H.-B. et al. (2015). Association of obesity with serum leptin, adiponectin, and serotonin and gut microflora in beagle dogs. Journal of Veterinary Internal Medicine 29: 43–50.

72 Ma, X., Brinker, E., Graff, E. et al. (2022). Whole-genome shotgun metagenomic sequencing reveals distinct gut microbiome signatures of obese cats. Microbiology Spectrum 10 (3): e0083722.

73 Kieler, I., Kamal, S., Vitger, A. et al. (2017). Gut microbiota compostiion may relate to weight loss rate in obese pet dogs. Veterinary Medicine and Science 3: 252–262.

74 Salas-Mani, A., Jeusette, I., Castillo, I. et al. (2018). Fecal microbiota composition changes after a bw loss diet in beagle dogs. Journal of Animal Science 96: 3102–3111.

75 Bartges, J. (2019). Gut microbiome and obesity. In: Hill's Global Symposium. Toronto, Ontario.

76 Hoenig, M. (2012). The cat as a model for human obesity and diabetes. Journal of Diabetes Science and Technology 6 (3): 525–533.

77 Hoenig, M. (2002). Comparative aspects of diabetes mellitus in dogs and cats. Molecular and Cellular Endocrinology 197: 221–229.

78 Clark, M. and Hoenig, M. (2016). Metabolic effects of obesity and its interaction with endocrine diseases. Veterinary Clinics of North America: Small Animal Practice 46: 797–815.

79 Laia, N., Barko, P., Sullivan, D. et al. (2022). Longitudinal analysis of the rectal microbiome in dogs with diabetes mellitus after initiation of insulin therapy. PLoS One 17 (9): e0273792.

80 Kieler, I., Osto, M., Hugentobler, L. et al. (2019). Diabetic cats have decreased gut microbial diversity and a lack of butyrate producing bacteria. Scientific Reports 9: 1–3.

81 Epiphanio, T. and Santos, A. (2021). Small animals gut microbiome and its relationship with cancer. In: Canine Genetics, Health and Medicine (ed.C. Rutland). IntechOpen. http://dx.doi.org/10.5772/intechopen.95780.

82 Gavazza, A., Rossi, G., Lubas, G. et al. (2017). Faecal microbiota in dogs with multicentric lymphoma. Veterinary and Comparative Oncology 16: E169–E175.

83 Herstad, K., Moen, A., Gaby, J. et al. (2018). Characterization of the fecal and mucosa associated microbiota in dogs with colorectal epithelial tumors. PLoS One 13 (5): e0198342.

84 Omori, M., Maeda, S., Igarashi, H. et al. (2017). Fecal microbiome in dogs with inflammatory bowel disease and intestinal lymphoma. The Journal of Veterinary Medical Science 79 (11): 1840–1847.

85 Seo, J., Matthewman, L., Xia, D. et al. (2020). The gut microbiome in dogs with congestive heart failure: a pilot study. Scientific Reports 10: 1–9.

86 Summers, S. (2020). Assessment of novel causes and investigation into the gut microbiome in cats with chronic kidney disease. In: Clinical Sciences. Fort Collins, CO: Colorado State University.

87 Summers, S., Quimby, J., Isaiah, A. et al. (2019). The fecal microbiome and serum concentrations of indoxyl sulfate and p-cresol sulfate in cats with chronic kidney disease. Journal of Veterinary Internal Medicine 33: 662–669.

88 Hall, J., Jackson, M., Jewell, D., and Ephraim, E. (2020). Chronic kidney disease in cats alters response of the plasma metabolome and fecal microbiome to dietary fiber. PLoS One 15 (7): e0235480.

89 Ephraim, E. and Jewell, D. (2020). Effect of added dietary betaine and soluble fiber on metabolites and fecal microbiome in dogs with early renal disease. Metabolites 10: 370.

16 神经系统与微生物组的相互作用

胃肠道微生物变化或微生物健康状态可以改变神经功能的观点已被确定，但其中涉及的所有机制尚未完全清楚。神经胃肠病学是研究胃肠道、肝脏、胆囊和胰腺神经学的学科，涉及肠神经系统和中枢神经系统之间的相互作用和整合[1]。胃肠道微生物群影响大脑发育、宿主免疫系统、情绪和行为[2]。胃肠道微生物组及其代谢物组与宿主中枢神经系统之间的分子相互作用被认为是复杂且双向的，可能涉及内分泌、神经元、Toll样受体及代谢物依赖的途径。这种双向通信对于维持正常的大脑功能和胃肠道稳态至关重要。当肠道和大脑之间的通信轴受到干扰或破坏时，可能会导致心理和神经系统失调。此外，肠道屏障功能障碍导致的细菌移位会产生神经活性代谢物和其他微生物群成分，从而诱发大脑的神经炎性反应[2]。

16.1 神经系统

神经系统由中枢神经系统（CNS）和周围神经系统（PNS）组成。中枢神经系统包括大脑和脊髓，周围神经系统包括从机体的其他部分（肌肉、感觉器官、腺体）到大脑和脊髓的神经连接。

PNS分为躯体神经系统和自主神经系统。躯体神经系统主要负责控制肌肉运动，并将来自耳朵、眼睛和皮肤的信息传递给中枢神经系统。自主神经系统则进一步分为交感神经、副交感神经和肠神经，这些分支调节腺体并控制机体的非自主功能，包括心率、血压、性唤起、呼吸和胃肠道功能[3]。交感神经分支负责调控体内稳态的急性变化。例如，当机体为急性应激反应做准备时，肠道收缩会受到抑制。副交感神经分支则在交感神经兴奋后，使机体功能恢复正常[4]。肠神经系统（ENS）是自主神经系统中最大的一个分支[5]。ENS嵌入消化道壁内，受到肠道屏障保护，使其不受管腔内容物的影响[6]。ENS延伸于食管和肛门之间，包含数千个神经节，近4亿个神经元，其数量超过其他任何外周器官，与脊髓中神经元数量相当[6]。该系统能够自我调节，控制消化系统的局部生理状态[6]。ENS参与完成的功能包括消化、肠收缩、屏障通透性、胆汁分泌、维持上皮细胞液水平、肠腔渗透压和通透性、黏液分泌、胃肠道黏膜调控机制，以及通过神经节丛（肌间神经丛、黏膜下神经丛）的黏膜免疫应答[1-2]。ENS可独立于中枢神经系统的调控而工作，并利用内在的微电路系统实现自主调节[5]。它与肠相关淋巴组织（GALT）和数以千计的肠内分泌细胞协同工作。正如第15章所述，GALT包含超过2/3（70%）的机体免疫细胞，而肠内分泌细胞含有20多种目前已确定的激素[7]。神经递质、信号通路、神经元连接和免疫系统提供了通道，使胃肠道疾病能够影响大脑，以及涉及中枢神经系统的病理生理过程常常会导致胃肠道症状[5]。肠道与大脑之间的联系通过以下途径进行：①初级传入神经元；②免疫系统介导的连接；③肠内分泌细胞介导的连接[7]。大脑包含四种主要类型的细胞，包括神经元、神经胶质细胞、小胶质细胞和星形胶质细胞，它们可能会受到肠-脑轴中代谢物的影响[8]。在自主神经系统中，神经节神经元起着神经递质的作用。这些神经元由两种分支类型的神经纤维组成：连接中枢神经系统和神经节的节前神经元（乙酰胆碱），连接神经节和效应器的节后神经元（去甲肾上腺素）[9]。这些神经递质通过神经元通路参与连接和传递信号；传入神经元通路将信号传递到中枢神经系统，而传出神经元通路将信号传递到肌肉和腺体[4]。神经递质在神经系统中提供快速、短期的反应。

传入神经末梢与胃肠道黏膜内的免疫细胞（包括浆细胞、嗜酸性粒细胞和肥大细胞）之间存在神经免疫连接[7]。淋巴细胞和肥大细胞可分泌神经活性化合物，如组胺、5-羟色胺（5-HT或血清素）、前列腺素以及各种细胞因子，还含有神经肽受体作为信号转导器，提供缓慢、持久的效果[7]。Toll样受体能够检测微生物抗原，帮助黏膜免疫细胞区分共生菌和病原菌[7]。Toll样受体还能间接改变肠内分泌和树突状免疫细胞的活性[7]。免疫系统与神经系统细胞因子之间也存在联系[6]。

激素和下丘脑-垂体-肾上腺轴作为边缘系统的一部分影响信息交流，边缘系统是大脑调节情绪反应和记忆的部分。下丘脑-垂体-肾上腺轴调节传出神经元，以协调宿主对压力源的适应性反应。压力、环境压力或全身性促炎细胞因子的增加会激活下丘脑分泌促肾上腺皮质激素释放因子，从而刺激垂体分泌促肾上腺皮质激素（ACTH）。这会导致肾上腺释放皮质醇——一种主要的压力激素。正是神经和激素两条通路的共同作用，使得大脑能够影响肠道功能效应细胞（免疫细胞、上皮细胞、肠神经元、平滑肌细胞、卡氏间质细胞和肠嗜铬细胞）的生理活动[1]。

16.2 肠-脑通信轴

使用抗生素、感染或不当的饮食模式导致的胃肠道微生物组组成和稳态的丧失，再加上遗传易感性，都与肠-脑轴通信障碍及胃肠道和神经系统疾病的发病机制有关[2]。肠-脑通信轴是连接大脑情绪和认知中枢与外周肠道功能之间的纽带[10]。该轴监测和整合胃肠道功能，并监督饥饿、压力和情绪等环境的因素对胃肠道功能的影响。例如，处于高压情境或情绪中的个体可能会出现生理反应，导致出现胃肠道症状（胃结肠反射）[1]。胃肠道微生物群能够通过多种信号机制与宿主进行交流，并直接刺激宿主固有层细胞（肠嗜铬细胞、神经元、免疫细胞）向肠腔内释放信号分子。大脑可以通过改变胃肠道动力、分泌和肠道通透性来提供间接影响[10]（图16.1）。

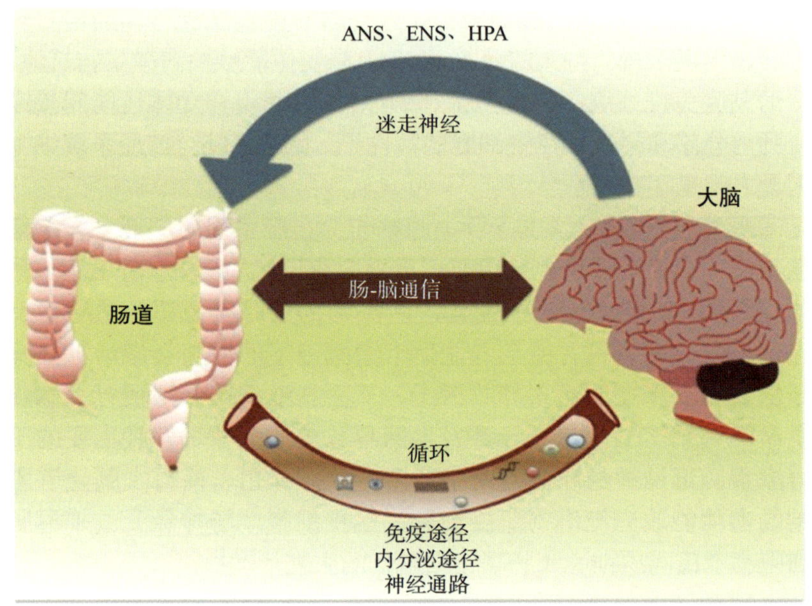

图16.1　肠-脑轴。大脑和肠道之间存在双向通信，并受多种途径的影响，包括肠神经系统（ENS）、自主神经系统（ANS）、免疫途径、神经途径、内分泌途径和下丘脑-垂体-肾上腺（HPA）系统。知识共享许可：https://www.mdpi.com/openaccess

16.2.1　肠内分泌细胞和神经内分泌细胞

肠内分泌细胞是胃肠道中特定上皮细胞的集合，尽管它们只占所有上皮细胞总数的不到1%，但却是消化生理学的基础[7, 9]。肠内分泌细胞有20多种不同类型，根据其分泌的调节肽或生物活性分子的类型进行分类[7]。它们通过ENS微电路调节消化功能，并直接通过内分泌途径或通过协助胃肠道的传入神经末梢感知肠腔内的化学信号，与CNS进行交流[7]。

神经内分泌细胞也能分泌激素，但它们更像神经细胞（神经元）。它们存在于胃肠道、胰腺、甲状腺和肺部，具有多种功能，包括帮助消化和呼吸[9]。

肠嗜铬细胞既是肠内分泌细胞又是神经内分泌细胞的一种，是胃肠道中最常见的神经内分泌细胞。它们在胃肠道调节中发挥作用，尤其是在肠道动力和分泌方面，并在空肠、回肠、结肠和阑尾中也占主导地位[10–11]。这些细胞通过迷走神经和传入通路调节胃肠道管腔与神经系统之间的双向通信，从而检测来自内脏的生理信息。涉及肠嗜铬细胞的通信可以介导疼痛和免疫应答，并对情绪和其他稳态功能产生一定影响[10]。

16.2.2 微生物代谢物

胃肠道微生物组产生的微生物代谢物可能影响神经功能，而神经功能的改变可能会导致胃肠道微生物组发生变化，进而影响微生物代谢物的产生和功能。微生物代谢物在体内发挥多种作用，包括提供能量和参与体内外信息交流，如胃肠道微生物群之间的交流[2]。微生物代谢物可通过自主神经系统肠道突触改变屏障功能，从而影响胃肠道上皮机制[2]。胃肠道微生物组组成的变化会影响代谢物组的类型和浓度，改变屏障功能，导致肠道通透性增加，细菌和/或相关代谢物发生移位，微生物相关分子模式（MAMPs）进入肠系膜淋巴组织。这种情况已被证明会导致各种神经系统疾病的发生和发展[2]。

具有神经调节特性的代谢物和胃肠道微生物群衍生的细胞成分包括气体（一氧化碳、硫化氢、一氧化氮）、短链脂肪酸（SCFAs，如丙酸盐、丁酸盐、乙酸盐等）、褪黑素、γ–氨基丁酸（GABA）、谷氨酰胺、组胺、支链氨基酸、脂多糖、次级胆汁酸、乙酰胆碱和儿茶酚胺[1–2, 7]。此外，微生物群还可以产生一系列类似人类激素的分子[1–2, 7]。“微生物内分泌学”涵盖了神经化学物质［如血清素（5–羟色胺）、γ–氨基丁酸、谷氨酸］，这些物质可由宿主、多细胞生物以及原核生物（细菌和古菌）产生，在肠–脑轴内充当大脑和行为调节的机制[7, 12]。例如，胞壁酰二肽与血清素类似，吲哚与褪黑素类似；两种物质都能引起嗜睡。革兰氏阴性菌产生的脂多糖可通过4型Toll样受体直接作用于甲状腺细胞[7]。这些递质可调节神经发生、髓鞘形成、突触修剪、神经胶质细胞功能和血脑屏障功能等重要过程[1]。微生物代谢物是由特定细菌门、科、属、种或菌株产生的：乳杆菌属和双歧杆菌属细菌可产生SCFAs；去甲肾上腺素由埃希氏菌属、芽孢杆菌属和酵母菌属细菌（*Saccharomyces* spp.）产生；多巴胺是芽孢杆菌属细菌的代谢物；乳杆菌属细菌可以产生乙酰胆碱；血清素是由产孢子微生物产生的[13]。

16.2.2.1 胃递质——气体代谢产物

硫化氢（H_2S）可通过植物来源、*L*-半胱氨酸或牛磺酸获取，并可能影响胃肠道微生物群的密度和功能。硫由胃肠道厌氧微生物群代谢以获取能量，产生H_2S代谢物[14]。H_2S是一种重要的生理调节物质，暴露水平决定了其对宿主产生的影响类型。在较低浓度下，H_2S通过减轻炎症、稳定黏液层、防止生物膜黏附上皮细胞、抑制侵袭性病原体的释放及促进组织修复来发挥治疗作用[14]。相反，如果产生的H_2S浓度过高，则会产生毒性作用，包括破坏黏液层、加剧炎症，以及增加宿主患肿瘤的风险和促进肿瘤的发展[14]。

一氧化氮（NO）是由食物中的*L*-精氨酸[15]还原成硝酸盐，然后被口腔和上消化道中的细菌还原成亚硝酸盐，亚硝酸盐可通过多种途径进一步还原成NO[16]。NO能够通过调节去甲肾上腺素、血清素、多巴胺和谷氨酸等神经递质来影响各种神经递质系统。在人类，NO已被证明在多种神经病理生理学中发挥作用[17]。与H_2S一样，NO具有有益作用，可作为一种抗菌、抗寄生虫、抗病毒和抗肿瘤剂，但也可能具有潜在神经毒性，导致兴奋性氨基酸诱导的神经元损伤和脱氧核糖核酸损伤[15]。此外，NO的合成与血液循环、血压和认知能力有关[18]。

一氧化碳（CO）通常被认为是一种环境污染物，但它也具有一定作用。CO是一种重要的神经递质，可起到血管扩张剂的作用，参与昼夜节律的调节，并对包括神经保护在内的多种神经功能至关重要。它还参与防止血小板聚集，同时也是一种条件性的抗炎剂[19-20]。与H_2S和NO一样，CO可沿着浓度梯度扩散到任何细胞中，并具有独特的细胞信号传导功能（包括从细胞外部向内部传递分子信号）[20]（图16.2）。

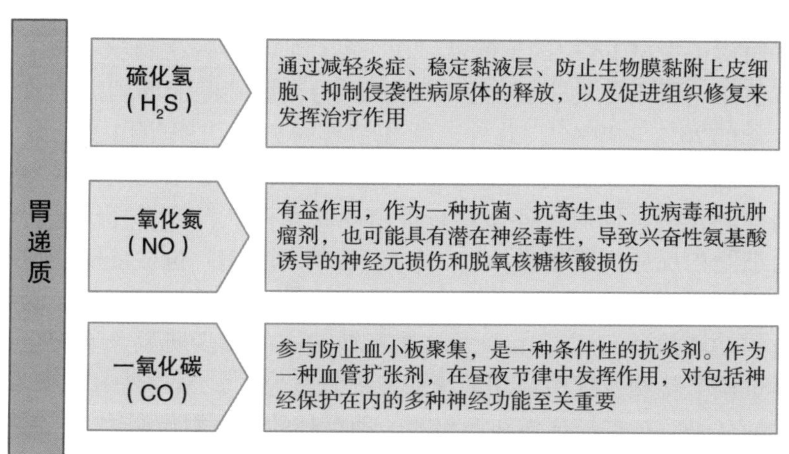

图16.2　胃递质对宿主的益处和作用

16.2.2.2　短链脂肪酸

短链脂肪酸（SCFAs）可能是研究最多的代谢物，对宿主具有诸多益处[2]。SCFAs是一组由微生物发酵不可消化产物（特别是膳食纤维和益生元类物质）产生的代谢物，主要由拟杆菌门和厚壁菌门细菌发酵生成乙酸盐、丙酸盐和丁酸盐[2, 21]，这些物质都具有不同的代谢和信号传导能力[8]。这些代谢物会被细胞和门静脉循环迅速吸收，然后进入大脑并穿过血脑屏障。它们在激素调节、胃肠道动力和神经功能方面发挥着至关重要的作用。有新证据表明，SCFAs在神经免疫稳态中发挥作用，并影响神经退行性疾病[2, 8, 21]。SCFAs能够通过免疫、迷走神经、内分泌和体液途径影响大脑神经功能，诱导免疫细胞（小胶质细胞[8]、调节性T细胞、内分泌细胞和迷走神经细胞）通过增加调节细胞因子和胃肠道衍生肽的产生来调节大脑功能[2]。SCFAs可以刺激黏膜血清素的释放，并能够影响记忆和学习能力[1]。小鼠口服包括丁酸盐在内的SCFA后，对压力的反应能力得到改善，胃肠道健康状况也有所提升[2]。

产丁酸的细菌，例如梭菌属、真杆菌属和丁酸弧菌属（*Butyrivibrio*）的细菌，能够发酵不可消化的糖类和低聚果糖，将它们转化为SCFA中的丁酸盐，而丁酸盐具有多种生物学功能。丁酸盐是结肠细胞的主要能量来源，因为结肠细胞能够利用丁酸盐总量的70%～90%[8]。此外，丁酸盐还可以作为组蛋白去乙酰化酶抑制剂，防止促炎巨噬细胞的积累，并保护宿主免受某些类型癌症的侵袭，同时还能激活G蛋白偶联受体（将细胞外信号转化为细胞内反应的膜蛋白）[8, 22-23]。丁酸钠（NAB）也被证明能显著提高记忆力和学习能力[22]。与急性和慢性神经系统疾病相关的线粒体功能障碍可能是由于大脑葡萄糖代谢的减少所致。丁酸盐可通过调节代谢及线粒体功能来修复能量稳态[22]。从这些方面来看，丁酸盐是对抗神经损伤和疾病的一种有趣的微生物代谢物。

16.2.2.3 神经递质

5-羟色胺（5-HT），俗称血清素，是一种微生物代谢物，可由色氨酸在色氨酸羟化酶1（TH1）的酶促作用下产生。5-HT被认为是一种神经递质，在调节胃肠道收缩（蠕动），与恶心、呕吐和痛觉感知相关联的迷走神经回路（副交感神经系统的主要组成部分）方面发挥作用[7]。胃肠道黏膜中的肠嗜铬细胞是哺乳动物合成（90%）和储存5-HT的主要部位，微生物产生的5-HT也会增加到整个胃肠道5-HT的总量中[7-8]。在人类和小鼠中，5-HT的产生与产气荚膜梭菌有关[2]，但已知链球菌属、埃希氏菌属细菌和乳酸菌也能合成5-HT[7]。化学刺激（肠腔中如谷氨酸和葡萄糖等营养物质或毒素的存在）会导致5-HT的释放。虽然血清素是公认的神经影响因子，但它也被用于治疗炎性肠病、肠易激综合征和特发性便秘[7]。当“无菌”小鼠体内5-HT生成增加或得到补充时，肠道转运时间和结肠动力会增加[2]。

微量胺是一类神经活性化合物，可作为协同递质和神经调节剂发挥作用。它们参与情绪控制、食欲和饱腹感调节回路。微量胺包括β-苯乙胺、酪胺、色胺和章鱼胺。乳酸菌菌株能够产生β-苯乙胺、酪胺和色胺；明串珠菌属（*Leuconostoc*）和肠球菌属菌株能够产生酪胺和β-苯乙胺；保加利亚乳杆菌（*Lactobacillus bulgaricus*）已被确认能够产生色胺。虽然与5-HT相比，微量胺的含量较少，但它们在哺乳动物的神经系统中生理性存在，尽管其含量很低，却在神经功能中发挥着重要作用。微量胺的产生和代谢通路障碍与人类注意力缺陷/多动障碍、某些精神疾病、帕金森病和肝性脑病的发生有关[7]。

当乳酸菌或其他类型的细菌污染鱼类或贝类产品时，就会产生组胺。这种相互作用会产生大量组胺，引起过敏症和过敏性反应，并在CNS和ENS中作为神经递质发挥作用[7]。

谷氨酸是肠上皮细胞的主要营养物质，大部分会被氧化成CO_2，或通过微生物转化为其他氨基酸，只有5%～17%的谷氨酸被门静脉循环吸收[7]。多种细菌菌株能够合成谷氨酸：谷氨酸棒杆菌（*Corynebacterium glutamicum*）、乳发酵短杆菌（*Brevibacterium lactofermentus*）、黄色短杆菌（*Brevibacterium flavum*），以及植物乳杆菌（*Lactobacillus plantarum*）、副干酪乳杆菌（*Lactobacillus paracasei*）和乳酸乳球菌（*Lactococcus lactis*）[7]。增加谷氨酸的摄入量并不一定导致血浆或大脑组织中谷氨酸浓度的增加[7]。谷氨酸是中枢神经系统中一种主要的兴奋性和抑制性神经递质，它是包括γ-氨基丁酸（GABA）和谷氨酰胺在内的复杂回路的一部分，在大脑神经递质循环中起作用[7]。

GABA是一种来源于植物、动物和微生物的非蛋白氨基酸，可通过*L*-谷氨酸经α-脱羧作用合成。它是大脑中主要的抑制性神经递质，在哺乳动物的中枢神经系统功能中起着关键作用[24]。GABA与焦虑、抑郁有关，有助于调节血压和心率、睡眠周期、食欲、情绪、认知，并在疼痛和焦虑的感知方面发挥作用[24]。一些细菌的基因组具备完成谷氨酸脱羧作用的能力（*gad*基因），这也与遗传因素有关；乳杆菌和双歧杆菌都携带有编码产生GABA的*gad*基因[24]。

P物质是一种由11个氨基酸组成的神经肽（十一肽），通过改变细胞信号通路来发挥神经递质的作用及调节痛觉感知[25]。此外，P物质在胃肠功能、记忆处理、血管生成、血管扩张，以及细胞生长和增殖中发挥作用[25]。在小鼠中，黏膜炎症加剧会导致ENS中P物质表达的增加。这种效应可通过使用副干酪乳杆菌（*L. paracasei*）来恢复正常。在人类中，推测肠易激综合征（IBS）患者其微生物群存在异常，这种异常会激活黏膜先天性免疫应答，增加肠道通透性，激活诱发内脏疼痛的通路，并导致ENS失调[1]。

16.2.2.4 胃肠道微生物群衍生的细胞成分

胃肠道微生物群衍生的细胞成分能够影响CNS和ENS的功能。小胶质细胞和星形胶质细胞会表达肠神经元、感觉传入神经元及大脑中其他细胞上的Toll样受体，并能被胃肠道微生物群衍生的细胞成分激活。

脂多糖（LPS）是微生物群细胞壁结构的主要成分，可通过激活大脑细胞Toll样受体来诱发神经炎症和神经退行性疾病。LPS和小胶质细胞上的Toll样受体的信号传递增加了中枢神经系统和/或胃肠道中炎性细胞因子的表达[1, 21]。在某些生理条件下，LPS可进入大脑，诱发小鼠的神经炎症和认知障碍[1]。多项研究表明，当LPS从胃肠道经循环系统进入大脑时，可诱发大脑神经炎症[2]。

微生物胞外多糖（EPSs）是一种类似于微生物生物膜的胞外代谢物，对于保护细菌免受宿主免疫应答的影响至关重要。此外，这些代谢物还与肠黏膜细胞（包括上皮细胞和肠内分泌细胞）相互作用，调节神经信号或直接作用于初级传入轴突[7]。

16.2.3 屏障功能的重要性

胃肠道屏障功能的改变会导致通透性发生变化，从而改变神经行为。屏障功能的改变可使有害物质从肠腔穿过上皮层进入ENS。紧密连接功能的改变可能会增加细胞旁通透性。调节紧密连接通透性的信号通路受到促炎细胞因子如肿瘤坏死因子-α的调节，并与炎症诱导的肠道通透性有关。一个健康且能有效发挥功能的胃肠道屏障包括以下几个要素：功能性黏液层、有效的糖萼（由多糖、糖蛋白和糖脂组成的致密、凝胶状网络，围绕在细胞或细菌周围，形成一道物理屏障）、分泌型IgA和黏膜免疫应答、抗菌肽、氯化物和水分泌物，以及健康且功能正常的微生物组[6]。

“无菌”动物模型研究向我们展示了什么?

利用无菌小鼠，研究人员可以证明，胃肠道微生物组的失调如何导致神经系统异常[1]。这些研究旨在做到可重复且结果具有可预测性，并且研究结果会因添加或去除特定种类的微生物而发生改变。在这些研究中，经常观察到以下结果：

- 激素信号传导失调，包括血清素能系统的调节[1-2]。
- 脑源性神经营养因子的不同表达[2]。
- 神经传递的差异[1-2]。
- 焦虑样行为的变化[1,8]。
- 血脑屏障（BBB）表达形式的变化[1]。
- 皮质酮和促肾上腺皮质激素（ACTH）释放发生改变[4]。
- 紧密连接的细胞旁通透性的变化[1]。
- 氨基酸代谢的差异[2]。
- 肠道感觉-运动功能的改变（胃排空和肠道转运的改变）[1]。
- 神经肌肉异常[1]。
- 内在感觉信号的改变[1]。
- 调节传入感觉神经，改变胃肠道动力和疼痛感知[1]。
- 记忆功能的改变[1]。

16.3 焦虑

压力是一种与生理反应相关联的状态，帮助机体防御或逃离威胁。威胁有多种来源，如传染性、心理性、创伤性或毒性[26]。消除压力源可以缓解压力。焦虑是一种持续担忧的状态，或持续处于准备防御或逃离威胁的状态，即使在没有压力源或威胁的情况下[27]。压力和焦虑在调节胃肠道微生物组的组成和总生物量方面发挥作用，高达70%犬的行为障碍可归因于某种形式的焦虑[1, 28]。“情绪运动系统”包括宿主对压力的生理反应，该系统包括直接和间接受宿主胃肠道微生物群信号影响的传出神经通路，并与疼痛调节器内源性途径、下丘脑-垂体-肾上腺皮质轴的激活，以及糖皮质激素的产生相关联[1, 29]。胃肠道共生菌群的早期定植在发育过程中起着关键作用，是确保下丘脑-垂体-肾上腺（HPA）轴正常发育的必要条件[4]。压力会影响胃肠道的功能，引起黏液分泌量和质量的变化[1]。

不同类型压力对胃肠道、胃肠道微生物组、ENS和CNS有不同的影响。仅暴露于社会压力源2h，就足以导致肠道微生物群主要菌门类相对比例减少[1]。声音可能是一种压力触发器，声音压力会改变犬餐后的胃肠道动力，减缓胃排空[1]。在人类，心理压力与牙周病发病率的增加有关。压力大的人患牙周病的风险是压力小的人的2倍，这可能与皮质醇水平升高导致的免疫功能改变有关[26]。研究还表明，精神压力会增加神经元释放爆发性锋电位（在海马体中出现3个或更多间隔小于8ms的脉冲电位）的频率[1]。与压力相关的胃肠道微生物组的改变会促进细菌毒力基因的表达。例如，在手术过程中，去甲肾上腺素会诱导铜绿假单胞菌的表达，这可能导致胃肠道败血症。此外，去甲肾上腺素还能刺激其他几种肠道病原体菌株，如增加空肠弯曲杆菌的毒力，促使致病性和非致病性大肠埃希氏菌菌株过度生长[1]。

攻击性和恐惧症都与痛苦状况相关，是焦虑障碍的表现[29]。攻击性受遗传和环境的影响，并通过例如站姿、叫声及带或不带咬伤的攻击行为等身体特征表现出来。恐惧症是一种持久且强烈的恐惧状态，可能会使机体衰弱，可能由创伤引起。一项研究发现，与行为正常的犬和有恐惧行为的犬相比，攻击性犬体内的颤螺菌属（*Oscillospira*）、消化链球菌属、拟杆菌属、萨特氏菌属（*Sutterella*）和粪芽孢杆菌属（*Coprobacillus*）细菌的相对丰度显著降低。恐惧行为的犬体内乳杆菌属细菌显著富集，而乳杆菌属是公认的γ-氨基丁酸（GABA）生产者。在小鼠体内，这种中枢神经系统抑制性神经递质能够通过迷走神经调节情绪行为[29]。鼠李糖乳杆菌已被证实具有抗焦虑和抗抑郁样作用，这种作用是由胃肠道微生物群通过迷走神经通信介导的。目前尚不清楚这种细菌是利用自身产生的GABA刺激了迷走神经，还是诱导了GABA的产生[7]。

肠道病原体还可能改变受感染动物的行为。尽管没有检测到免疫系统任何的明显激活，但接种空肠弯曲杆菌的小鼠表现出了焦虑增加的迹象（探索性行为减少）[30]。据推测，弓形虫、流感病毒和冠状病毒等传染性病原体与胃肠道屏障通透性增加有关，会导致情绪失调[30]。

慢性胃肠道炎症已被证明会诱发焦虑样行为。研究表明，特定益生菌菌株，如长双歧杆菌*NCC3001*（BL999）和植物乳杆菌（PS128），可以缓解焦虑或改善情绪[28]。

16.4 认知功能障碍

在包括人类和犬在内的一些哺乳动物中，认知功能随着老化而下降是一种常见现象。犬的认知功能障碍综合征与包括阿尔茨海默病在内的人类痴呆症相似[18]。认知功能障碍综合征与大脑细胞和突触的不可逆损失有关，导致严重的大脑萎缩。此外，慢性低度炎症也与该综合征有关，这可能是由于肠-脑双向通信改变所致[31]。正常老化导致菌群的多样性和有益菌减少，具有促炎症表型的菌群变得更具优势（图16.3）。神经炎症发生的前体可能是一种微生物衍生的神经毒素代谢物，能够穿过胃肠道上皮屏障进入全身系统，在先天性免疫系统之间建立致病性的联系途径[31]。微生物衍生的脂多糖可能是低度炎症、神经炎症和认知障碍的重要触发因素，这主要是由于胃肠道通透性及其与单核细胞（可包括淋巴细胞等免疫细胞）上的Toll样受体的相互作用所致[31]。

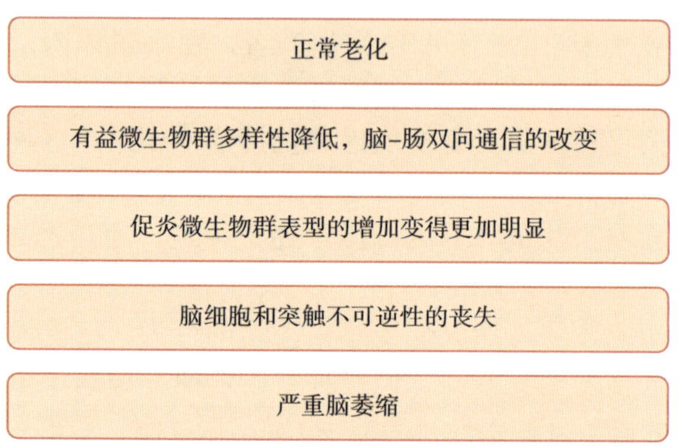

图16.3　动物认知功能障碍综合征的成因、影响因素及发生过程

出现认知功能障碍的犬猫的临床症状包括定向障碍、社交互动改变、睡眠-觉醒周期变化、排泄习惯及活动的变化，以及广泛性焦虑的增加[32]。此外，在学习和记忆方面的缺陷也有大量文献记载[31]。视觉空间学习和记忆障碍是认知能力下降的早期标志。视觉空间功能是指“识别、整合和分析空间，将形式、细节、结构和空间关系在多个维度上可视化”所需的认知过程[33]。视觉空间技能对于运动、深度和距离感知，以及空间导航是必需的[33]。老年犬在视觉空间学习和记忆方面表现出衰退[34]。犬猫在视觉空间技能上发生变化的一个例子，可能表现为上下楼梯的能力或从家具上跳上跳下的能力发生变化。

据估计，11～14岁犬中，28%～29.5%会出现认知功能障碍综合征，一旦犬超过15岁，这一比例将激增到47.6%～68%[18]。与人类的痴呆症一样，认知功能障碍综合征一旦确诊，目前尚无治愈方法。但可以通过饮食、补充剂和药物来减少氧化应激和炎症，为神经元提供可靠的能量来源，或改善神经元功能，从而帮助减缓病情进展[18, 32]。

16.5 精神益生菌

精神益生菌是指一类能够影响中枢神经系统功能的益生菌[24]。微生物群能产生多种神经活性化合物，如食欲素受体拮抗剂、厌食剂、阿片类物质和阿片类药物拮抗剂[7]。了解每种益生菌菌株如何影响蛋白质组和代谢物组，将有助于更好地理解如何治疗特定的健康问题[7]。

精神益生菌对宿主的益处之一在于恢复紧密连接和改善肠道屏障功能。在动物遭受压力源之前补充由瑞士乳杆菌R0052（*Lactobacillus helveticus*）和长双歧杆菌R0175组合而成的精神益生菌，恢复了其紧密连接屏障的完整性，并减轻了压力反应[1]。属于精神益生菌的微生物或其副产物可直接作用于肠感觉神经，影响ENS。例如，霍乱毒素能够激活黏膜释放5-HT，进而作用于感觉神经受体[6]。

多项研究发现，精神益生菌能够调节情绪和压力，减轻焦虑和抑郁[7]。研究表明，双歧杆菌和乳酸菌能够提高清晨唾液中的褪黑素水平[7]。瑞士乳杆菌R0052和长双歧杆菌R0175联合使用能够减轻大鼠的焦虑[6]。一些微生物菌株，如埃希氏菌属和乳杆菌属菌株，能够产生GABA并调节GABA受体，从而减轻小鼠的焦虑样症状[2]。对于犬猫来说，还需要更多的研究来验证哪些细菌菌株可能作为有效的精神益生菌发挥作用（图16.4）。

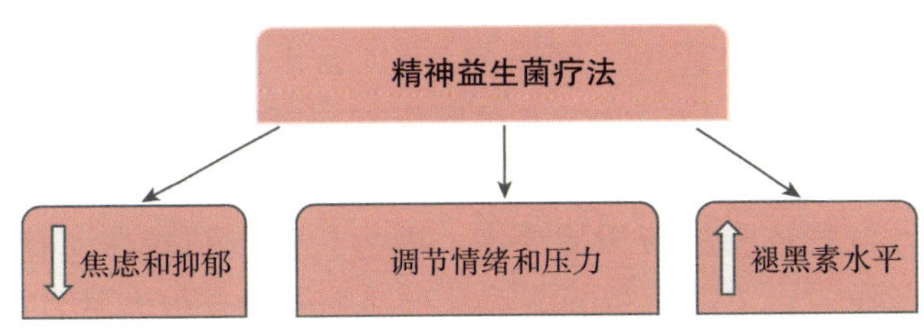

图16.4　精神益生菌对宿主中枢神经系统的益处

16.6 营养素

营养素能够调节胃肠道微生物群的生长，改变代谢物的产生，影响认知和行为[30]。胃肠道微生物群还能通过营养感应（细胞通过调节基因表达和修饰蛋白质来识别和响应能量底物浓度，并仅生成其当时所需的分子）影响营养素的可用性[1, 35]。每种类型的能量来源都需要特定的代谢途径和辅助分子来完成其转化和利用[35]。

16.6.1 简单糖类

糖类的种类能够影响胃肠道微生物群在属和种水平上的变化。喂食抗性淀粉的小鼠表现出更明显的焦虑样行为。在自闭症人群中，已经确认小肠存在潜在的糖类吸收不良；长期的生态失调导致不良代谢物的产生，被认为是自闭症儿童行为改变的根源[30]。目前还没有犬猫方面类似的研究，未来还需要更多的研究来探索这一领域。

16.6.2 脂肪和必需脂肪酸

16.6.2.1 中链甘油三酯（MCT）

MCTs由碳链长度为7～12的甘油酯组成，相比之下，长链甘油三酯的碳链长度为13～21，MCT进入线粒体和大脑所需的步骤会更少。在消化过程中，脂肪酶将MCTs水解为中链脂肪酸，这些中链脂肪酸进入门静脉，并被肝脏和包括大脑在内的肝外组织的线粒体吸收。大脑中的星形胶质细胞代谢中链甘油三酯脂肪酸的效率，与长链脂肪酸相比更高，因为长链脂肪酸在大脑中的新陈代谢有限[35]。中链脂肪酸能够穿过血脑屏障并被大脑直接氧化，这使其成为患有神经系统疾病的宠物的关键营养因素[36–37]。研究表明，饮食中补充MCT可以改善犬的大脑和线粒体功能，缓解癫痫发作的频率，改善认知功能[37-38]。虽然本书未作讨论，但有些癫痫发作可能是由于大脑能量代谢受损导致离子和神经递质失衡而引发的。通过为大脑提供替代能量来源，我们可以避免诱发代谢过程的紊乱[36]。试验表明，认知功能最早可在30d内得到改善，在90d内持续改善。此外，87%犬的癫痫发作活动减少了33%，50%犬每日的癫痫发作活动减少了50%[36-38]。

16.6.2.2 ω-3脂肪酸

二十二碳六烯酸（DHA）是来自海洋的ω-3脂肪酸的一种成分，已被证明具有抗炎的功效。DHA通过多种机制发挥神经保护作用，包括但不限于：减少来自ω-6脂肪酸的促炎代谢物、增强抗氧化防御能力、增加葡萄糖转运蛋白数量和促进神经发生[18]。此外，当提供更高水平的DHA和二十碳五烯酸（EPA）（ω-3脂肪酸的另一种成分）时，消退素（resolvins）、保护素（protectins）和maresins（一类抗炎促分解介质，由ω-3脂肪酸代谢产生）等具有神经保护作用的物质达到了有效水平，炎症也会有所减轻[18]。

16.6.3 维生素和矿物质："大脑组合配方"

有时候，并非补充某一种营养素就能起作用，而是添加多种维生素和矿物质的互补组合来达到抗氧化和抗炎的效果。在患有痴呆和癫痫等神经功能缺损的患者中，氧化应激水平可能较高，可能需要补充有助于对抗过度氧化和炎症影响的营养素。吡哆醇（维生素B_6）、钴胺素（维生素B_{12}）和叶酸（维生素B_9）的缺乏或不足与人类的痴呆症有关。抗氧化剂可用来保护大脑组织和血管免受氧化损伤，以及与炎症相关的损伤。一项针对犬猫开展的研究考察了补充鱼油形式的ω-3脂肪酸、精氨酸、B族维生素，以及抗氧化剂维生素E、维生素C和硒对老龄化宠物所带来的益处[18]。结果显示，食用了这种补充剂的犬猫，其认知能力和记忆力均有所改善[18, 39]。

16.6.4 纤维来源——寡糖

巴戟天是一种中国传统的天然草药，其中含有糖类物质(49.79%～58.25%)，主要成分是寡糖。来自巴戟天中的寡糖被认为可以抑制氧化应激，减少神经元细胞死亡，恢复正常能量代谢，并显著增强线粒体膜电位和细胞活力[13]。六糖是一种菊粉型寡糖，具有抗抑郁作用。巴戟甲素是从巴戟天中提取的另一种寡糖，能够改善D-半乳糖诱导的小鼠认知缺陷，并通过防止缺血诱导的神经元损伤和死亡来改善血流量[13]。巴戟甲素还是一种潜在的类雄激素药物，能够调节雄性小鼠和人类的激素水平[40]。众所周知，低聚果糖（FOS）可被胃肠道中的有益微生物群迅速发酵，对宿主的健康产生积极影响[13]。巴戟天中的FOS已被证明能增加双歧杆菌和乳杆菌等有益微生物的数量[13]。

16.7 章节概要

- 神经胃肠病学是研究胃肠道、肝脏、胆囊和胰腺神经学的学科，涉及肠神经系统和中枢神经系统之间的相互作用和整合。
- 肠神经系统（ENS）嵌入消化道壁内，受到肠道屏障保护，使其不受管腔内容物的影响。
- ENS与肠相关淋巴组织（GALT）和数以千计的肠内分泌细胞协同工作。
- 肠内分泌细胞是胃肠道中特定上皮细胞的集合，尽管它们只占所有上皮细胞总数的不到1%，但却是消化生理学的基础。
- 神经内分泌细胞也分泌激素，但更像神经细胞（神经元）。
- 肠嗜铬细胞在胃肠道调节中发挥作用，尤其是在肠道动力和分泌方面，在空肠、回肠、结肠和阑尾中也占主导地位。
- 胃肠道微生物组产生的微生物代谢物可能影响神经功能，而神经功能的改变可能会导致胃肠道微生物组发生变化，从而引发微生物代谢物产生和功能的改变。

- 具有神经调节特性的代谢物和胃肠道微生物群衍生的细胞成分包括气体（一氧化碳、硫化氢、一氧化氮）、SCFAs（丙酸盐、丁酸盐、乙酸盐）、褪黑素、γ-氨基丁酸（GABA）、谷氨酰胺、组胺、支链氨基酸、脂多糖、次级胆汁酸、乙酰胆碱和儿茶酚胺。
- “微生物内分泌学”涵盖了神经化学物质［如血清素（5-羟色胺）、γ-氨基丁酸、谷氨酸］，这些物质可由宿主、多细胞生物及原核生物（细菌和古菌）产生，在肠-脑轴内充当大脑和行为调节的机制。
- 利用“无菌”小鼠，研究人员可以证明，胃肠道微生物组的失调如何导致神经系统异常。
- 压力和焦虑在调节胃肠道微生物组的组成和总生物量方面发挥作用，高达70%犬的行为障碍可归因于某种形式的焦虑。
- 认知功能障碍综合征与大脑细胞和突触的不可逆损失相关，导致严重的大脑萎缩。
- 宠物出现认知功能障碍的临床症状包括定向障碍，社交互动改变、睡眠-觉醒周期变化、排泄习惯及活动的变化，以及广泛性焦虑的增加。
- 精神益生菌是指一类能够影响中枢神经系统功能的益生菌。微生物群能够产生多种神经活性化合物，如食欲素受体拮抗剂、厌食剂、阿片类物质和阿片类药物拮抗剂。
- MCT、抗氧化剂和SCFA等营养素对患有认知功能障碍的宠物有益。

参考文献（原书）

1 Chen, Z., Jalabi, W., Shpargel, K.B. et al. (2012). Lipopolysaccharide-induced microglial activation and neuroprotection against experimental brain injury is independent of hematogenous TLR4. The Journal of Neuroscience 32 (34):

11706–11715. https://doi.org/10.1523/JNEUROSCI.0730-12.2012.
2 Suganya, K. and Koo, B.S. (2020). Gut-brain axis: role of gut microbiota on neurological disorders and how probiotics/prebiotics beneficially modulate microbial and immune pathways to improve brain functions. International Journal of Molecular Sciences 21 (20): 7551. https://doi.org/10.3390/ijms21207551.
3 Waxenbaum, J.A., Reddy, V., and Varacallo, M. (2022). Anatomy, autonomic nervous system. In: StatPearls. Treasure Island (FL): StatPearls Publishing https://www.ncbi.nlm.nih.gov/books/NBK539845.
4 Carabotti, M., Scirocco, A., Maselli, M.A. et al. (2015). The gut-brain axis: interactions between enteric microbiota, central and enteric nervous systems. Annals of Gastroenterology 28 (2): 203–209.
5 Rao, M. and Gershon, M. (2016). The bowel and beyond: the enteric nervous system in neurological disorders. Nature Reviews. Gastroenterology & Hepatology 13: 517–528. 10.1038/nrgastro.2016.107.
6 Saulnier, D.M., Ringel, Y., Heyman, M.B. et al. (2013). The intestinal microbiome, probiotics and prebiotics in neurogastroenterology. Gut Microbes 4 (1): 17–27. https://doi.org/10.4161/gmic.22973.
7 Mazzoli, R. and Pessione, E. (2016). The neuro-endocrinological role of microbial glutamate and GABA signaling. Frontiers in Microbiology 7:1934. https://doi.org/10.3389/fmicb.2016.01934.
8 Chambers, E.S., Preston, T., Frost, G. et al. (2018). Role of gut microbiotagenerated short-chain fatty acids in metabolic and cardiovascular health. Current Nutrition Reports 7 (4): 198–206. https://doi.org/10.1007/s13668-018-0248-8.
9 Gunawardene, A.R., Corfe, B.M., and Staton, C.A. (2011). Classification and functions of enteroendocrine cells of the lower gastrointestinal tract. International Journal of Experimental Pathology 92 (4): 219–231. https://doi.org/10.1111/j.1365-2613.2011.00767.x.
10 Rhee, S.H., Pothoulakis, C., and Mayer, E.A. (2009). Principles and clinical implications of the brain-gut-enteric microbiota axis. Nature Reviews. Gastroenterology & Hepatology 6 (5): 306–314. https://doi.org/10.1038/nrgastro.2009.35.
11 Bistoletti M, Bosi A, Banfi D, Giaroni C, Baj A. The microbiota-gut-brain

axis: Focus on the fundamental communication pathways. Progress in Molecular Biology and Translational Science 2020;176:43–110. doi: https://doi.org/10.1016/bs.pmbts.2020.08.012.

12 Lyte, M. (2014). Microbial endocrinology: host-microbiota neuroendocrine interactions influencing brain and behavior. Gut Microbes 5 (3): 381–389. https://doi.org/10.4161/gmic.28682.

13 Chen, D., Yang, X., Yang, J. et al. (2017). Prebiotic effect of fructooligosaccharides from Morinda officinalis on Alzheimer's diseasein rodent models by targeting the microbiota-gut-brain-axis. Frontiers in Aging Neuroscience 9: 403. https://doi.org/10.3389/fnagi.2017.00403.

14 Buret, A.G., Allain, T., Motta, J.P. et al. (2022). Effects of hydrogen sulfide on the microbiome: from toxicity to therapy. Antioxidants & Redox Signaling 36: 4–6. https://doi.org/10.1089/ars.2021.0004.

15 Danilov, A.I., Anderson, M., Bavand, N. et al. (2003). Nitric oxide metabolite determinations reveal continuous inflammation in multiple sclerosis. Journal of Neuroimmunology 136 (1–2): 112–118. https://doi.org/10.1016/S0165-5728(02)00464-2.

16 Lundberg, J., Weitzberg, E., and Gladwin, M. (2008). The nitrate–nitrite–nitric oxide pathway in physiology and therapeutics. Nature Reviews. Drug Discovery 7: 156–167. https://doi.org/10.1038/nrd2466.

17 Dhir, A. and Kulkarni, S.K. (2011). Nitric oxide and major depression. Nitric Oxide 24 (3): 125–131. https://doi.org/10.1016/j.niox.2011.02.002.

18 Pan, Y., Kennedy, A.D., Jönsson, T.J. et al. (2018). Cognitive enhancement in old dogs from dietary supplementation with a nutrient blend containing arginine, antioxidants, B vitamins and fish oil. The British Journal of Nutrition 119 (3): 349–358. https://doi.org/10.1017/ S0007114517003464.

19 Mahan, V.L. (2015). Metabonomics, brain apoptosis, and carbon monoxide. Journal of Translational Biomarkers & Diagnosis (JBR-TBD) 1 (1): 1–8.

20 Hanafy, K.A., Oh, J., and Otterbein, L.E. (2013). Carbon monoxide and the brain: time to rethink the dogma. Current Pharmaceutical Design 19 (15): 2771–2775. https://doi.org/10.2174/1381612811319150013.

21 Panther, E.J., Dodd, W., Clark, A. et al. (2022). Gastrointestinal microbiome and neurologic injury. Biomedicine 10 (2): 500. https://doi.org/10.3390/biomedicines10020500.

22 Bourassa, M.W., Alim, I., Bultman, S.J. et al. (2016). Butyrate, neuroepigenetics and the gut microbiome: can a high fiber diet improve brain health? Neuroscience Letters 625: 56–63. https://doi.org10.1016/j.neulet.2016.02.009.

23 Zhao, J., Deng, Y., Jiang, Z. et al. (2016). G protein-coupled (GPCRs) in Alzheimer's disease: a focus on BACE1 related GPCRs. Frontiers in Aging Neuroscience Cellular and Molecular Mechanisms of Brain-aging. 8: 58. https://doi.org/10.3389/fnagi.2016.00058.

24 Duranti, S., Ruiz, L., Lugli, G.A. et al. (2020). Bifidobacterium adolescentis as a key member of the human gut microbiota in the production of GABA. Scientific Reports 10: 14112. 10.1038/s41598-020-70986-z.

25 Sharun, K., Jambagi, K., Arya, M. et al. (2021). Clinical applications of substance P (Neurokinin-1 receptor) antagonist in canine medicine. Archives of Razi Institute 76 (5): 1175–1182. https://doi.org/10.22092/ari.2021.356171.1797. PMID: 35355772; PMCID: PMC8934081.

26 Rowińska, I., Szyperska-Ślaska, A., Zariczny, P. et al. (2021). The influence of diet on oxidative stress and inflammation induced by bacterial biofilms in the human oral cavity. Materials 14: 1444. https://doi.org/10.3390/ma14061444.

27 Tynes, V.V. and Landsberg, G.M. (2021). Nutritional management of behavior and brain disorders in dogs and cats. Veterinary Clinics of North America: Small Animal Practice 51 (3): 711–727.

28 Yeh, Y.-M., Lye, X.-Y., Lin, H.-Y. et al. (2022). Effects of Lactiplantibacillus plantarum PS128 on alleviating canine aggression and separation anxiety. Applied Animal Behaviour Science 247: 105569.

29 Mondo, E., Barone, M., Soverini, M. et al. (2020). Gut microbiome structure and adrenocortical activity in dogs with aggressive and phobic behavioral disorders. Heliyon 6 (1): e03311. https://doi.org/10.1016/j.heliyon.2020.e03311.

30 Suchodolski, J.S. (2018). Gut brain axis and its microbiota regulation in mammals and birds. Veterinary Clinics: Exotic Animal Practice 21 (1): 159–167. https://doi.org/10.1016/j.cvex.2017.08.007.

31 Wu, M.L., Yang, X.Q., Xue, L. et al. (2021). Age-related cognitive decline is associated with microbiota-gut-brain axis disorders and neuroinflammation in mice. Behavioural Brain Research 402: 113125. https://doi.org/10.1016/j.bbr.2021.113125.

32 Landsberg, G.M., Nichol, J., and Araujo, J.A. (2012). Cognitive dysfunction syndrome: a disease of canine and feline brain aging. The Veterinary Clinics of North America. Small Animal Practice 42 (4): 749–768. vii. https://doi.org/10.1016/j.cvsm.2012.04.003.

33 Dickerson, B. and Atri, A. (2014). Dementia Comprehensive Principles and Practices, vol. 3 (19), 467–468. Oxford University Press.

34 Studzinski, C.M., Christie, L.A., Araujo, J.A. et al. (2006). Visuospatial function in the beagle dog: an early marker of cognitive decline in a model of human aging and dementia. Neurobiology of Learning and Memory 86 (2): 197–204. https://doi.org/10.1016/j.nlm.2006.02.005.

35 Duca, F.A., Waise, T.M.Z., Peppler, W.T. et al. (2021). The metabolic impact of small intestinal nutrient sensing. Nature Communications 12: 903. 10.1038/s41467-021-21235-y.

36 Han, F.Y., Conboy-Schmidt, L., Rybachuk, G. et al. (2021). Dietary medium chain triglycerides for management of epilepsy: new data from human, dog, and rodent studies. Epilepsia 62 (8): 1790–1806. https://doi.org/10.1111/epi.16972.

37 Molina, J., Jean-Philippe, C., Conboy, L. et al. (2020). Efficacy of medium chain triglyceride oil dietary supplementation in reducing seizure frequency in dogs with idiopathic epilepsy without cluster seizures: a non-blinded, prospective clinical trial. The Veterinary Record 187 (9): 356. https://doi.org/10.1136/vr.105410.

38 Pan, Y., Larson, B., Araujo, J.A. et al. (2010). Dietary supplementation with medium-chain TAG has long-lasting cognition-enhancing effects in aged dogs. The British Journal of Nutrition 103 (12): 1746–1754. https://doi.org/10.1017/S0007114510000097.

39 Pan, Y., Araujo, J.A., Burrows, J. et al. (2012). Cognitive enhancement in middle-aged and old cats with dietary supplementation with a nutrient blend containing fish oil, B vitamins, antioxidants and arginine. The British Journal of Nutrition 110 (1): 40–49. https://doi.org/10.1017/S0007114512004771.

40 Wu, Z.Q., Chen, D.L., Lin, F.H. et al. (2015). Effect of bajijiasu isolated from Morinda officinalis F. C. How on sexual function in male mice and its antioxidant protection of human sperm. Journal of Ethnopharmacology 164: 283–292. https://doi.org/10.1016/j.jep.2015.02.016.

41 Gué, M., Peeters, T., Depoortere, I., et al. (1989). Stress-induced changes in gastric emptying, postprandial motility, and plasma gut hormone levels in dogs. Gastroenterology. Nov;97(5):1101-7. doi: 10.1016/0016-5085(89)91678-8. PMID: 2571543.

42 Bailey, M.T., Dowd, S.E., Galley, J.D. et al. (2011). Exposure to a social stressor alters the structure of the intestinal microbiota: Implications for stressor-induced immunomodulation, Brain, Behavior, and Immunity 25 (3): 397-407, https://doi.org/10.1016/j.bbi.2010.10.023.

17 泌尿系统

泌尿系统包括肾脏、输尿管、膀胱和尿道，其基本生理功能是清除代谢产生的废物，维持细胞内的水和电解质平衡。该系统还参与产生促红细胞生成素和肾素等激素，以维持血压、生成血细胞并精确地吸收钠。此外，该系统还参与维生素D的代谢过程[1]。在肾单位中，代谢废物、过多的电解质、矿物质和水通过肾小球过滤，然后经肾小管转运。在此过程中，有用的物质会被重吸收回血液，而废物则通过输尿管进入膀胱储存起来，直到收集的尿液通过尿道排出体外。虽然泌尿系统历来被认为是无菌的，但由于细菌移位的存在，目前已发现该系统存在常驻微生物组、生物膜及微生物群落[1-2]。

17.1 胃肠道-肾轴

目前在这一领域的研究还比较少，尚未表明肾脏存在常驻微生物组，但已发现存在肠-肾/胃肠道-肾轴（图17.1）。胃肠道生态失调与多种肾脏疾病有关，如慢性肾病（CKD）、肾结石、高血压和急性肾损伤。生态失调可能导致肠道屏障功能障碍，进而导致细菌移位。生态失调还可能增加尿毒症毒素的产生，如硫酸吲哚酚、硫酸对甲酚和三甲胺N-氧化物，这些产物都与肾脏疾病的进展有关[2]。

有趣的是，胃肠道生态失调可能与肾脏中草酸钙尿石的形成有关。虽然肾结石的形成可能由遗传和环境因素导致，而且有些肾脏疾病与犬猫并无直接关联，但胃肠道微生物群可能在肾结石的形成过程中发挥作用。75%的肾结石（尿石）含有草酸钙，钙和草酸盐的浓度会对尿结石的形成产生影响。产甲酸草

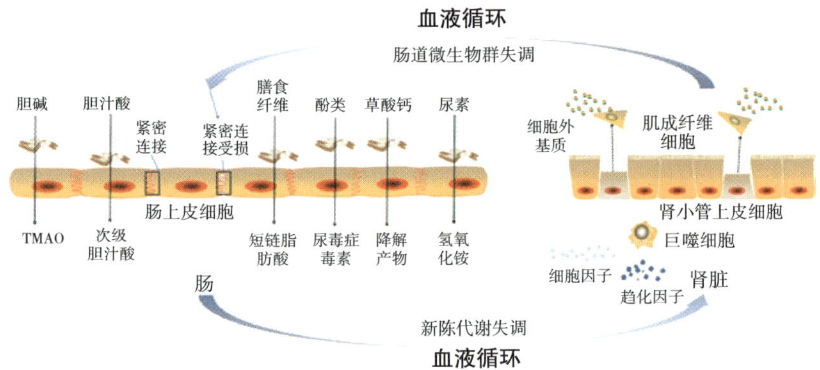

图 17.1　肠-肾轴。内源性代谢物失调和肠道微生物群失调是导致肾损伤的重要因素。来源：Yuan-Yuan 等[2]/Springer Nature / Public Domain CC BY 4.0

酸杆菌（*Oxalobacter formigenes*）是一种降解肠道内草酸盐的细菌，可降低肠道吸收草酸盐的浓度，进而减少人体尿液中草酸的排泄量。人们已经注意到，肾结石的复发与产甲酸草酸杆菌（*O. formigenes*）的肠道定植之间存在负相关，这意味着当定植浓度较高时，尿石复发的风险就较低。一项研究发现，健康人和肾结石患者的常驻胃肠道菌群存在差异。在肾结石患者体内拟杆菌属细菌更为丰富，而在健康人体内，普雷沃氏菌属细菌更为丰富[2]。有必要对犬猫进行研究，以确定它们之间是否存在类似的相关性。

三聚氰胺中毒会导致严重的肾损伤，三聚氰胺的微生物代谢物（尿酸和氰尿酸）会促进肾结石的形成。胃肠道微生物群的类型可能会对宿主遭受的毒性程度产生影响。在大鼠中，土生克雷伯氏菌（*Klebsiella terrigena*）的胃肠道定植会加剧三聚氰胺诱发的肾毒性。使用抗生素抑制这种细菌，可以减轻毒性的影响，促进粪便中三聚氰胺的排出，而不会对大鼠的健康造成不利影响[3]。对该领域的进一步研究有助于了解这种微生物是否在犬猫的毒性事件中发挥作用，进而解释为什么有些宠物在中毒情况下受到的影响更严重。

关键营养因素对于患有肾脏疾病宠物在病情维持和减缓发病进程中起着重要作用。限制磷的摄入、增加抗氧化剂和ω-3脂肪酸的水平及适量摄入蛋白质是影响肾脏工作负荷，并为肾脏功能提供支持的已知影响因素。同时，还应考虑解决任何并发的胃肠道疾病，因为这些疾病可能导致肠道屏障功能障碍。有关支持胃肠道微生物组健康的更多信息可参阅第15章内容。

17.2 尿液微生物组

膀胱中的尿液曾一度被认为是无菌的，但目前多项针对人类的研究推翻了这一观点。与机体的其他部位一样，膀胱中的常驻微生物群落对维护宿主健康起着一定作用，生态失调与多种泌尿系统疾病有关，如尿路感染（UTI）[1]。目前已经开始利用新型工具，如二代测序技术，来鉴定犬猫尿液微生物组中的常驻细菌[1, 4]。一项针对犬的研究发现，主要优势菌群为假单胞菌属、不动杆菌属、鞘氨醇单胞菌属（*Sphingobium* sp.）和慢生根瘤菌科(Bradyrhizobiaceae)。这些菌群与直肠样本中的菌群有很大不同。在公犬和母犬中，假单胞菌属均为主要的优势菌属[5]。猫存在多种与尿路相关的疾病，进一步研究将大有裨益。目前，尚无证据显示膀胱微生物组与猫特发性膀胱炎的发病机制有关[4]。患有慢性肾病的猫可能会出现尿液微生物组失调，从而可能导致大肠埃希氏菌-志贺氏菌属细菌的定植增加[4]。

17.2.1 尿路感染

尿路感染（UTI）可分为非复杂性（单纯性）尿路感染和复杂性尿路感染。单纯性UTI通常发生在尿路解剖结构和功能正常的健康宠物身上，伴有散发的膀胱细菌感染。当宠物出现每年发生三次感染或更多次感染，特别是当这些感染与同一细菌有关并伴有相关合并症时，非复杂性尿路感染可能会演变为复杂性尿路感染[6]。

临床症状可能包括排尿困难（尿痛）、尿频（排尿次数增加）及尿急感增强。需确定尿液中细菌的存在，并结合临床评估、尿液的肉眼观察、细胞学检查和培养结果综合确定尿路感染的临床意义[6]。亚临床感染或无症状菌尿可能并不需要抗菌治疗[6-7]。在这些情况下使用抗菌药物可能会增加临床感染的风险，并增加抗生素抗性的产生[5-6]。

目前，尿路感染的诊断涉及采集尿液样本，并通过使用经特殊处理的试纸或石蕊试纸、沉渣分析及细菌培养来鉴定尿液的成分。无论是通过侵入性方法（导尿或膀胱穿刺）还是非侵入性方法（自然排尿收集）采样都很容易受到污染。这些样本可能被皮肤、尿道或生殖器部位的上皮细胞或细菌所污染。显微镜检测包括湿片法或干片法分析。湿片法检测细菌并非总是尿液样本的准确评估方法。采用改良的Sternheimer-Malbin尿液染色法（Sedi-Stain, Becton Dickinson公司）可清晰地显示红细胞、白细胞和管型，而染色剂仅附着在死菌上。使用革兰氏染色和瑞氏-吉姆萨染色（Wright-Giemsa）的干片法制备物对犬猫都有较高的特异性。尽管瑞氏-吉姆萨染色和革兰氏染色的样本制备过程较为耗时，但可减少对犬猫进行不必要的培养和/或过度使用抗菌药物（图17.2）。一项研究发现，猫尿液的湿片法制备物的灵敏度为76%，特异性为57%；而瑞氏染色的干片法制备物的灵敏度为83%，特异性为99%[7]。常规的尿液培养所能识别的细菌种类存在一定的局限性，主要局限于在现有培养基上能够迅速增殖的需氧菌种，如大肠埃希氏菌。生长速率较慢的厌氧微生物或对营养需求特殊的细菌往往无法良好地生长和繁殖[1]。

在犬猫尿路感染中分离出的最常见细菌是大肠埃希氏菌。在犬中，葡萄球菌属、变形杆菌属、克雷伯氏菌属及肠球菌属是次级常见菌属。在猫的尿路感染中，粪肠球菌和猫葡萄球菌（*S. felis*）是继大肠埃希氏菌之后的主要微生物群[7]（图17.3）。

宠物的健康状况、膀胱环境和宿主免疫应答在尿路感染的发展过程中起一定作用[7]。

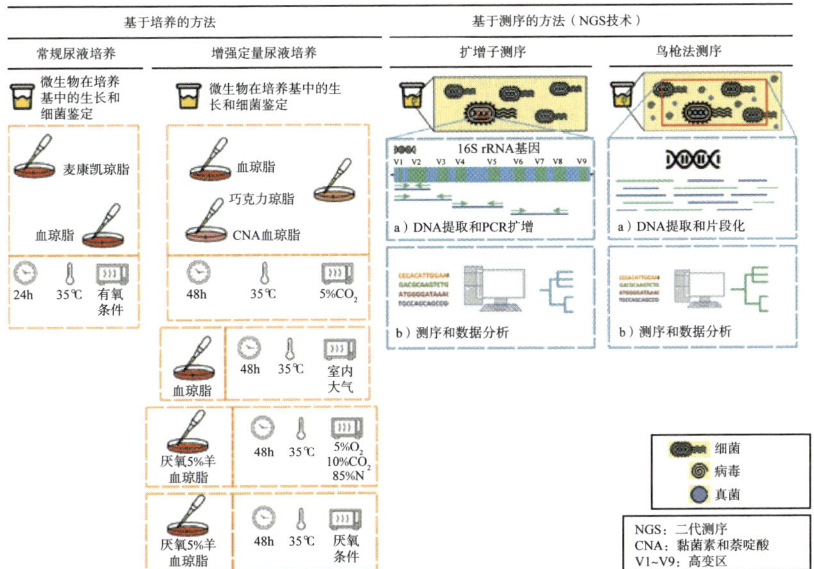

图 17.2　尿液样本中不同的微生物鉴定方法。来源：Perez-Carrasco 等[1] Frontiers/ Media S.A/ Public Domain CC BY 4.0

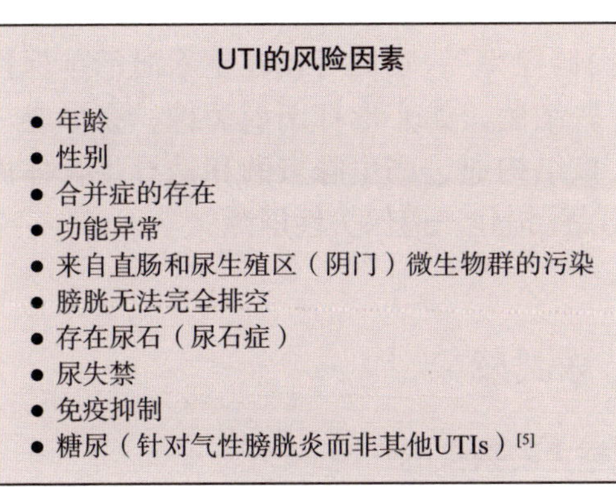
UTI的风险因素

- 年龄
- 性别
- 合并症的存在
- 功能异常
- 来自直肠和尿生殖区（阴门）微生物群的污染
- 膀胱无法完全排空
- 存在尿石（尿石症）
- 尿失禁
- 免疫抑制
- 糖尿（针对气性膀胱炎而非其他UTIs）[5]

图 17.3　尿路感染的风险因素

17.2.2 膀胱中的生物膜

与机体的其他部位类似，下尿路中的细菌以浮游状态（未黏附，通常对抗菌药物更敏感）存在，或形成生物膜。生物膜是微生物的结构化群落。这些微生物能够分泌一种凝胶状聚合物，有助于形成更坚固的结构，同时使其能够黏附在尿路上皮或惰性表面，如导尿管、输尿管支架及皮下输尿管旁路系统[7]。生物膜的形成始于利用尿液中的蛋白质和纤维蛋白原形成一层膜，为细菌黏附提供受体位点[7]。生物膜结构一旦形成，这种黏附作用就不可逆转。尿路生物膜由10%～25%的细菌和75%～90%的多糖组成，具有水和营养物质运输通道[7]。生物膜能够通过以下方式保护结构中的细菌免受抗菌药物的影响：

（1）降低抗菌药物对该结构的穿透性。

（2）减缓细菌的生长速度，降低其对抗菌药物的敏感性。

（3）改变基因表达，使其产生抗药性。

（4）利用基质中的多糖结合并灭活抗生素[7]。

尿路致病性大肠埃希氏菌是泌尿路中研究最多的细菌生物膜，部分尿路致病性大肠埃希氏菌能够在膀胱间质中建立菌落，称为“静止的细胞内储存库”，它们可以在重新激活前保持休眠状态达数月之久。有些细菌，如变形杆菌属菌株，会形成一种结晶状的生物膜结构，该结构通过产生脲素酶和诱导生物体周围的鸟粪石沉淀而形成，以此构建一道保护性屏障。

17.3 预防尿路感染

17.3.1 先天性免疫系统的作用

作为先天性免疫系统的一部分，尿路可防止细菌上行感染并机械性地清除细菌。尿液从肾盂经输尿管脉冲式进入膀胱，当膀胱排尿时，尿液会通过尿道强力流出，这是先天性免疫系统清除体内浮游细菌的两种方式。在下尿路中存在多种抗菌肽，它们能通过多种方式阻止细菌定植，并涉及免疫应答，包括释放中性粒细胞进行防御[7]（图17.4）。

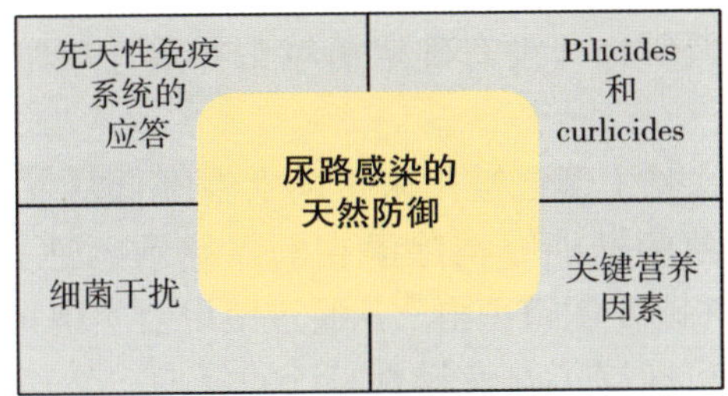

图17.4 UTIs天然防御的关键因素

17.3.1.1 细菌干扰

治疗复发性尿路感染的一种新型疗法是使用低毒力的非致病性微生物，如大肠埃希氏菌菌株，来降低更多致病性微生物定植的风险。有益的细菌菌株被直接冲入膀胱，从而产生一种“益生菌”效应。一项利用该技术进行的研究发现，44.4%的犬能够清除当前的UTI，其中30%的犬未再出现感染复发[8]。

17.3.1.2 Pilicides（菌毛抑制剂）和curlicides（卷曲菌毛抑制剂）

细菌黏附菌毛的目的是为了结合并保持细菌附着在目标细胞上[9]。尿路致病菌P菌毛能够抵抗尿流的先天性清除作用，而这种作用能清除大多数其他细菌[9]。Pilicides（菌毛抑制剂）能有效降低细菌运动性，并降低P菌毛黏附膀胱黏膜的能力[8]。Curli（卷曲菌毛）是细菌表面的附属结构，可促进生物膜的形成。Curlicides（卷曲菌毛抑制剂）是一种抑制剂，可降低尿路致病性大肠埃希氏菌的生物膜形成和毒力。

17.4 关键营养因素

蔓越莓中的原花青素已被证明对人类具有显著效果，能够有效抑制大肠埃希氏菌菌毛黏附在尿路上皮细胞的能力。虽然高浓度的原花青素提取物的抗氧化作用可能有助于提供一些抗黏附活性的保护，但研究并没有确定蔓越莓在治疗尿路感染方面是否有效[6, 8]。

在人类中，益生菌已被用来帮助女性降低复发性UTIs的发病率。特定乳杆菌菌株能够清除潜在的尿路致病性大肠埃希氏菌，刺激免疫系统并改变阴道菌群[8]。通过使用益生菌来“正常化”阴道菌群，已成功抑制了女性慢性UTI的复发，然而在犬猫身上这种治疗效果还并不理想。人类的阴道微生物组在有无UTI的情况下可能会存在差异，而犬的阴道微生物组则无论是否存在UTI都保持稳定[8]。

17.4.1 甘露糖（D-甘露糖）

尿路致病性大肠埃希氏菌黏附到尿路上皮细胞的能力可以通过D-甘露糖苷阻断，这在人类的体内和体外研究中都已得到证实。D-甘露糖已被用来影响糖营养素状态，它能够与蛋白质结合，最终阻断尿路致病性大肠埃希氏菌的黏附能力[8]。针对人类的研究表明，该方法在犬猫中也存在一定的应用前景[8]。

17.5 章节概要

- 胃肠道生态失调与多种肾脏疾病有关，如慢性肾病（CKD）、肾结石、高血压和急性肾损伤。
- 胃肠道生态失调可能与肾脏中草酸钙尿石的发展有关。
- 尿液微生物组生态失调与多种泌尿系统疾病有关，如尿路感染（UTI）。

- 从犬猫UTIs中分离出的最常见细菌是大肠埃希氏菌。
- 下尿路中的细菌以浮游状态（未黏附，通常对抗菌药物更敏感）存在，或形成生物膜。
- 生物膜结构一旦形成，这种黏附就不可逆转。
- 使用包括益生菌在内的一些营养因素，已被证明对患有尿路生态失调的宠物有帮助。

参考文献（原书）

1 Perez-Carrasco, V., Soriana-Lerma, A., Soriano, M. et al. (2021). Urinary microbiome: Yin and Yang of the urinary tract. Frontiers in Cellular and Infection Microbiology 11: 617002. 10.3389/fcimb.2021.617002.

2 Chen, Y.Y., Chen, D.Q., Chen, L. et al. (2019). Microbiome-metabolome reveals the contribution of gut-kidney axis on kidney disease. Journal of Translational Medicine 17: 5. https://doi.org/10.1186/s12967-018-1756-4.

3 Zheng, X., Zhao, A., Xie, G. et al. (2013). Melamine-induced renal toxicity is mediated by the gut microbiota. Science Translational Medicine 5: 172. https://doi.org/10.1126/scitranslmed.3005114.

4 Kim, Y., Carrai, M., Leung, M.H. et al. (2021). Dysbiosis of the urinary bladder microbiome in cats with chronic kidney disease. Microbial Ecology 6 (4): e00510–e00521. https://doi.org/10.1128/mSystems.00510-21.

5 Burton, E.N., Cohn, L.A., Reinero, C.N. et al. (2017). Characterization of the urinary microbiome in healthy dogs. PLoS One 12 (5): e0177783. https://doi.org/10.1371/journal.pone.0177783.

6 Weese, J.S., Blondeau, J.M., Boothe, D. et al. (2011). Antimicrobial use guidelines for treatment of urinary tract disease in dogs and cats: antimicrobial guidelines working group of the International Society for Companion Animal Infectious Diseases. Veterinary Medicine International 2011: 263768. 10.4061/2011/263768.

7 Byron, J.K. (2019). Urinary tract infection. Veterinary Clinics of North America: Small Animal Practice 49 (2): 211–221. https://doi.org/10.1016/

j.cvsm.2018.11.005.

8 Terlizzi, M.E., Gribaudo, G., and Maffei, M.E. (2017). UroPathogenic Escherichia coli (UPEC) infections: virulence factors, bladder responses, antibiotic, and non-antibiotic antimicrobial strategies. Frontiers in Microbiology 8: 1566. https://doi.org/10.3389/fmicb.2017.01566.

9 Bullitt, E. and Makowski, L. (1995). Structural polymorphism of bacterial adhesion pili. Nature 373 (6510): 164–167. https://doi.org/10.1038/373164a0.

第三部分
新兴成分与替代饮食

在过去的10～15年，我们注意到宠物食品行业发生了变化，宠物在家庭中的地位也有了明显的提升[1-2]。同时，我们对微生物组与人体生理功能之间的密切联系，以及营养在能量供应之外的作用有了更深刻的认识[3]。在这一时期，人类的饮食文化也在发展，公众对疾病和流行饮食的关注增加，市场上特定饮食的产品数量也随之增多，如生酮饮食、素食、纯素食、无麸质饮食和生食等。为了迎合宠物主人购买对他们而言是对宠物更健康食物的情感需求，市场上涌现了大量“专门”的宠物食品。然而，科学上几乎没有证据表明这些饮食对宠物的健康有实质性的益处[4]。

世界正在经历着气候变化的影响，我们也逐渐意识到其严重性。面对全球变暖的紧迫影响，为了环境的可持续性，宠物食品可能需要寻找替代的蛋白质来源[5]。多种因素正在推动这一需求，其中世界人口的增长是主要因素，其次还有许多其他因素[6]。人口的增长将导致宠物数量的增加。摩根士丹利研究部策略师预测，到2030年，宠物饲养量将增长14%[2]。这些因素都将加剧蛋白质的竞争。西方饮食中，对肉类蛋白质的需求日益增加，预计到2050年需求将增长75%[6]。然而，适合种植作物和养殖食用蛋白质的农田越来越少，再加上全球变暖带来的影响，如天气模式的变化导致极端天气——干旱、洪水、热浪和极寒（如极地涡旋），这些因素都会导致作物产量下降[6]。这些作物是人类和养殖食用动物的营养来源[6]。为了缓解这些问题，我们需要寻找替代的蛋白质以满足需求。为了成功实现这一目标，这些新的蛋白质得比生产现有蛋白质所需要的资源（水、土地、饲料）更少[6]。

在宠物食品中使用新的替代成分有许多令人担忧的因素，需要进一步研究，如消化率、营养相互作用、任何可能的相关毒性，以及对机体微生物组的影响[6]。饲喂这些新成分可能会改变机体微生物组，特别是胃肠道微生物组，包括多样性的变化、产生的代谢物类型及代谢物组对宿主的影响[7]。可能需要多年的研究才能了解在宠物食品中使用新成分可能对健康产生的长期影响，而且许多新兴成分目前要么研究得极少、要么没有研究，人们掌握的有关它们对微生物组影响的信息非常有限。

参考文献（原书）

1 2021 pet food trends Clarkson consulting. https://clarkstonconsulting. com/insights/2021-pet-food-trends/ (accessed 6 January 2022).

2 2021 ADM Unveils the next big consumer trends ADM news details. https://investors.adm.com/news/news-details/2021/ADM-Unveils-theNext-Big-Consumer Trends/default.aspx (accessed 6 January 2022).

3 Kau, A.L., Aharn, P.P., Griffin, N.W. et al. (2011). Human nutrition, the gut microbiome, and immune system: envisioning the future. Nature 474 (7351): 327–336. 10.1038/nature10213.

4 2020 Alternative pet diets: Grain-free, raw, and other trends Today's veterinary nurse. https://todaysveterinarynurse.com/articles/alternativepet-diets-grain-free-raw-and-other trends/ (accessed 6 January 2022).

5 2021 Food for thought: The protein transformation BCG. https://www. bcg. com/publications/2021/the-benefits-of-plant-based-meats%20 (accessed 6 January 2022).

6 van Huis, A. and Oonincx, D.G.A.B. (2017). The environmental sustainability of insects as food and feed. A review. Agronomy for Sustainable Development 37: 43. 10.1007/s13593-017-0452-8.

7 Singh, R.K., Chang, H.W., Yan, D. et al. (2017). Influence of diet on the gut microbiome and implications for human health. Journal of Translational Medicine 15: 73. 10.1186/s12967-017-1175-y.

18 生食饮食

在过去的几十年里，宠物主人致力于寻求一种更“天然”或“符合天性”的饮食，因此将生食或未煮熟的食物（尤其是未煮熟的肉制品）作为宠物营养来源的做法越来越受欢迎[1-2]。宠物主人喜欢全程参与食物制作，添加人类家庭成员食用的成分，或使用对他们而言适合宠物的成分来制作饮食以促进宠物的健康状况[3]。商业市场上的生食形式包括新鲜、冷冻、冻干、脱水和高压巴氏杀菌产品[4]。一些饮食被确定为以生肉为基础的饮食、“符合生物天性的生食”[2]或BARF（bones and raw food，生骨肉），其重点是家畜或野生动物来源的含肉量更高（70%～80%），植物来源的饮食成分较少（20%～30%）[2, 5]。一些国家［美国和欧盟（EU）］加强了对所有商业饮食包括生食的指导方针和法规，以确保所有供动物食用的食品都符合营养要求，其中包括更严格的法规，如对沙门氏菌属零容忍和对肠杆菌科细菌可接受水平的定义[6]。随着宠物饮食中生食的使用越来越多，我们有必要了解生食和熟食这二者对机体微生物组影响的差异。

18.1 生食与熟食

生食会给宠物、宠物生活环境和人类家庭成员带来相当大的传染病风险，因为生食宠物食品中的肠杆菌科细菌的数量通常超过卫生阈值[2-3]。生食的一个好处是，煮熟或商业饮食中使用的极端高温会改变营养素的理化性质，从而导致营养素的生物利用度降低或增加。虽然关于犬猫生食与熟食成分的研究有限，但有些观点认为，宠物的胃肠道已经经历了一些进化[7]。此外，研究已显示，食材和烹饪方法都会影响食物的营养组成，及其在宿主和胃肠道微生物组中的生物利用度[8]。

18.1.1 淀粉和蔬菜

煮熟后，淀粉糊化，提高了其在回肠中的消化率。这意味着可供分解淀粉（发酵淀粉）的微生物群发酵供能的营养素减少。在一项分别给小鼠喂食生或熟块茎的研究中，两组小鼠的粪便微生物组多样性在饮食改变的24h内就表现出了显著差异[7]。烹饪后的块茎消化率提高，尤其是马铃薯和甘薯，在组成上发生了显著变化，其代谢物复杂性也降低[7]。在喂食生食和消化率较低的块茎的小鼠中，淀粉代谢相关基因的表达增加[7]。

蔬菜是维生素的重要来源，包括β-胡萝卜素（维生素A的前体）、维生素C（抗坏血酸）、维生素E（α-生育酚）和维生素K[9]。多项流行病学研究表明，富含蔬菜的饮食与患病风险降低之间存在关联[9]。一项关于1994—2003年研究的综述总结了熟蔬菜或生蔬菜与癌症之间的关系，发现蔬菜摄入量与癌症风险之间存在负相关关系，即摄入生蔬菜或熟蔬菜的量越高，患癌症的风险越低[10]。

2018年的一项研究考察了10种蔬菜（西蓝花、甜菜、锦葵、马铃薯、甘薯、胡萝卜、茼蒿、梅菜叶、菠菜和西葫芦）在4种不同烹饪方法（煮沸、焯水、蒸煮和微波）下的营养成分保留情况[9]。维生素C（抗坏血酸）是水溶性且对热敏感的，烹饪过程中高温和长时间的暴露会导致其严重损失。该研究发现，微波和蒸煮这两种烹饪方式能最大限度地保留维生素C[9]。对于维生素K，不同蔬菜和烹饪方法的结果各异。有时烹饪后维生素K的含量反而增加，这可能是因为烹饪过程中植物蛋白的分解释放了维生素K。维生素K在加热时相对稳定。与根茎类蔬菜相比，绿叶蔬菜的维生素E（α-生育酚）保留率更高，总维生素E（其他生育酚形式）含量也有所增加。热处理可能破坏植物结构，使生育酚氧化酶丢失，从而使生育酚更易获得[9]。类胡萝卜素是维生素A的前体，研究发现其在不同蔬菜中的保留率差异较大。这可能取决于类胡萝卜素在植物中的位置；它们可能从所有绿色植物组织的叶绿体中释放出来，或者因加热而改变，导致其保留率降低[9]。

烹饪蔬菜会导致可溶性膳食纤维含量增加，同时不溶性纤维的含量减少[8]。当豆类在室温下以1：2的比例在自来水中浸泡12h，总膳食纤维可增加1.2%～8.2%，其中可溶性纤维显著增加[8]。值得注意的是，烹饪扁豆可以帮助去除抗营养因子，包括单宁、植酸和酚类化合物，这些物质可以成为有益细菌的良好营养来源[11]。

18.1.2 肉类（蛋白质）

美国饲料管理协会（Association of American Feed Control Officials，AAFCO）对肉类的定义是“从屠宰哺乳动物身上获取的干净肌肉组织，仅限于骨骼横纹肌或舌头、横膈肌、心脏或食管中的部分；伴有或不伴有覆盖的脂肪，以及与肌肉组织相伴的皮肤、肌腱、神经和血管的部分”[12]。肉类提供了多种营养素，如蛋白质、必需脂肪酸、矿物质和维生素[13]。虽然健康动物的活肌肉组织几乎不含有微生物，但肉类是微生物生长的良好介质，因此很容易腐烂。在屠宰和运输过程中可能会发生微生物污染[13]。屠宰过程中的污染源可能来自加工工具、衣物、手和空气[13]。

冷冻是一种被广泛认可的使病原体失活的方法，虽然冷冻过程可以减少病原体的数量，但某些病原体仍可以保持休眠状态，维持其致病性，一旦产品从储存中取出并解冻，它们就会开始繁殖[14]。之前冷冻的生食产品中持续存在的污染和病原体传播对动物和宠物主人构成了重大风险，这可能与潜在的健康问题有关[14]。生肉饮食中常见的与食物相关的病原体包括大肠埃希氏菌、沙门氏菌属、梭菌属、弯曲杆菌属和李斯特氏菌属[14]。

结肠微生物具有高度的蛋白质水解功能（发酵蛋白质）[15]。在消化过程中，蛋白质被肽酶水解成多肽，然后进一步分解成三肽、二肽和单个氨基酸[15]。细菌蛋白酶随后可以发酵较小的肽和单个氨基酸，以产生短链脂肪酸（SCFAs），包括醋酸盐、丙酸盐和n-丁酸盐。某些氨基酸，如精氨酸、天冬氨酸、甘氨酸、苯丙氨酸、脯氨酸、丝氨酸、苏氨酸和色氨酸，更可能经历细菌发酵，而不是肠道消化[15]。在健康人类中，大约10%的蛋白质到达大肠，可供细菌发酵[15]。蛋白质的质量或可消化性可以改变其到达肠道微生物组的数量，影响肠道微生物组的多样性[16]。生肉支持者们认为，与熟肉相比，生肉具有更多的健康益处，然而当前的研究并未揭示喂食熟肉和生肉会让胃肠道微生物组存在许多差异[8]。最近一项猫的研究发现，生牛肉饮食、熟牛肉饮食和商品膨化饮食之间在消化率或微生物方面没有显著差异[17]。2018年的一项研究调查了喂食3 周生食、煮熟、烧烤、炙烤、烘烤牛肉和/或牛奶蛋白的大鼠之间真正消化率的差异。大鼠被分为6组，其中一组仅喂牛奶蛋白，剩下的5个肉食组又分为低含肉量饮食（5%）和高含肉量饮食（15%）[18]。除了煮熟肉的消化率较低外，各肉食组之间显示出了非常相似的消化率[18]。生肉、烧烤和炙烤的平均真实粪便消化率为97.5%，煮熟肉为94.5%，烘烤肉为96.9%（图18.1）。尽管SCFAs浓度在各组饮食之间没有差异，但在组织学上，所有

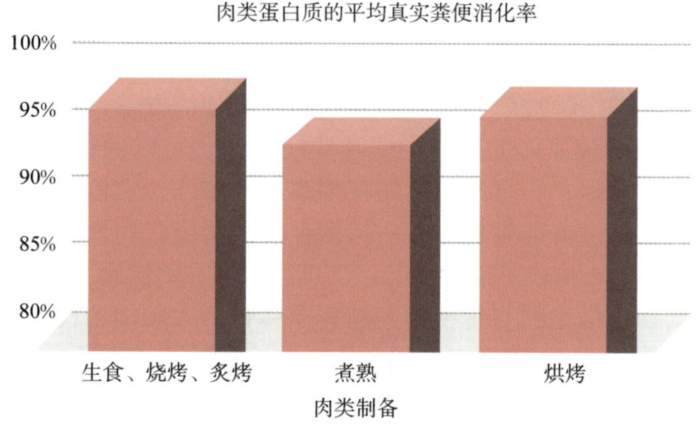

图18.1　以不同方式烹饪的肉类蛋白质的平均真实粪便消化率。不同烹饪方法制备的肉类喂养组之间消化率非常相似，唯独煮熟肉的消化率较低

肉类摄入组都观察到了明显的炎症迹象和一定程度的黏液过量分泌[18]。有趣的是，兽医专业人员通常推荐煮熟汉堡肉作为胃肠道不适患宠进食牛肉的理想方式，它或许可以降低脂肪含量，但可能增加未消化蛋白质到达结肠的数量[18]。在2019年一项类似研究中，喂食生肉和熟肉的小鼠的肠道微生物组在组成和转录组学特征上相似[7]。还需要对犬猫进行更多研究，以便我们更好地了解生肉是否会对肠道微生物组产生影响。

18.2 膨化食品、罐装食品和生食的比较

关于犬猫膨化食品、罐装食品和生食的比较研究非常少。在由Kim等[19]进行的一项小型研究中，11只小型犬分别饲喂生食或干粮，并进行元基因组DNA样本分析。结果显示，饲喂生食的犬肠道微生物群多样性有所增加。在门水平上，11只犬的样本中鉴定出了8种不同的细菌门。自然饮食组的犬核心微生物群包括厚壁菌门、拟杆菌门、梭杆菌门、放线菌门和变形菌门，而商业饮食组的犬核心微生物群包括厚壁菌门、拟杆菌门、变形菌门和放线菌门。这项研究存在多个局限性，包括饮食的营养成分以干物质为基础，以及所有犬均是小型犬或玩具犬品种[19]。

一项比较胃肠道微生物群的研究中，27只犬被喂食BARF饮食，19只犬被喂食传统饮食。通过非靶向代谢组学方法分析了10只BARF饮食和9只传统饮食犬的代谢组（图18.2）[5]。这项研究发现，生肉饮食犬的微生物群多样性发生了变化，其中变形菌门和梭杆菌门密度显著较高，而厚壁菌门密度较低。与商业膨化饮食相比，生食促进了细菌群落的平衡生长，改善了肠道功能健康[5]。除了没有观察到厚壁菌门的显著变化，其他发现与Sandri等的研究结果一致[6]。

一项从幼猫出生开始追踪的研究发现，当所有幼猫都被喂食商业猫粮后，它们的口腔微生物组变得较为稳定。然而，商业猫粮的类型（干粮与罐装）会影响口腔细菌种群的数量与类别。喂

食干粮的幼猫口腔中卟啉单胞菌属和密螺旋体属细菌的数量增加，而喂食湿罐装猫粮的幼猫口腔中库恩氏壳状菌（*C. kuhniae*）的数量增加[20]。

研究结果的不一致和研究本身的局限性，包括不同饮食之间常量营养素含量的差异、受试者和样本数量的不足，以及多个关于家养犬的研究缺乏环境控制，都表明需要在这一领域进行更多研究，直到能够获得可重复的结果[2, 5]。

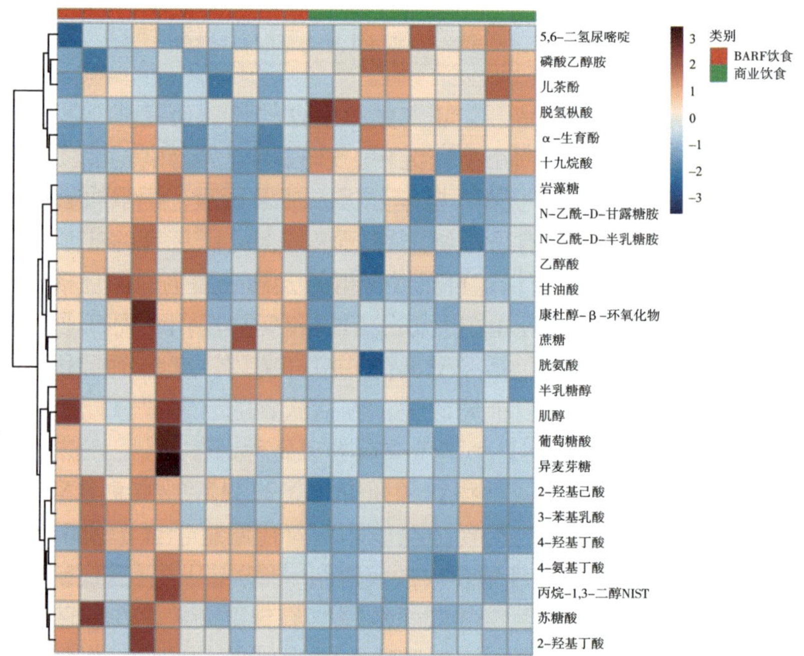

图18.2 热图展示了喂食生骨肉（BARF）饮食（红色列）和商业饮食（绿色列）的犬粪便样本中代谢物的相对丰度。红色方框表示代谢物丰度较高，蓝色方框表示代谢物丰度较低。喂食商业饮食的犬磷酸乙醇胺、5，6-二氢尿嘧啶、脱氢枞酸和α-生育酚的丰度较高。而喂食BARF饮食的犬葡萄糖酸、肌醇、4-氨基丁酸、苏糖酸和4-羟基丁酸的丰度较高。数据来源：Schmidt 等[5] / PLOS / Public Domain CC BY 4.0

18.3 抗菌药物耐药性

兽医从业者对抗菌药物耐药性的认识越来越普遍。抗菌药物耐药菌的演变是人类医学和兽医学共同关注的问题，因为宠物可能会感染、携带甚至将这些耐药菌株传播给家庭成员[21-22]。抗菌药物的使用和管理不当是造成这一现象的原因之一，其他促成因素包括抗菌药物的使用增加（包括人类和动物），以及治疗不当，例如在抗生素无效或不必要时使用广谱抗生素[23]。世界卫生组织在2017年发布了一份抗菌药物耐药菌的清单，并将它们分为中等、高度和关键三个优先级别[23]（图18.3）。

当细菌细胞暴露于抗菌药物时，可能出现两种情况：①部分细胞对该抗菌药物具有耐药性。没有耐药性的细胞会被杀死，只剩下具有耐药性的细胞。当这些耐药性细胞再次繁殖时，所有的细胞都会变得具有耐药性。②另一种可能性是存在处于休眠状态的持留菌细胞，而不是具有耐药性的细胞。非持留菌细胞会被杀死，只留下持留菌细胞。当这些持留菌细胞再次繁殖时，它们将不再处于休眠状态，并且仍然对原来的抗菌药物敏感[24]。

抗菌药物耐药性可以被定义为：之前易感的细菌通过新基因的水平获取或自发突变而获得的一种特性[25]。抗菌药物耐药性的发展有两种类型：固有耐药和获得性耐药。固有耐药是指细菌由于自身的结构或功能特征而先天具有抵抗特定抗生素的能力[25]。这种固有耐药基因在细菌株中的存在与是否接触过抗生素无关，并非由水平基因转移引起[25]。获得性耐药则是指新的耐药基因和DNA从一个细菌水平转移到另一个细菌[23]。细菌能够获得耐药基因，并且可以轻松地将这些信息传递给相近的细菌种类[26]。

基因转移是指在不同生物体之间进行的基因传递[27]。与垂直基因转移（即基因从亲本传给后代）不同，水平基因转移（也称为转座子）是通过基因的复制和插入过程，从供体生物传递到受体生物[27]。水平基因转移主要包括以下四种类型：

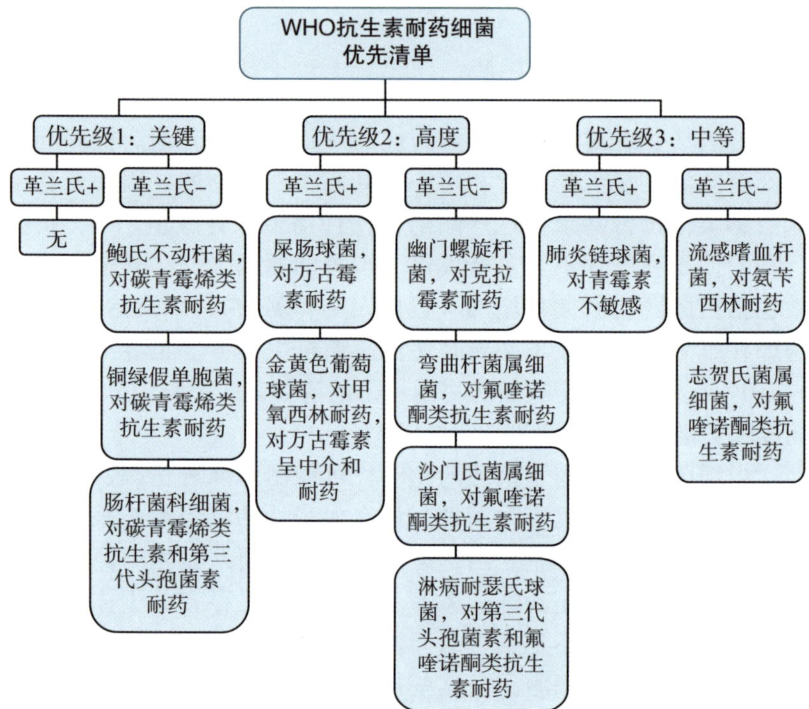

图18.3 世界卫生组织（WHO）列出的抗生素耐药性病原体清单，分为三个优先级类别：中等、高度和关键，旨在鼓励新抗生素的研究与开发。来源：Brejyeh等[23] / MDPI /Public Domain CC BY 4.0

（1）转化　生物体自然地摄取环境中的外源DNA的能力[28]。

（2）转导　通过噬菌体将DNA从一个细胞传递到另一个细胞[28]。

（3）结合　依赖接触的、单向的DNA转移，通过供体生物体内表达的结合（或配对）结构，从供体转移到受体[28]。

（4）融合　两个细胞的结合，可能还包括与含有DNA的囊泡的细胞融合[28]。

抗药性基因发展的另一个重要方面是基因转移元件作为一大群体相互作用的能力[26]。这种大规模的遗传信息交换极大地提高了它们转移抗药性基因的效率[26]。此外，这些元件能够快速适应新的宿主环境，即使在没有接触特定抗生素的情况下，也能保留对抗药性基因的记忆[26]。

细菌逃避抗生素影响的机制包括：①限制药物摄取；②药物靶点修饰；③药物失活；④主动外排药物，即将有毒物质排出细胞外[23]。固有耐药可能涉及限制药物摄取、药物失活和主动外排药物等机制，而获得性耐药机制则可能包括药物靶点修饰、药物失活和主动外排药物[23]。

革兰氏阴性菌在结构上更擅长保护免受抗生素的侵害。它们的细胞壁由三层结构构成[23]。相比之下，革兰氏阳性菌缺少最外层和最内层结构，这使得它们更容易受到抗生素的攻击[23]。这一差异可以通过结晶紫-碘染色和沙黄复染色法对细菌染色来观察。革兰氏阳性菌的细胞壁允许紫色染料穿透，使其在显微镜下呈现紫色。而革兰氏阴性菌的细胞壁结构不允许紫色染料透过，因此在显微镜下呈现粉红色[23]。

革兰氏阴性菌会利用这四种主要机制，相比之下，革兰氏阳性菌较少采用限制药物摄取的机制，这是因为它们没有外膜，并且缺乏某些类型的药物外排机制[24]。

讨论抗菌药物耐药性时，生食产品存在几个风险因素。这些风险可能始于农业层面，动物性食品来源可能被不恰当地使用抗菌药物。这些耐药性细菌可能在屠宰和处理过程中污染肉类或副产品[26, 29]。增加抗菌药物耐药菌发展和脱落的风险因素包括既往抗生素治疗，这可能导致微生物的进化，且喂食生肉已被证明会增加宠物粪便中细菌污染物的脱落率[21]。Wedley等[21]的研究显示，食用生家禽肉的犬脱落超广谱β-内酰胺酶（ESBL）大肠埃希氏菌的可能性高出48倍，脱落对氟喹诺酮类抗菌药物耐药的大肠埃希氏菌的可能性高出104倍[21]。

18.4 发酵产品

在发酵过程中，产品通过酵母、细菌或其他微生物的化学反应被分解[30]。发酵食品被定义为通过控制微生物生长和酶促作用转化食品成分，利用诸如微生物、营养原料和特定环境条件等变量生产的食品或饮料[30]。在过去，肉类、鱼类、乳制品、蔬菜、大豆、豆类、谷物和水果等食品会进行发酵处理，以便保存。有些食品需要发酵才能食用，例如橄榄经发酵，其中的苦味酚类化合物得以去除[30]。一些益生菌来源于发酵食品中产乳酸的细菌[31]。

高度发酵的食品已被证明可以稳步增加微生物多样性[32]，这可能得益于发酵产品中潜在的益生菌。发酵食品对微生物多样性的影响取决于产品的来源、存放时间和被食用的时间，平均每克发酵产品含有的微生物细胞数量达10^6个[30]。益生菌通过胃肠道的存活风险与市售益生菌相同，但研究表明这些微生物确实能够到达大肠，并在胃肠道中短暂存在[33]。

发酵食品的另一个潜在益处是发酵过程中产生的生物活性物质，可能对人体的健康有直接的益处[33]。例如，乳酸菌可以产生对免疫和代谢健康有益的生物活性肽和多胺，同时还能将某些植物化合物（如黄酮类）转化为对人体有益的代谢物[30]

18.5 章节概要

- 在过去的十几年来，越来越多的宠物主人选择生食或未煮熟的食材，尤其是未煮熟的肉类产品，作为宠物的营养来源，他们认为这样的饮食更“天然”或“符合天性”[1-2]。
- 生食会给宠物、宠物生活环境和人类家庭成员带来相当大的传染病风险，因为生食宠物食品中的肠杆菌科细菌的数量常常超过卫生阈值[2-3]。
- 尽管相关研究有限，但普遍认为，宠物的胃肠道结构[7]、食材及加热方式都会影响营养素的组成及其在宠物和肠道微生物群中的生物利用度[8]。
- 烹饪过程中，淀粉糊化提高了淀粉在回肠中的消化率，减少了可供分解淀粉的微生物群发酵供能的营养素。

- 蔬菜中维生素的保留或增加取决于蔬菜的种类和烹饪方式。
- 尽管健康动物的肌肉几乎不含微生物，但肉类容易变质，因为它为在屠宰和运输过程中可能污染肉类的各种微生物提供了良好的生长环境[13]。屠宰过程中的污染可能来自加工工具、衣物、手和空气[13]。
- 结肠中的微生物具有很强的蛋白质分解能力[15]。
- 研究中存在不一致性和局限性，包括不同饮食之间常量营养素的差异、样本数量少，以及多个关于家养犬的研究缺乏环境控制，这些都表明需要在这一领域进行更多的研究，直到获得可重复的结果[2, 5]。
- 革兰氏阴性菌由于其结构复杂的三层细胞膜，更能抵御抗生素的作用。
- 吃生肉的宠物比吃熟食的宠物更有可能以更高的概率散播病原体。
- 发酵食品的微生物多样性取决于其来源、存放时间和被食用的时间，平均每克发酵产品含有约10^6个微生物细胞[30]。

参考文献（原书）

1 Butowski, C.F., Moon, C.D., Thomas, D.G. et al. The effects of raw-meatdiets on the gastrointestinal microbiota of the cat and dog: a review. NewZealand Veterinary Journal 70 (1): https://doi.org/10.1080/00480169.2021.1975586.

2 Davies, R.H., Lawes, J.R., and Wales, A.D. (2019). Raw diets for dogs and cats: a review, with particular reference to microbiological hazards. The Journal of Small Animal Practice 60 (6). 329- 339. https://doi.org/10.1111/jsap.13000.Reeerences 285.

3 Schlesinger, D.P. and Joffe, D.J. (2011). Raw food diets in companion animals: a critical review. The Canadian Veterinary Journal 52 (1): 50–54.

4 Stogdale, L. (2019). One veterinarian's experience with owners who are feeding raw meat to their pets. The Canadian Veterinary Journal 60 (6): 655–658.

5 Schmidt, M., Unterer, S., Suchodolski, J.S. et al. (2018). The fecal microbiome and metabolome differs between dogs fed bones and raw food (BARF) diets and dogs fed commercial diets. PLoS One 13 (8): e0201279. 10.1371/journal.pone.0201279.

6 Sandri, M., Dal Monego, S., Conte, G. et al. (2017). Raw meat based diet influences faecal microbiome and end products of fermentation in healthy dogs. BMC Veterinary Research 13 (1): 65. 10.1186/s12917-017-0981-z.

7 Carmody, R.N., Bisanz, J.E., Bowen, B.P. et al. (2019). Cooking shapes the structure and function of the gut microbiome. Nature Microbiology 4 (12): 2052–2063. https://doi.org/10.1038/s41564-019-0569-4.

8 Dhingra, D., Michael, M., Rajput, H. et al. (2012). Dietary fibre in foods: a review. Journal of Food Science and Technology 49 (3): 255–266. https://doi.org/10.1007/s13197-011-0365-5.

9 Lee, S., Choi, Y., Jeong, H.S. et al. Effect of different cooking methods on the content of vitamins and true retention in selected vegetables. Food Science and Biotechnology 27 (2): 333–342. https://doi.org/10.1007/ s10068-017-0281-1.

10 Link, L.B. and Potter, J.D. (2004). Raw versus cooked vegetables and cancer risk. Cancer Epidemiology, Biomarkers & Prevention 13 (9): 1422–1435.

11 Joshi, M., Timilsena, Y., and Adhikari, B. (2017). Global production, processing and utilization of lentil: a review. Journal of Integrative Agriculture 16: 2898–2913. https://doi.org/10.1016/S2095-3119(17)61793-3.

12 AAFCO (Association of Feed Control Officials) (2018). Chapter 6; 338:359. Association of Feed Control Officials Inc.

13 Bantawa, K., Rai, K., Limbu, D.S. et al. (2018). Food-borne bacterial pathogens in marketed raw meat of Dharan, Eastern Nepal. BMC Research Notes 11: 618. https://doi.org/10.1186/s13104-018-3722-x.

14 Kananub, S., Pinniam, N., Phothitheerabut, S. et al. (2020). Contamination factors associated with surviving bacteria in Thai commercial raw pet foods. Veterinary World 13 (9): 1988–1991. https:// doi.org/10.14202/vetworld.2020.1988-1991.286 18 Raw Ingredient Diets

15 Albracht-Schulte, K., Islam, T., Johnson, P. et al. (2020). Systematic review of beef protein effects on gut microbiota: implications for health. Advances in Nutrition 12 (1): 102–114. https://doi.org/10.1093/advances/nmaa085.

16 Lubbs, D.C., Vester, B.M., Fastinger, N.D. et al. (2009). Dietary protein

concentration affects intestinal microbiota of adult cats: a study using DGGE and qPCR to evaluate differences in microbial populations in the feline gastrointestinal tract. Journal of Animal Physiology and Animal Nutrition 93 (1): 113–121. https://doi.org/10.1111/j.1439-0396.2007.00788.x.

17 Kerr, K.R., Vester Boler, B.M., Morris, C.L. et al. (2012). Apparent total tract energy and macronutrient digestibility and fecal fermentative end-product concentrations of domestic cats fed extruded, raw beefbased, and cooked beef-based diets. Journal of Animal Science 90 (2): 515–522. https://doi.org/10.2527/jas.2010-3266.

18 Oberli, M., Lan, A., Khodoroava, N. et al. (2016). Compared with raw bovine meet, boiling but not grilling, barbecuing, or roasting decreases protein digestibility without any major consequences for intestinal mucosa in rats, although the sily ingestion of bovine meet induces histologic modifications in the colon. The Journal of Nutrition 146 (8): 1506–1513. https://doi.org/10.3945/jn.116.230839.

19 Kim, J., An, J.-U., Kim, W. et al. (2017). Differences in the gut microbiota of dogs (Canis lupus familiaris) fed a natural diet or a commercial feed revealed by the Illumina MiSeq platform. Gut Pathogens 9 (1): 68. https://doi.org/10.1186/s13099-017-0218-5.

20 Spears, J.K., Vester Boler, B., Gardner, C., and Li, Q. (2017). Development of the oral microbiome in kittens. In: Companion Animal Nutrition (CAN) Summit: The Nexus of Pet and Human Nutrition: Focus on Cognition and Microbiome, 4–7. Helsinki, Finland.

21 Wedley, A.L., Dawson, S., Maddox, T.W. et al. (2017). Carriage of antimicrobial resistant Escherichia coli in dogs: prevalence, associated risk factors and molecular characteristics. Veterinary Microbiology 199: 23–30. https://doi.org/10.1016/j.vetmic.2016.11.017. Epub 2016 Nov 23. PMID: 28110781.

22 Heim, D., Kuster, S., and Willi, B. (2020). Antibiotic-resistant bacteria in dogs and cats: recommendations for owners. Schweizer Archiv für Tierheilkunde 132 (3): 141–151. 10.17236/sat00248.

23 Brejyeh, Z., Jubeh, B., and Karaman, R. (2020). Resistance of gramnegative bacteria to current antibacterial agents and approaches toReeerences 287 resolve it. Molecules 25 (6): 1340. https://doi.org/10.3390/

molecules25061340.

24 Reygaert, W.C. (2018). An overview of the antimicrobial resistance mechanisms of bacteria. AIMS Microbiology 4 (3): 482–501. https://doi.org/10.3934/microbiol.2018.3.482.

25 Zhang, G. and Feng, J. (2016). The intrinsic resistance of bacteria. Yi Chuan 38 (10): 872–880. https://doi.org/10.16288/j.yczz.16-159.

26 Salyers, A.A. and Amábile-Cuevas, C.F. (1997). Why are antibiotic resistance genes so resistant to elimination? Antimicrobial Agents and Chemotherapy 41 (11): 2321–2325.

27 Lorenzo-Díaz, F., Fernández-López, C., Lurz, R. et al. (2017). Crosstalk between vertical and horizontal gene transfer: plasmid replication control by a conjugative relaxase. Nucleic Acids Research 45 (13): 7774–7785. https://doi.org/10.1093/nar/gkx450.

28 Johnson, C.M. and Grossman, A.D. (2016). Integrative and conjugative elements (ICEs): what they do and how they work. Annual Review of Genetics 49: 577–601. https://doi.org/10.1146/annurev-genet-112414-055018.

29 Verraes, C., Boxstael, S.V., Meervenne, E.V. et al. (2013). Antimicrobial resistance in the food chain: a review. International Journal of Environmental Research and Public Health 10 (7): 2643–2669. https:// doi.org/10.3390/ijerph10072643.

30 Dimidi, E., Cox, S.R., Rossi, M. et al. (2019). Fermented foods: definitions and characteristics, impact on the gut microbiota and effects on gastrointestinal health and disease. Nutrients 11 (8): 1806. https:// doi.org/10.3390/nu11081806.

31 Parvez, S., Malik, K.A., Ah Kang, S., and Kim, H.-Y. (2006). Probiotics and their fermented food products are beneficial for health. Journal of Applied Microbiology 100 (6): 1171–1185. 10.1111/j.1365-2672.2006.02963.x.

32 Wastyk, H.C., Fragiadakis, G.K., Perelman, D. et al. (2021). Gutmicrobiota-targeted diets modulate human immune status. Cell 184 (16): 4137–4153. https://doi.org/10.1016/j.cell.2021.06.019.

33 Zhang, C., Derrien, M., Levenez, F. et al. (2016). Ecological robustness of the gut microbiota in response to ingestion of transient food-borne microbes. The ISME Journal 10 (9): 2235–2245. https://doi.org/10.1038/ismej.2016.13.

19 无谷物和无麸质饮食

大约15年前，随着人们对乳糜泻和谷物不耐受认识的逐渐提高，无谷物和无麸质饮食在人和宠物市场中开始流行。其中，犬的“无谷物”饮食一直是被持续研究的对象，这些研究关注的是这些饮食可能导致犬扩张型心肌病[1]。目前正在进行的研究旨在探究这些饮食或其成分与犬疾病状态之间是否存在关联，以及这些饮食提供的营养如何可能通过正常的消化和生理功能影响犬的健康[2]。

尽管人们普遍认为谷物可能是导致犬猫食物过敏的原因，但在北美，最可能导致犬食物相关性皮肤不良反应的食物过敏原是牛肉、乳制品、鸡肉、小麦和羊肉[3]。在猫中，最常见引起食物相关性皮肤不良反应的食物过敏原是牛肉、鱼和鸡肉[3]。

19.1 谷物

谷物，也称为谷类或谷粒，是指某些特定草类作物的可食用种子，包括小麦、玉米、大米、大麦、燕麦、高粱、大豆和黑麦等[4]。全谷物富含难以消化的糖类，因此它们通常富含纤维（包括不溶于水的非淀粉多糖和抗性淀粉）、营养素（包括不饱和的复合脂质）及抗氧化剂（如酚类），这些都是肠道微生物群的重要营养来源[4-5]。总的来说，谷物为胃肠道微生物群提供了三大有益物质：纤维、脂质和酚类[4]。

19.1.1 来自谷物的营养素

19.1.1.1 纤维

虽然非淀粉多糖不溶于水且不易发酵，但它们对宿主有很多益处。它们能增加粪便的体积，缩短肠道转运时间，并降低远端结肠的pH，同时提高粪便中丁酸盐的浓度[4]。富含可溶性纤维的全谷物（如燕麦和大麦）有助于降低血脂和血压，并通过在小肠中与胆汁酸结合，改善血糖和胰岛素反应[5-6]。富含不可溶性纤维的谷物（如小麦）可适度降低血糖，并可作为胃肠道微生物群的益生元。更多关于纤维对微生物组影响的详细信息，请参阅第5章。

19.1.1.2 脂质

目前，人们已经认识到高水平的脂质（尤其是饱和脂肪）可能对微生物组产生不利影响，减少微生物多样性及有益细菌的比例[4]。全谷物含有较低的脂肪，而且它们提供的脂肪通常是不饱和的[4]。全谷物还是植物甾醇酯的良好来源，例如α-亚麻酸和亚麻酸。α-亚麻酸在多种种子、种子油和坚果中含量丰富，而亚麻籽或亚麻籽油通常含有45%～55%的α-亚麻酸形式的总脂肪酸[7]。大豆油、菜籽油和核桃中的脂肪酸含量只有5%～10%是α-亚麻酸。玉米油、向日葵油和红花油含有较多的亚麻酸，但只含有少量的α-亚麻酸[7]。有关脂质对微生物组影响的更多详细信息，请参阅第5章。

19.1.1.3 酚类

酚类化合物在全谷物中作为抗氧化剂，通过多种机制发挥作用[8]。这些抗氧化剂与谷物纤维紧密结合，在小肠中不易被酶分解。这些纤维进入大肠后，由有益微生物进行发酵，释放出酚类化合物，这些化合物快速转化为有用的代谢物。这些代谢物有助于保护肠壁免受自由基的损害[4]（图19.1）。

19.1.2 肥胖与谷物摄入的关系

肥胖与全谷物的摄入量成反比[5]。一项为期4周的人类交叉

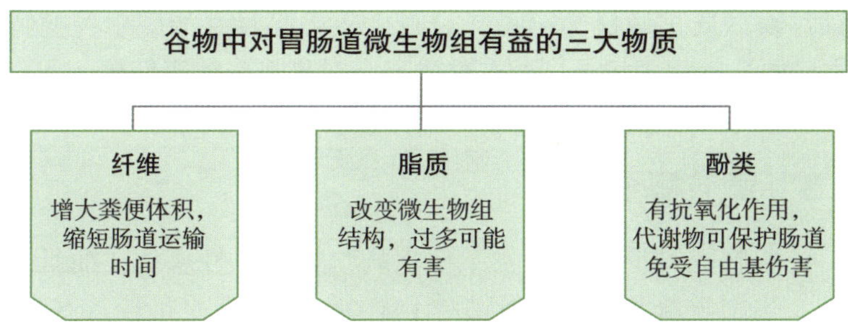

图 19.1 谷物中对胃肠道微生物组有益的三大物质

研究发现，当短期内增加全谷物的摄入量时，可以观察到胃肠道微生物组的组成变化，以及与代谢功能障碍相关的生理指标改善，如肥胖及其相关并发症[6]。此外，人类研究还表明，高含量的全谷物饮食可以增加双歧杆菌属的数量，并可能增加产生丁酸盐的细菌[4, 7]。

19.1.3 加工对谷物营养成分的影响

谷物加工在提升口感的同时，会对其所含营养成分产生不同的影响。例如，磨面粉的过程会提高葡萄糖的可利用率，同时降低植物化合物的含量。而热加工能增加抗氧化剂的可利用率[5]。

19.2 麸质

麸质是小麦谷物的主要储存蛋白质（氨基酸储备），这些蛋白质网络由数百种相关但又不同的蛋白质混合组成[9]。麸质主要由醇溶蛋白和谷蛋白构成，其他谷物如黑麦、大麦和燕麦中也有类似的蛋白质——黑麦中的黑麦醇溶蛋白、大麦中的大麦醇溶蛋白和燕麦中的燕麦蛋白等储存蛋白，统称为麸质[9]。麸质耐热，可用作黏合剂和增量剂，改善膨化食品的质地、保湿性和风味[9]。其中一些蛋白质如醇溶蛋白，含有对胃肠道消化酶高度抵抗的肽序列[9]。

犬对谷物麸质过敏极为罕见，只有少数犬品种（如爱尔兰塞特犬和边境梗）有相关记录[10-11]。麸质不会对猫造成健康问题。

19.3 章节概要

- 谷物已被证明可引发某些疾病，如过敏性疾病，而且，从生物学角度而言，谷物对于宠物可能并非是最佳营养来源。然而，有研究发现，在犬中可能仅小麦是引发某类过敏性疾病的因素[3]，而谷物麸质过敏仅发生于个别犬种，猫则从未有过此类问题[10]。
- 通常，全谷物为胃肠道微生物群提供三大有益物质：纤维、脂质和酚类。
- 加工会影响全谷物提供的营养素。
- 全谷物可促进胃肠道微生物群中双歧杆菌的生长，从而带来积极的变化并改善代谢状况。
- 麸质是富含多种氨基酸的蛋白质储备。
- 许多储存蛋白质对胃肠道消化酶有较强抵抗力。

参考文献（原书）

1 Walker, A., DeFrancesco, T., Bonagura, J. et al. (2022). Association ofdiet with clinical outcomes in dogs with dilated cardiomyopathy andcongestive heart failure. Journal of Veterinary Cardiology 40: 99–109. https://doi.org/10.1016/j.jvc.2021.02.001.

2 Smith, C.E., Parnell, L.D., Lai, C.Q. et al. (2021). Investigation of dietsassociated with dilated cardiomyopathy in dogs using foodomics analysis. Scientific Reports 11: 15881. https://doi.org/10.1038/s41598-021-94464-2.

3 Mueller, R.S., Olivry, T., and Prélaud, P. (2016). Critically appraisedtopic on adverse food reactions of companion animals (2): commonfood allergen sources in dogs and cats. BMC Veterinary Research 12: 9. https://doi.org/10.1186/s12917-016-0633-8.

4 Rose, D.J. (2014). Impact of whole grains on the gut microbiota: thenext frontier for oats? British Journal of Nutrition 112 (S2): S44–S49. 10.1017/S0007114514002244.

5 Harris, K.A. and Kris Etherton, P.M. (2010). Effects of whole grains oncoronary heart disease risk. Current Atherosclerosis Reports 12: 368–376. 10.1007/s11883-010-0136-1.

6 Martínez, I., Lattinmer, J.M., Hubach, K.L. et al. (2012). Gut microbiome composition is linked to whole grains-induced immunological improvements. The ISME Journal 7: 269–280. 10.1038/ismej.2012.104.

7 Alpha-Linolenic Acid (2016) ScienceDirect. https://www.sciencedirect. com/topics/agricultural and biological sciences/alpha-linolenic-acid (accessed 3 February 2022).

8 Pereira, D.M., Valentão, P., Pereira, J.A. et al. (2009). Phenolics: fromchemistry to biology. Molecules 14: 2202–2211. 10.3390/molecules14062202.

9 Biesiekierski, J.R. (2017). What is gluten? Journal of Gastroenterology and Hepatology 32 (S1): 78–81. https://doi.org/10.1111/jgh.13703.

10 Lowrie, M., Garden, O.A., Hadjivassiliou, M. et al. (2018). Characterization of paroxysmal gluten-sensitive dyskinesia in borderterriers using serological markers. Journal of Veterinary Internal Medicine 32 (2): 775–781. https://doi.org/10.1111/jvim.15038.

11 Hall, E.J. and Batt, R.M. (1992). Dietary modulation of gluten sensitivityin a naturally occurring enteropathy of Irish setter dogs. Gut 33 (2): 198–205. https://doi.org/10.1136/gut.33.2.198. PMID: 1347279; PMCID: PMC1373930.

20 昆　　虫

虽然昆虫是最近才出现的商业宠物食品的原料来源，但实际上食虫或吃昆虫的做法已经存在了数千年[1]。昆虫能提供大量的蛋白质、脂肪、维生素和矿物质元素，具有巨大的经济和环境优势[1-2]。其中一些可将废物转化为有价值的蛋白质，展现出在低水平的温室气体排放下的高饲料转化率[3]。在过去，昆虫是野猫的常见食物，能满足其每日总能量需求的不到0.5%[2, 4]。到2012年，全世界约有1 900种可食用昆虫被列入清单，这些昆虫对人和相关动物无毒性和致病性。有潜力作为动物饲料蛋白质替代来源的昆虫种类有：

- 黑水虻（*Hermetia illucens* L.；black soldier fly，BSF），双翅目水虻科。
- 家蝇（*Musca domestica* L.），双翅目蝇科。
- 黄粉虫（*Tenebrio molitor* L.），鞘翅目黄粉虫科。

20.1　黑水虻幼虫

黑水虻幼虫（black soldier fly larvae，BSFL）具有一些有趣的特性，这些特性使其有望成为未来宠物营养素来源的有力竞争者。

20.1.1　可调节的营养素

可通过调整提供的饲料基质、生长阶段的环境、捕获时的年龄，以及捕获技术来调节氨基酸的组成[4, 5]。

20.1.2　天然的分解者

BSFL与其他昆虫一样，可在营养丰富的有机废物基质上大量繁殖[5-6]。它们可以降低50%～60%的有机废弃物能源，并将其作为高蛋白能源加以利用。有机废弃物包括动物和人类粪便、水果和蔬菜残渣、一般食物垃圾、城市有机废物、咖啡豆渣、秸秆、含可溶性组分的干酒糟和鱼内脏。BSFL中肠内微生物群可帮助消化不同营养成分的底物，使昆虫能够在多种食物材料上生长[6-7]。

20.1.3 非病媒生物物种

BSF寿命较短，在成虫阶段，因为口器退化而不再进食，从而降低了传播疾病给其他物种的风险。这一点与家蝇不同[6]。

20.1.4 减少腐物上的病原体和其他害虫

BSFL能够显著减少有机废弃物中的固有致病菌（如埃希氏菌属、沙门氏菌属）。这是通过肠道的高pH环境、酶促反应和竞争性肠道细菌（这些细菌会创造对固有致病菌不利的生长条件）减少细菌菌落而实现的[4]。

20.1.5 抗菌肽的产生

BSFL具有产生抗幽门螺杆菌的抗菌肽（宿主防御肽）的能力[6]。抗菌肽是一种带正电荷的短链肽。与抗菌药物相比，肽的优势在于可以有效减少多重耐药菌的产生[8]（图20.1）。

20.1.6 BSFL的胃肠道微生物组

通过细菌基因编码BSFL中肠内的酶，胃肠道微生物群在BSFL的生物质废弃物和其他营养素的消化和回收中发挥着重要作用[6]。这些基因（纤维素酶、蛋白酶和脂肪酶）能够水解淀粉、纤维素、蛋白质和脂质[6]。Ao等最近的一项研究发现，变形菌门、

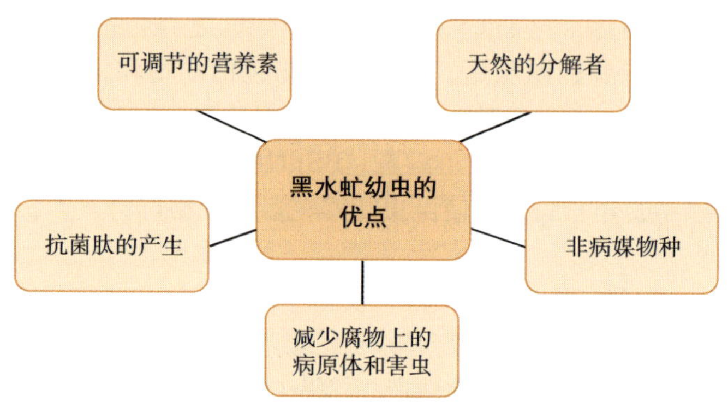

图20.1 使用黑水虻幼虫作为蛋白质来源的优势

厚壁菌门和拟杆菌门是猪粪和鸡粪转化系统中BSFL肠道中的优势菌门[9]。Klammsteiner等人发现，放线菌属、营发酵单胞菌属（*Dysgonomonas* spp.）和肠球菌属细菌是BSFL胃肠道微生物组群落的主要成员，这些微生物具备了能使BSFL在各种环境中大量繁殖的功能和代谢特点[10]。与饮食决定BSLF的多样性不同，一个稳定的固有细菌集合可以降解多种底物[10]。

20.1.7 用于BSFL的益生菌

在食物中添加特定的活菌已被证明对BSFL有益[6]。Yu等人进行的一项研究中，在鸡粪中添加4种不同的枯草芽孢杆菌（*Bacillus subtilis*）菌株，BSFL的生长发育发生了积极的变化[11]。

20.2 昆虫体内的重金属和真菌毒素积累

重金属积累和真菌毒素暴露也是令人担忧的昆虫污染问题[3]。在高度暴露于重金属铜和镉的BSFL中，细菌多样性显著降低[12]。重金属离子的积累问题可能因金属类型、动物种类和昆虫的发育阶段而异[3]。例如，黑水虻面临镉积累的风险，黄粉虫面临砷积累的风险。已报道污染物的物种特异性累积和代谢模式强调了以个案方法评估潜在安全危害的重要性。例如，这些污染物的总负荷主要在昆虫的肠道内容物中发现。通过在捕获前设置饥饿期，可以避免物种间的污染[3]。真菌毒素是在昆虫食物来源（谷物、玉米、坚果和一些水果）上发现的、真菌产生的低分子质量次级代谢产物，可对昆虫造成不利影响，如生长受限[3]。由于具有很强大的耐热性，大多数真菌毒素在烹饪过程中不会失活。还需要更多的长期研究来评估以昆虫为基础的宠物食品在犬猫上的适用性和安全性，以及昆虫是否具有促进健康的功能[2]。

20.3　甲壳素

甲壳素是自然界含量最丰富的氨基多糖聚合物，也是仅次于纤维素含量第二丰富的多糖，可为甲壳类动物、昆虫和真菌细胞壁的外骨骼提供具有强度的原材料。甲壳素具有改善葡萄糖耐受不良、促进胰岛素分泌、缓解血脂异常和保护肠道完整性的作用，因此有潜力成为胃肠道微生物群的益生元[14]。此外，甲壳素或其衍生物可能具有抗病毒、抗癌和抗真菌活性，以及具备抗菌特性，对革兰氏阴性菌如大肠埃希氏菌、霍乱弧菌（*Vibrio cholerae*）和痢疾志贺氏菌（*Shigella dysenteriae*）具有抑菌作用[14]。

虽然甲壳素被认为是一种不溶性纤维，但人类胃肠道中的消化酶可以将甲壳素部分降解为壳聚糖。甲壳素不能被犬消化，但其衍生物壳聚糖可以[15]。壳聚糖的水解产物，如壳聚糖寡糖，由于碳链长度较短，极易溶于水[14]。在猫中，已有一些研究将壳聚糖与碳酸钙联用作为磷酸盐结合剂治疗肾功能不全患猫[16]，目前市场上的一些产品将多糖壳聚糖作为肾病的补充剂使用[17]。

20.4　对宿主胃肠道微生物组的影响

对肉鸡进行的一项研究表明，低BSFL含量（5%）饲粮对盲

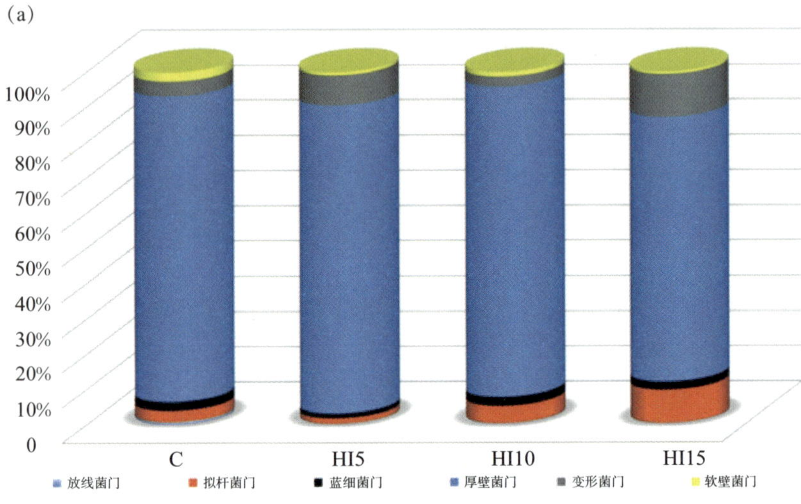

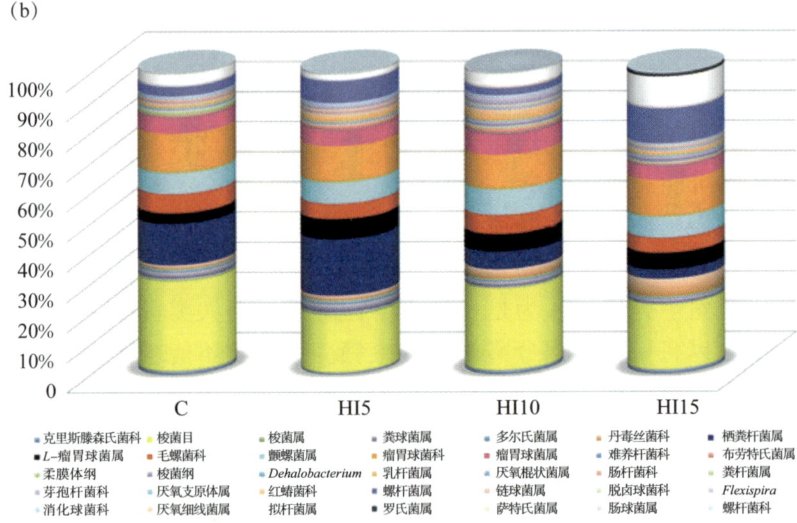

图20.2　不同饲粮条件下肉鸡盲肠中主要细菌的相对丰度。(a) 为细菌门水平，(b) 为细菌属水平。C为对照；在膳食中添加黑水虻的水平，HI5为5%、HI10为10%、HI15为15%。

肠微生物群有积极影响，但高BSFL含量（15%）饲粮可能导致微生物多样性的部分降低，尤其是有益菌[18]（图20.2）。

2021年仔猪的一项研究将BSF视为豆粕型饲料的蛋白质替代来源。在门和属水平，BSF饲料增加了微生物多样性和密度[19]。结果表明，饲喂黑水虻饮食的仔猪表现出“更健康的肠道”，即肠道微生物群多样性增加，微生物组内物种组成稳定，以及黏膜屏障功能正常[19]。仔猪饲粮中双歧杆菌属丰度显著增加，链球菌属丰度显著降低[19]。

Seo等2021年进行的一项研究将发酵燕麦粉、BSFL粉或这二者的组合作为老年犬的饮食[20]。将20只雌性绝育犬分为4组，每组5只。其中一组为对照组，另一组饲喂10%发酵燕麦粉，第三组饲喂5% BSFL粉，第四组饲喂10%发酵燕麦粉+5% BSFL粉，每组分别饲养12周[20]。与对照组相比，其他组在进食量、体重、粪便情况、皮肤状况、血液生化指标等方面均无显著差异[20]。

有必要寻求对环境影响小的蛋白质替代来源，并探索其对动物和人类健康的影响。需要进一步研究来确定适当的添加量，并在整个物种中获得可重复的结果。

20.5 章节概要

- 昆虫可以提供大量的蛋白质、脂肪、维生素和矿物质元素，具有巨大的经济和环境优势。
- 有希望作为动物饲料的蛋白质替代来源的昆虫种类有黑水虻（BSF，双翅目水虻科）、常见家蝇（双翅目蝇科）、黄粉虫（鞘翅目黄粉虫科）。
- BSFL胃肠道微生物组提供了各种功能和代谢能力，使BSFL能够在各种环境中大量繁殖[10]。
- 并非由饮食决定BSLF的多样性，一组稳定的固有细菌集合可在多种底物的降解中发挥作用。
- 高度暴露于重金属的BSFL可能会对胃肠道微生物组产生不

良影响，如细菌多样性降低[11]。

- 在BSFL饲料中添加特定的益生菌可能有利于其生长发育。
- 甲壳素是一种氨基多糖，有潜力成为胃肠道微生物群的益生元，因为它已被证明可以改善葡萄糖耐受不良，促进胰岛素分泌，缓解血脂异常，并保护肠道完整性[14]。
- 甲壳素是一种不溶性纤维来源，其衍生物水解后可增加水溶性。
- 壳聚糖联合碳酸钙可作为磷酸盐螯合剂用作肾病猫的补充剂。

参考文献（原书）

1 Tang, C., Yang, D., Liao, H. et al. (2019). Edible insects as a food source: a review. Food Production, Processing and Nutrition 1: 8. https://doi.org/10.1186/s43014-019-0008-1.

2 Bosch, G. and Swanson, K.S. (2021). Effect of using insects as feed on animals: pet dogs and cats. Journal of Insects as Food and Feed 7 (5): 795–805. https://doi.org/10.3920/JIFF2020.0084.

3 Schrögel, P. and Wätjen, W. (2019). Insects for food and feed – safety aspects related to mycotoxins and metals. Food 8 (8): 288. https://doi. org/10.3390/foods8080288.

4 Bessa, L., Pieterse, E., Marais, J. et al. (2020). Why for feed and not for human consumption? The black soldier fly larvae. Comprehensive Reviews in Food Science and Food Safety 19: 2747–2763. https://doi. org/10.1111/1541-4337.12609.

5 Shumo, M., Osuga, I.M., Khamis, F.M. et al. (2019). The nutritive value of black soldier fly larvae reared on common organic waste streams in Kenya. Scientific Reports 9: 10110. https://doi.org/10.1038/s41598-019-46603-z.

6 Siddiqui, S.A., Ristow, B., Rahayu, T. et al. (2022). Black soldier fly larvae (BSFL) and their affinity for organic waste processing. Waste Management 140: 1–13. https://doi.org/10.1016/j.wasman.2021.12.044.

7 Bonelli, M., Bruno, D., Brilli, M. et al. (2020). Black soldier fly larvae adapt to different food substrates through morphological and functional responses of the midgut. International Journal of Molecular Sciences 21 (14): 4955. https://doi.org/10.3390/ijms21144955.

8 Alcarez, D., Wilkinson, K.A., Treihou, M. et al. (2019). Prospecting peptides isolated from black soldier fly (Diptera: Stratiomyidae) with antimicrobial activity against Helicobacter pylori (Campylobacterales: Helicobacteraceae). Journal of Insect Science 19 (6): 17. https://doi. org/10.1093/jisesa/iez120.

9 Ao, Y., Yang, C., Wang, S. et al. (2021). Characteristics and nutrient function of intestinal bacterial communities in black soldier fly (Hermetia illucens L.) larvae in livestock manure conversion. Microbial Biotechnology 14 (3): 886–896. https://doi.org/10.1111/1751-7915.13595.

10 Klammsteiner, T., Walter, A., Bogataj, T. et al. (2020). The core gut microbiome of black soldier fly (Hermetia illucens) larvae raised on low-bioburden diets. Frontiers in Microbiology 11: 993. https://doi. org/10.3389/fmicb.2020.00993.

11 Yu, G., Cheng, P., Chen, Y. et al. (2011). Inoculating poultry manure with companion bacteria influences growth and development of black soldier fly (Diptera: Stratiomyidae) larvae. Environmental Entomology 40 (1): 30–35. https://doi.org/10.1603/EN10126.

12 Wu, N., Wang, X., Xu, X. et al. (2020). Effects of heavy metals on the bioaccumulation, excretion and gut microbiome of black soldier fly larvae (Hermetia illucens). Ecotoxicology and Environmental Safety 192: 110323. https://doi.org/10.1016/j.ecoenv.2020.110323.

13 Elieh-ALi-Komi, D. and Hamblin, M.R. (2016). Chitin and chitosan: Production and application of versatile biomedical nanomaterials. International Journal of Advanced Research (Indore). 4 (3): 411–427.

14 Lopez-Santamarina, A., del Carmen Mondragon, A., Lamas, A. et al. (2020). Animal-origin prebiotics based on chitin: an alternative for the future? A critical review. Food 9 (6): 782. https://doi.org/10.3390/foods9060782.

15 Jarett, J., Carlson, A., Serao, M. et al. (2019). Diets with and without edible cricket support a similar level of diversity in the gut microbiome of dogs. Peer Journal 7: e7661. https://doi.org/10.7717/peerj.7661.

16 Wagner, E., Schwendenwein, I., and Zentek, J. (2004). Effects of a dietary chitosan and calcium supplement on Ca and P metabolism in cats. Berliner und

Münchener Tierärztliche Wochenschrift 117 (7-8): 310–315.

17 Morin-Crini, N., Lichtfouse, E., Torri, G. et al. (2019). Applications of chitosan in food, pharmaceuticals, medicine, cosmetics, agriculture, textiles, pulp and paper, biotechnology, and environmental chemistry. Environmental Chemistry Letters 17: 1667–1692. https://doi.org/10.1007/s10311-019-00904-x.

18 Biasato, I., Ferrocino, I., Dabbou, S. et al. (2020). Black soldier fly and gut health in broiler chickens: insights into the relationship between cecal microbiota and intestinal mucin composition. Journal of Animal Science and Biotechnology 11: 11. https://doi.org/10.1186/s40104-019-0413-y.

19 Kar, S.K., Schokker, D., Harms, A.C. et al. (2021). Local intestinal microbiota response and systemic effects of feeding black soldier fly larvae to replace soybean meal in growing pigs. Scientific Reports 11: 15088. https://doi.org/10.1038/s41598-021-94604-8.

20 Seo, K., Cho, H.W., Chun, J. et al. (2021). Evaluation of fermented oat and black soldier fly larva as food ingredients in senior dog diets. Animal (Basel). 11 (12): 3509. https://doi.org/10.3390/ani11123509.

第四部分
与宠物主人沟通
及营养计划制定

21 与宠物主人沟通

21.1 从宠物主人的角度

有很多因素可能阻碍宠物主人遵循宠物医生的建议：他们是否能够理解诊断的复杂性或重要性，特别是在讨论新的或不易完全理解的药物治疗时[1]？他们在经济和情感上负担得起遵循这些建议吗？如果他们无法遵循金标准的医疗方案，宠物医生是否有其他可推荐的方案？例如，当我们讨论微生物组等复杂概念时，可能会发现生态失调的影响在数年前就开始了，那么上述问题将变得尤为重要。

在做决定时，宠物主人有许多担忧：

(1) 对宠物的担忧　它们痛苦吗？它们要待在医院吗？当离开我的视线时，它们会感到害怕吗？会被虐待吗？

(2) 对自己的担忧　这样做的代价是什么？我要远离我的宠物吗？这会改变我饲喂宠物的方式吗？我要给我的宠物吃药吗？我的宠物会生我的气吗？这种情况会持续多久？

(3) 财务问题　花费将有多少？我的钱够吗？如果我没有足够的钱，我能得到支持吗？我该如何负担这笔长期花费？额外的产品有多贵？我现在能做些什么来降低我的成本？我可以做些什么来减少未来的开支？

(4) 对医疗过程的担忧　在做决定之前，我会先研究一下我的宠物发生了什么吗？还有其他选择吗？我能咨询第二意见吗？整个过程的时间安排是怎样的？

建立宠物主人之间的信任是发展兽医—客户—病患关系（VCPR）的主要部分。它包括帮助宠物主人就宠物的健康做出决定。指导宠物主人完成临床决策过程可能是VCPR关系中最复杂和最困难的部分之一[1]。了解宠物主人的期望并在整个过程中与其协作将会提高整体满意度[1]。Janke等最近进行的一项研究表明，如果兽医了解客户对相关主题的现有认识水平，为每个客户定制信息，并教育客户做出选择，能够影响宠物主人对兽医动机的看法[1]。

21.2 大脑如何处理新信息

了解一个人接收信息时发生的无意识过程可能会让兽医在向宠物主人传递有关宠物的医疗信息时，更能体会到宠物主人的感受。这一信息对兽医团队来说并不新鲜；我们学习了、经历了多个案例，并每天进行讨论。但对于宠物主人来说，他们可能是第一次听到这些信息，或者这些信息可能与他们相信的事实相矛盾。他们可能不理解你用来描述内容时所使用的语言，或者对科学和宠物健康的整体理解能力比你想象的要低。

21.2.1 保护动机理论

这个理论是Rogers在1975年提出的，用来描述个体是如何对感知到的威胁做出自我保护的反应。这一理论有四个关键要素（图21.1）。

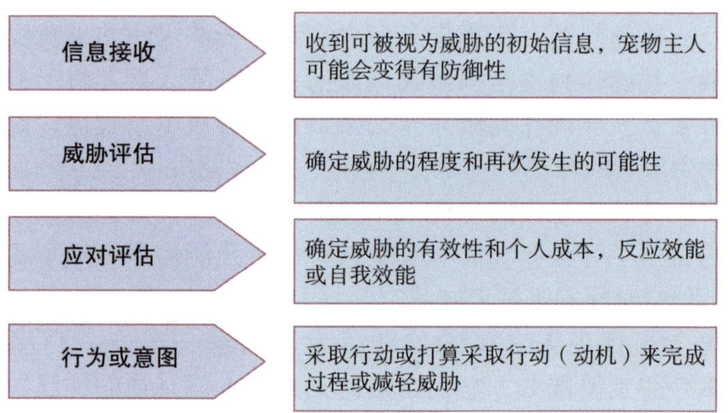

图21.1 保护动机理论的四个要素（PMT）

21.2.1.1 信息接收

接收到的信息可能会被视为一种威胁。这种可感知的威胁不需要像“必须要做这个治疗，否则你的宠物将会死亡”那样戏剧化。原因可能很简单，比如，宠物主人认为你对他们有不好的看法；也许是宠物目前的饮食导致了宠物的疾病或营养不良。可感知到威胁的例子：

（1）喂食餐桌食物导致我的宠物腹泻。

（2）我的宠物仍然有皮肤病变，是因为我没有按照要求每周给它洗澡。

（3）我的宠物病了，但兽医团队不给它用抗生素。

（4）我给了宠物我认为最好的饮食，现在却被告知这是一种低质量的饮食，它可能会导致我的宠物生病。

当最初信息被呈现时，宠物主人可能会变得有防御性。这将阻碍宠物主人完成评估过程。自我肯定可以避免自我防御。在这个理论中，人们有动力保持一个积极的自我形象。当这些威胁被认为对自我形象有不良影响时，这些威胁就会受到抵制。自我肯定可以通过让个体反思自我价值的来源来重建自我形象。当他们关注积极信息时，就不太可能对感知到的威胁产生防御心理。例如：

一个宠物主人有一只肥胖的宠物，它每天会被喂食多次，作为对它表现好的奖励。经计算，宠物从食物中获得的能量占其每日所需能量的35%。如果宠主被告知他们的宠物超重了，不能给宠物这么多零食或不能经常给零食，他们可能会变得有防御性，因为他们可能觉得自己需要为宠物的不良健康状况负责任。这使他们看起来很糟糕，因此他们听不到后续对话中的任何信息，也不会讨论或考虑为他们的宠物制定减肥计划。

在这个例子中，我们可以从自我肯定开始：“我看得出来，你们是很有爱心的宠物主人，我很欣赏你们愿意训练和奖励宠物做出的良好行为。为了继续维持宠物的健康，让我们看看可以使用的其他零食类型，这样在我们努力改善它的健康时，你可以继续爱它。”

21.2.1.2 威胁评估

威胁评估包括确定威胁的程度和再次发生的可能性。威胁评估的例子有：

- 这是我能做的一个小小的改变。
- 这是一个会影响我日常生活的变化。
- 这是一种特殊情况，我难以负担。
- 这可能会在我的宠物的余生中反复出现。

21.2.1.3 应对评估

通过确定威胁的效能和个人成本，客户可以决定如何应对威胁[1]。这可能带来应对效能，即相信某些流程将减轻威胁[1]。应对效能的例子有：

- 兽医团队有一个可以帮助我的宠物的计划。
- 药物和营养对我的宠物有益。

或者，个体可能会经历自我效能，即个体认为自己有能力采取必要的行动来减轻威胁[1]。自我效能的例子：

- 我可以不给我的宠物喂食人类的食物了。
- 我可以用我的积蓄支付宠物的治疗费。
- 我可以通过改变我的行为来帮助我的宠物。

21.2.1.4 行为或意图

行为包括“采取行动”或“预期行动”（动机），以完成行为过程和减轻威胁。将预期的行为付诸行动可能会有一些困难。动机不等于行动，宠物主人可能有动机去帮助他们的宠物，但他们没有执行行动计划。这可能是多重障碍的结果，如财务、生活方式或缺乏支持性行动计划。“把头埋在沙子里”或“鸵鸟效应”是一种人们选择忽视威胁的现象，因为威胁可能过于沉重或反映出自己不好的一面[3-4]。我们的理性思维知道这些信息是重要的，而我们的感性思维却预期这些信息将是痛苦的，这两者之间存在冲突。例如，吸烟已被证明会导致各种疾病、病症和肿瘤，尽管这些信息被广泛传播，但人们仍然继续吸烟，甚至在明知这些信息的情况下开始吸烟。

改变行为可能很困难，且受各种诱因的驱动。对宠物、宠物主人和兽医团队来说，改变行为都是一项挑战。

- 犬猫非常聪明，能很快学会如何对线索做出反应。对于态度积极的宠物主人来说，这是有利的，因为他们愿意接受新的训练计划，但对于一个固执的宠物来说，它会继续做出不恰当的行为，直到宠物主人给出奖励，这将是有害的。
- 宠物主人需要做出的行为改变最多。他们需要调整自己的暗示，以及对宠物暗示的反应。我们有时会要求他们牺牲与宠物的积极体验，或改变他们多年来一直重复的一个动作。
- 在这个过程中，兽医团队有一些行为需要改变，重点是他们如何向宠物主人展示计划。他们需要确保自己不会对先入为主的想法做出反应，并继续以一种不带偏见的方式提出行动计划。例如，如果宠物和宠物主人的体况超过理想体况（超重或肥胖），有必要向宠物主人提出减肥计划，而不是假设宠物主人不会参与减肥计划。许多兽医团队都有为宠物主人提供信息的简短建议。宣传内容的语言或呈现方式可能需要调整和更具个性化，以改善宠物主人的反应。

21.3 改善行动结果

兽医团队必须根据行动计划提高宠物主人的稳定性和长期依从性。例如，北美大约有50%的宠物处于肥胖状态[5-7]，或存在与肥胖相关的多种健康问题，我们需要思考如何进行饮食管理以促进胃肠道微生物组健康的积极转变。此时，制定一个成功的行动计划对于提高宠物的寿命和福祉至关重要。为了支持宠物主人克服前面提到的一些障碍，兽医团队需要为如何完成行动，以及如何应对任何可预见和不可预见的障碍提供全面的指导。

21.3.1 创建成功行动计划的步骤

步骤1 识别威胁

识别对宠物主人造成的威胁，并在与其的讨论中积极使用自我肯定[3]。在给出消极的、可能会造成防御心理的信息之前，讨论一下宠物主人认为重要的、积极的方面。你可能会用到的短语有：

- “我看得出来你很关心你的宠物，它是这个家庭的重要组成部分，……（新信息）”
- “我看得出来你是一个了不起的宠物主人，你和Fluffy之间的感情很好……（新信息）”
- “我很欣赏你对Fluffy营养健康的关注，你想给它提供健康的饮食……（新信息）”

步骤2 制定计划

为宠物主人制定一个计划，包括识别可能带来诱惑的因素，以及如何避免或管理行为、行为诱因或其他可能存在的障碍。你的行动计划要尽可能具体。

- 制定每日过渡计划，规定喂食的确切数量和频次。
- 列出日常管理小贴士，如食物储存或喂食设备清洁。
- 列出已知的行为和对提示行为做出反应的替代方法。
- 列出没有被讨论但被预见为潜在问题的潜在行为（当家人来访时会发生什么，我们如何改变它们的行为？）
- 列出任何补充剂或药物的确切名称、剂量和使用频率，以及应避免的可能存在的副作用或相互作用。
- 为宠物主人制作一份清单，以便在任务完成后进行确认，从而增强责任感。
- 创建月度喂养计划日历。整个月都要有鼓励的话语（图21.2）。

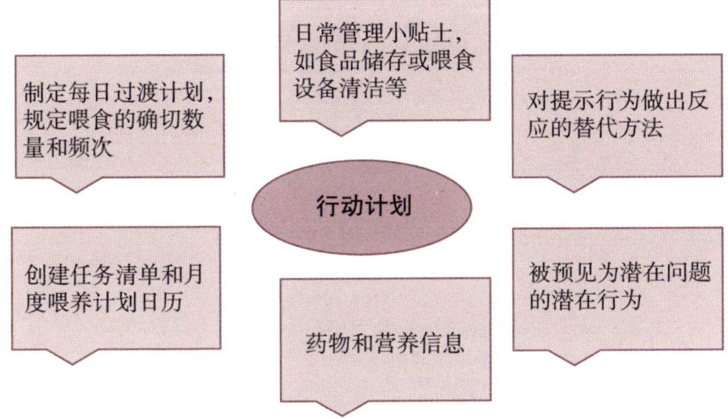

图21.2　有效行动计划的要素

21.4　通过决策过程支持宠物主人

21.4.1　互联网医生

大多数宠物主人会在诊断后进行某种形式的研究，并对提供的信息进行解释[1]。虽然许多宠物主人认识到在互联网上找信息可能不是一个可靠的来源，但这可以为兽医团队提供一个开始讨论的机会。为客户提供值得信赖的网站，这是给希望进行研究和从可靠网站验证信息的宠物主人提供支持的理想方式[1]。

21.4.2　提供学习工具

应分步向宠物主人提供诊断和治疗方案，并阐述每一步的价值，允许宠物主人提出意见。应提供各种学习工具或资源，来帮助以不同方式学习的宠物主人。在经过批准的互联网平台上提供可视化资料、书面材料或网站地址可能会降低宠物主人从不准确或不可靠的平台上进行研究的风险。为了让宠物主人弄明白相关信息，学习工具中使用的语言应以每位宠物主人都能理解的方式表达[1]（图21.3）。

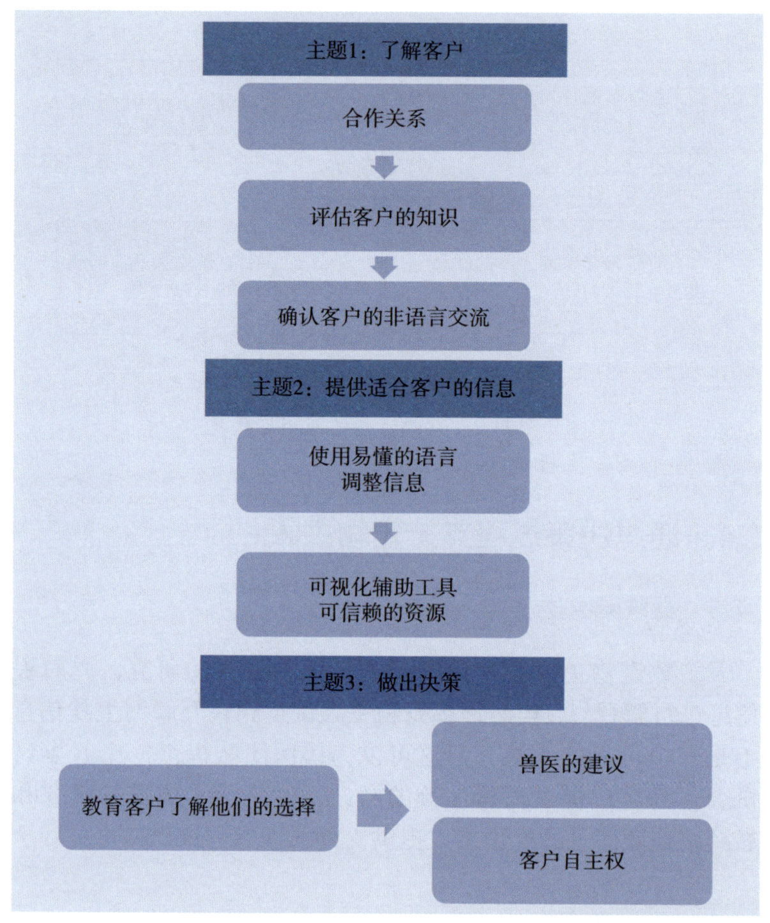

图21.3 兽医专业人员和宠主之间做出决策、了解期望和信息交流的逻辑流程概念图。来源：Janke 等[1]/PLOS/Public Domain CC BY 4.0

21.4.3 了解财务限制

当宠物医生尝试去理解宠物主人时，必须考虑到他们的经济状况。宠物主人可能愿意完成所有行动来帮助他们的宠物，但他们的经济状况不允许这样做。其他宠物主人可能对兽医的服务或宠物本身有预期值。他们可能有能力为他们的宠物提供治疗，但在价值成本比方面存在冲突。行为经济学是关于理解人类为什么不能做出合乎逻辑的决定，以及如何利用这些潜意识的非理性部分来帮助他们做出更好选择的科学[9]。“助推”的概念是一种干预行为，可帮助宠物主人做正确的事情，允许他们拥有自由意志，没有激励或惩罚，只是让他们更容易做出正确的选择[9]。医院可以利用影响人类行为的原则来敦促宠物主人遵循我们的建议。例如：

- 诱导　为宠物主人提供选择。当提供较低、中等和较高的成本选项时，大多数买家会选择中间的选项。通过将理想的选项列在中间，我们可以指导宠物主人采取所需的建议[9]。
- 互惠　人们喜欢付诸情感或行动来给予回报。通过为“他们的宠物”制定营养计划，宠物医生为它们提供了一些特别的东西[9]。作为回报，他们更有可能遵循你的饮食建议。
- 社会规范　利用社交媒体分享关于宠物在医院的故事[9]，可以增加与其他宠物主人的信任。这种外部影响可能有助于宠物主人接受你的建议。
- 默认设置　以涵盖所有服务需求的方式设置定价或套餐。大多数人会选择默认选项，即使他们可能不需要[9]。你可以在绝育手术的检查套餐中包含麻醉前的血液检查。宠物主人知道他们可以拒绝验血，但他们还是接受了这个套餐。

21.5 优化沟通

21.5.1 摒弃评判——认可宠物主人的情感

兽医专业人员可以通过倾听和认可宠物主人的担忧和情感来对他们表达认可[1]。宠物主人与他们的宠物有着独特的关系，这可能会导致不同程度的情感。让宠物主人知道他们的情感是合理的，并以此为我们支持他们的担忧提供指导是很重要的[10]。提供情感认可对医患关系有诸多益处[11]：

- 接受沟通　通过认可他们的情感来表达你对他们的关心和接受[11]。
- 加强人际关系　当你被接纳的时候，你会感觉联系更紧密，并建立更牢固的关系[11]。
- 体现价值　宠物主人会觉得他们对你很重要，因为你已经认可了他们的感受[11]。
- 更好的情绪调节　当宠物主人感觉被倾听和理解时，其情绪强度可能会降低[11]。

一项研究探索了情绪体验的认可与否如何调节人格特征和攻击行为，结果观察到：具有更强攻击倾向的人在情感未被认可时，会表现出更多的攻击行为，而在他们的情感被认可时，攻击行为则相对较少，提供情感认可的措辞有[11]：

- “我能理解你的感受。”
- “那一定很困难。”
- “我也有同感。”
- “真令人沮丧！”
- “我打赌你一定很沮丧。”
- “我在你身边支持你。”（图21.4）

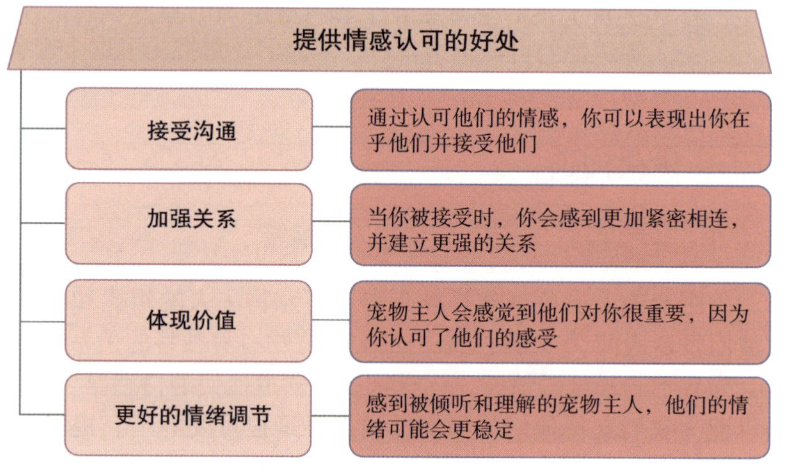

图21.4　为宠物主人提供情感认可的好处

21.6　为宠物主人提供持续的支持

给宠物主人提供咨询后的支持对于确保营养或治疗计划的持续实施和成功极为重要。改变行为可能很困难，同时识别引发不良行为的行为线索也很重要[3]。通过与宠物主人进行频繁而一致的沟通，我们可以帮助他们保持正确的方向，恰当地遵循行动计划。

21.6.1　保持联系

科技为兽医团队提供了多种与宠物主人保持联系的方式。要了解宠物主人偏好的联系方式，因为这可能会影响沟通的结果。例如，不喜欢打电话的宠物主人可能不会回复你的电话，而如果你发了短信，他们可能会更愿意参与宠物健康状况的跟踪。你可以给宠物主人的一些选项是：

- 电话沟通　这可能是联系宠物主人的一种更私人的方式。通过倾听和与宠物主人交谈，你可以听到他们的语气，同时个性化调整你的语气和语言，从而更好地与他们沟通。
- 发送短信　这种沟通形式对于忙碌或很难进行长时间交谈的宠物主人来说是个不错的方式。在文本中使用的语言必须谨慎，并确保在信息交流中被真正理解。如果需要更深入的对话或指导，可能需要其他沟通工具。
- 电子邮件/即时通信　这种交流方式可以很好地发送具体的指示或提供信息，你需用心确保你用宠物主人能理解的语言编写一封条理清晰的信件。当客户不断追问时，这种沟通形式可能非常耗时且无效。
- 远程咨询（虚拟咨询）　作为一种日益普及的交流工具，虚拟咨询正成为人们与宠物主人交流的一种更受欢迎的方式。对于健康状况稳定、不需要诊断的宠物来说，这种沟通形式可能是进行常规接触的理想方式。通过使用视觉和听觉联系，兽医团队成员和宠物主人之间可能会建立更强的信任关系。这种联系类似于当面看诊，已经成为一种更常态化的保持联系的方式。近年来，在保持社交距离成为一种更常见的生活方式的情况下，许多家庭借助这类平台来保持联系。

- 表格　利用问卷类型的表格（谷歌表格）是一种从宠物主人处获得信息的方式，以了解他们在行动计划中做得如何。这是一种单向的沟通方式，需要借助其他沟通工具获得回应。
- 团体支持　建立能提供积极支持的团体可以帮助宠物主人和正在与他们的宠物经历相同压力的其他人建立联系。这可能包括面对面小组，例如正在进行宠物减重管理的主人每月在公园与宠物一起散步，以及虚拟小组，例如宠物主人可以在博客上发布他们宠物的照片并添加回忆。在兽医医院建立这种类型的社区是一种支持宠物主人，并建立持久信任的良好方式。

21.6.2 联系频率

联系频率将取决于宠物主人所需的支持。在确定频率时需要考虑的问题有：

- 宠物的健康状况有多稳定？
- 对宠物主人来说有多少障碍？
- 宠物主人如何管理行动计划？
- 健康状况如何？
- 症状多久会复发并导致健康风险增加？
- 宠物主人希望多久得到一次支持？

给宠物主人提供多种联系的选择，并允许他们在联系频率上有一些发言权，这将有助于复诊的成功开展。

21.7 章节概要

- 宠物主人希望参与宠物健康和治疗计划的决策过程[1]，尽管多种因素可能阻碍他们遵循您的建议。
- 在宠物主人之间建立信任是发展兽医-客户-病患关系（VCPR）的主要组成部分。这包括帮助宠物主人做出有关宠物健康的决定，这可能是VCPR关系中最复杂和最困难的组成部分之一。
- 保护动机理论（PMT）描述了个体是如何对感知到的威胁做出自我保护的反应[2]。这一理论有四个关键要素：
  - 信息接收
  - 威胁评估
  - 应对评估
  - 行为或意图
- 改变行为可能是困难的，需要持续的支持，以确保新行为的形成。
- 自我肯定是在给出可能被认为是负面的信息之前，识别并沟通关于宠物主人的重要或积极的方面。这个做法将有助于避免对方产生防御心理。
- 行动计划应包括：
  - 每日过渡计划，规定确切的喂食数量和频次。
  - 日常管理小贴士，如食物储存或喂食设备清洁。
  - 列出已知的行为和对提示行为做出反应的替代方法。
  - 列出没有被讨论但被预见为潜在问题的潜在行为。
  - 药物和营养信息。
  - 创建任务清单和月度喂养计划日历。
- 从被认可的互联网平台上提供可视化资料、书面材料或网站地址，可能会降低宠物主人从不准确或不可靠的平台上进行研究的风险。

- 行为经济学指的是理解人类为什么不能做出合乎逻辑的决定，以及如何利用这些潜意识的非理性来帮助他们做出更好选择的科学。
- 给宠物主人提供咨询后的支持对于确保营养或治疗计划的持续进行和成功是极其重要的。我们可以通过各种通讯工具与宠物主人保持联系，频率视具体情况和宠物主人的支持需求而定。

参考文献（原书）

1 Janke, N., Coe, J.B., Bernardo, T.M. et al. (2021). Pet owners' and veterinarians' perceptions of information exchange and clinical decision-making in companion animal practice. PLoS One 16 (2): e0245632. https://doi.org/10.1371/journal.pone.0245632.

2 Westcott, R., Ronan, K., Bambrick, H. et al. (2017). Expanding protection motivation theory: investigating an application to animal owners and emergency responders in bushfire emergencies. BMC Psychology 5: 13. 10.1186/s40359-017-0182-3.

3 Webb, T.L. and Sheeran, P. (2006). Does changing behavioral intentions engender behavior change? A meta-analysis of the experimental evidence. Psychological Bulletin 132 (2): 249–268. https://doi.org/10.1037/0033-2909.132.2.249.

4 Webb, T.L., Chang, B.P.I., and Benn, Y. (2013). 'The ostrich problem': motivated avoidance or rejection of information about goal progress. Social and Personality Psychology Compass 7: 794–807. https://doi.org/10.1111/spc3.12071.

5 Banfield Pet Hospital (2017). State of pet health. https://www.banfield. com/pet-health/state-of-pet-health (accessed 4 January 2022).

6 Association for Pet Obesity Prevention (2018). Pet obesity survey results. https://petobesityprevention.org/2018 (accessed 4 January 2022).

7 Pet Food Alberta (2012). Trending – obesity in pets. https://www1.agric.gov.ab.ca/$department/deptdocs.nsf/all/bdv14368/$file/ObesityFactsheetFinalized%282%29kk.pdf?OpenElement (accessed 4 January 2022).

8 Kieler, I.N., Kamal, S.S., Vitger, A.D. et al. (2017). Gut microbiota composition may relate to weight loss rate in obese pet dogs. Veterinary Medicine and Science 3 (4): 252–262. https://doi.org/10.1002/vms3.80.

9 Moore-Jones, J. (2019). Principal, unleashed coaching and consulting. Beyond the shelter. 8th Annual G2Z Summit and Workshops. https://www.g2z.org.au/assets/pdf/Jessica%20Moore%20Jones%20paper%20Behavioural%20economics.pdf (accessed 3 January 2022).

10 Thomas, V. (2012). A comprehensive guide to effective communication between veterinarian and client: from a terminal diagnosis to an end-of-life discussion. Honors College thesis. Oregon State University. https://ir.library.oregonstate.edu/concern/honors_college_theses/x633f2851 (accessed 8 January 2022).

11 Clinical Nutrition Service (2019). How do I switch my pet's food? https://vetnutrition.tufts.edu/2019/11/how-do-i-switch-my-pets-food/ (accessed 8 January 2022).

12 Herr, N.R., Meier, E.P., Weber, D.M. et al. (2017). Validation of emotional experience moderates the relation between personality and aggression. Journal of Experimental Psychopathology 8 (2): 126–139. https://doi.org/10.5127/jep.057216.

22 记录营养史

如今，营养被认为是第五项生命体征评估的重要内容，这五项内容分别为体温、脉搏、呼吸、疼痛和营养评估。当我们在思考肠道微生物组的失调是如何导致健康状况不良时，获取过去和当前的营养史以了解饮食摄入情况，以及完善体格检查，都是非常重要的。

22.1 如何提出正确的问题

为了获得全面的营养史，我们必须让客户参与并回忆他们的日常生活，确保他们向我们完整地描述宠物每天的饮食情况。

我们可以通过不同的方式提问，引导宠物主人以特定的方式回答问题。这些技巧可以帮助控制所获得信息的数量或类型。一些常用的提问技巧有：

22.1.1 封闭式问题

使用这些类型的问题可以把答案限制在一个词或几个词以内[1]。所获信息是直接的（是/否），可能无法提供细节。

以下是一些问题示例：

- 你会给宠物零食吗？
- 你给宠物喂的是干粮、罐头、生食，还是自制食物？
- 你多久喂一次你的宠物？
- 你会给你的宠物吃人类的食物吗？

如果提问语气不当，或客户认为将会有一个积极或消极的答案时，这些问题可能会导致防御心理。

例如，如果宠物患有胃肠道疾病，宠物主人被问道："除了犬粮，你给他吃了其他食物吗？"宠物主人可能会觉得你是否要指责他们造成了现在的问题，因为他们每天都给宠物一个汉堡。他们可能会为了避免被认为是他们的过错而回答"不"。正如在第22章中所讨论的，这可能会导致对话初期的心理防御和沟通障碍。

22.1.2 开放式问题

这类问题会促使宠物主人用句子、列表和故事的方式回答，从而获得更深入的、新的见解[1]。这些类型的问题会鼓励宠物主人分享，以获得更好的信息交流。

一些开放式问题示例：

- 请告诉我，从你醒来到睡前，你的宠物吃了多少食物？
- 描述你的宠物为了获得零食奖励做出了什么样的行为？
- 详细描述当你给宠物提供新饮食时，它的反应如何？

22.1.3 探究式问题

这类问题将促使宠物主人给出更详细的回答。这是一种确保你收到了所有信息的方法。这些问题可以在开放式或封闭式问题之后使用，以获得更多细节。

问题示例：

- 你喜欢这种饮食的哪些方面？
- 你能描述一下你的宠物在呕吐前会做什么吗？
- 请告诉我更多关于你为宠物选择这种饮食的原因（图22.1）？

22.1.4 使用适当的语气

提问时应使用适当的语气。我们的语气传达了我们言语背后的情感[2]。在一项人类的研究中，对某些词汇分别用中性、悲伤

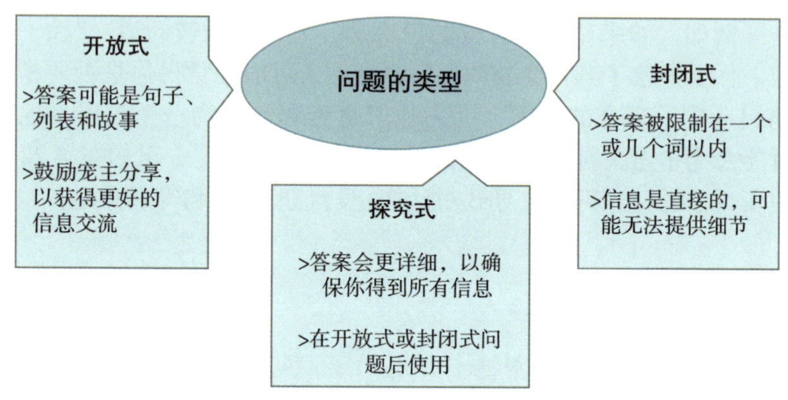

图22.1 问题和答案的类型

或欢快的语气进行表述。用悲伤语气说出的词汇被认为是消极的，而用欢快语气说出的词汇被认为更具积极意义[2]。

22.1.5 时机决定一切

当我们要求宠物主人回忆营养史时，我们是在要求他们回忆过去的事。问题关键在于他们能回忆起关于宠物营养的哪些记忆？“是用绿色袋子装的，上面印有一只犬”“我记得是叫‘真正的狼人’，或是类似的字样”“是三角形的颗粒”。宠物主人可能不会优先储存关于我们想要获得的宠物食品细节的记忆。

22.2 营养问卷

对于营养史不完整的一个解决方案是，在开展营养咨询前几天就给宠物主人提供一份营养问卷。这种方法可以让宠物主人有时间回忆和获得你需要的所有信息。这种方式获取营养史有以下好处：

- 更有效地利用时间。让宠物主人在检查前完成营养问卷，以便兽医或兽医护士（技师）可以在必要时专注于探究问题，并缩短病史记录过程。

- 更准确、更全面的病史。让宠物主人有时间回忆他们的宠物之前的饮食，且更详细。
- 是时候考虑之前提供的营养是否合适了。对于不太擅长或缺乏营养建议经验的从业者来说尤其重要。给宠物主人一个在预约前24h提交表格的最后期限，可以让兽医有充足时间评估信息，并制定一个咨询期间如何进行沟通的计划。

22.2.1 营养史应包括哪些内容?

作为第五项生命体征评估的重要部分之一，包括进食量和进食频率在内的当前饮食情况都应记录在患病动物的档案中。测量当前体重时，若可行，应同时记录体重减轻的百分比。非初始体重减轻10%与疾病恶病质有关，体重减轻5%可能是恶病质前期的迹象[3]。对一只小体型宠物来说，体重减轻5%大致相当于体重下降0.2kg。

一份更深入的病史应包括饮食时间表，其中包括进食量和进食频率。要追溯到多久之前的营养史可能取决于宠物的健康状况和咨询调查的深度。理想情况下，营养史应包括从妊娠到现在的饮食，以及在同一时间段内的任何药物治疗。要认识到一些药物（抗生素、抗真菌药物）会对微生物组产生巨大影响[4]，在收集之前的营养信息时，获取一份完善的病史记录是很重要的。世界小动物兽医协会（WSAVA）“营养工具包”中有一个“饮食史简表”，可以参考使用，以满足你所在的兽医团队特定的评估需求[5]。

更深入的病史调查

（1）当前饮食　包括零食、其他食物和补充剂（名称、品牌、数量、频率）。自制饮食应制定包括原料量在内的食谱和饲喂计划。

（2）过去饮食　包括过去给予的零食或补充剂（名称、品牌、数量、频率，及提供饮食/零食/补充剂的时间表）。自制食谱应包括原料量在内的食谱和饲喂计划。

（3）宠物与食物的关系　宠物喂食后的表现如何？马上进食、

自由采食，还是需要人工喂食？家里是否存在食物竞争（孩子、其他宠物）？

（4）运动　运动类型，包括活动强度和频率。

（5）食物、水和补充剂的提供方式　使用盘子或是其他工具？谁提供食物？在哪里进食？谁给予补充剂？多久换一次水？提供什么类型的水？食物、水和盘子都放在哪里？

（6）家里是否有其他宠物　如果有，说出种类和品种。讨论宠物之间的关系，以及是如何饲喂宠物的（一起饲喂、在分开的房间饲喂等）。

（7）宠物的居住方式（室内/室外）？其中，猫砂盆或尿垫放在哪里？

（8）家庭成员　家里有多少人？多少人是青少年？多少人是小学生？幼儿还是更小年龄？

（9）医疗问题　宠物之前和现在服用的任何药物。当前用药的剂量和频率。你的宠物有任何健康问题吗（之前和现在）？你的宠物体重是减轻还是增加了？你的宠物有过敏问题吗？

（10）食物储存　宠物的食物是如何储存的？宠物有多久的进食时间？你的宠物是否能接触到其他食物？垃圾、灶台，还是偷食物？一次会购买多久的食物储备？

（11）选择宠物食品时，对宠物主人来说什么是重要的？购买地点、质量、感知质量（消费者对于产品质量的主观认知和评价）、便利性、成本、特征（有机、天然、注重健康状况）、牙齿护理、食物敏感性、皮肤和被毛状况、适口性，还是粪便质量？

（12）宠物主人会通过哪些途径来了解宠物的营养信息？互联网搜索、特定的互联网网站、播客、兽医、饲养员、家人/朋友、宠物店，还是书籍[6]？

22.3 章节概要

- 营养评估现在被认为是第五项生命体征评估的重要内容：

体温、脉搏、呼吸、疼痛和营养评估。

- 提问技巧可以帮助控制所获得信息的数量或类型。
  - 封闭式问题：使用这类问题可以把答案限制在一个词或几个词以内[1]。
  - 开放式问题：促使宠物主人用句子、列表、故事等方式回答，能提供更深入的、新的见解[1]。
  - 探究式问题：促使宠物主人给出更详细的回答，是确保获取所有信息的一种方式。
- 提问时应使用适当的语气。我们的语气传达了我们言语背后的情感[2]。
- 在咨询前几天给宠物主人提供一份营养史问卷，有利于咨询过程的进行。
  - 更有效地利用时间。
  - 更准确、更全面的病史。
  - 是时候考虑之前提供的营养是否合适了。
- 所需营养史的详细程度取决于具体情况，可能包括：
  - 当前饮食。
  - 过去饮食。
  - 宠物与食物的关系。
  - 运动。
  - 食物、水和补充剂的提供方式。
  - 家中其他宠物。
  - 宠物的居住方式（室内、室外）。
  - 家庭成员。
  - 医疗问题。
  - 食物储存。
  - 选择宠物食品时，对宠物主人来说什么是重要的？
  - 宠物主人会通过哪些途径来了解宠物的营养信息？

参考文献（原书）

1 Coe, J.B., Adams, C.L., and Bonnett, B.N. (2007). A focus group study of veterinarians' and pet owners' perceptions of the monetary aspects of veterinary care. Journal of the American Veterinary Medical Association 231 (10): 1510–1518. https://doi.org/10.2460/javma.231.10.1510. PMID: 18020992.

2 Schirmer, A. (2010). Mark my words: tone of voice changes affective word representations in memory. PLoS One 5 (2): e9080. 10.1371/journal.pone.0009080.

3 Blum, D., Stene, G.B., Solheim, T.S. et al. (2014). Validation of the consensus – definition for cancer cachexia and evaluation of a classification model – a study based on data from an international multicentre project (EPCRC-CSA). Annals of Oncology 25 (8): 1635–1642. 10.1093/annonc/mdu086.

4 Langdon, A., Crook, N., and Dantas, G. (2016). The effects of antibiotics on the microbiome throughout development and alternative approaches for therapeutic modulation. Genome Medicine 8: 39. https://doi.org/10.1186/s13073-016-0294-z.

5 WSAVA (2020). Short diet history form. https://wsava.org/wp-content/uploads/2020/01/Diet-History-Form.pdf (accessed 4 March 2022).

6 Clinical Nutrition Service: University of Guelph (2018). Diet history form for pet owners. https://www.ovchsc.ca/files/2018/10/451244-Sep2018-Clinical-Nutrition-Diet-History-Form. pdf (accessed 4 March 2022).

23 饮食治疗计划

营养是第五项生命体征评估的重要内容，兽医专业人员应在每次咨询时提供营养建议[1]。营养素对于提供能量和协助完成多种生理过程至关重要。宠物终生都需要营养，兽医团队应认识到在每次就诊时为病患提供饮食建议和制定营养计划的价值。

23.1 宠物主人需要兽医提供营养建议

美国Packaged Facts（APPA，美国宠物用品协会）进行的调查（全国宠主调查，2021—2022年）及AnimalBiome进行的调查（肠道状况报告，2022年9月）显示，宠物主人信任他们的兽医，希望他们提供信息和建议。Janke和Coe等[2]对宠物主人和兽医进行的一项研究发现，与宠物主人建立“团队”模式可以让他们更好地遵循兽医建议[2]。

23.2 提升营养计划的价值

了解营养素在宠物健康中的价值，提供均衡的饮食及平衡的能量，应在每次兽医诊疗中得到落实。应像考虑药物剂量一样考虑饲喂量；营养过量可能会造成营养不良或肠道生态失调，可能引发或影响代谢性或炎性疾病，如肥胖。相反，营养不足也可能得不到预期效果，并可能导致营养不良或营养缺乏。兽医专业人员应该为他们的患病动物制定具体的饮食建议和饲喂计划，包括根据能量需求计算具体饲喂量。就像计算药物剂量一样，营养计算可以为我们提供更具体的信息，告诉我们患病动物合适的饲喂量。通过使用饮食计划，我们可以为客户提供专业的营养计算，从而增加客户的信任度，并为患病动物提供更准确的治疗。

23.3 营养计划的组成部分

宠物营养联盟是一个由来自国内和国际兽医和兽医营养组织组成的机构。根据宠物营养联盟的说法，“营养计划包括为患病动物提供全面且均衡的饮食，建立营养目标，选择合适的食物，并决定饲喂量[3]。”一份全面的营养计划还包括克服障碍相关的行动计划细节，以及关于饮食中的营养素对宠物有益的信息。任何关于饮食准备、储存及可能存在的健康风险的特别说明均应在计划中注明（图23.1）。

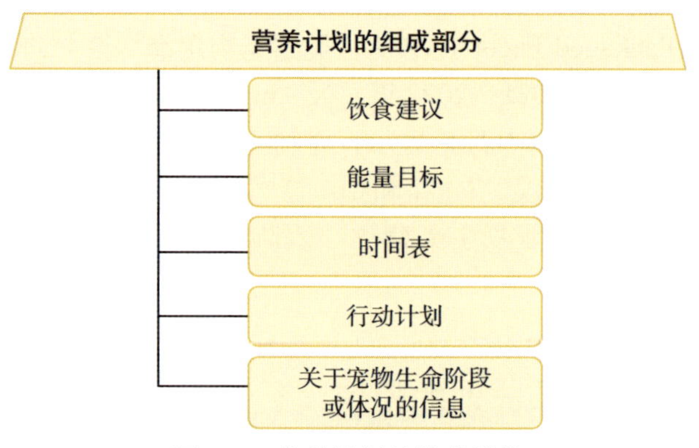

图23.1 营养计划的组成部分

23.3.1 饮食建议

无论何种类型饮食，都应提供全面均衡的营养，但短期饮食建议可能会有少数例外。饲喂这些日粮的时间取决于饮食和健康状况。时间安排则取决于营养失衡的类型和程度。饮食建议应与生命阶段相适应，并为并存病提供适当的营养水平[3-4]。饮食建议也需要适合宠物主人，考虑到任何可能影响他们按照你的饮食建议购买或饲喂的困难，同时确保它符合宠物主人对宠物营养的期望。

23.3.2 能量目标

每日能量需求应根据宠物的体重、体况和肌肉状况评分来计算[4]。

23.3.2.1 主餐

将每日能量目标划分至每餐，并计算每餐饲喂量[4]。

23.3.2.2 零食目标

每日零食能量不应超过每日能量需求的10%。零食包括任何不全价或营养不均衡的食物。从每日能量需求中扣除零食能量，然后计算出每天可以提供给宠物的零食量[4]。关于营养计算的更多细节可在第25章中找到。

23.3.3 时间表

有必要给宠物主人制定一个饲喂过渡计划，包括何时重新评估宠物体重、体况和肌肉状况的时间表。为了达到能量目标，可以重新计算每日能量需求。给宠物主人制定短期和长期目标有助于计划的成功。例如，可能需要一年时间才能让宠物达到理想体重，实现减肥计划的成功。对宠物主人而言，改变行为以帮助他们的宠物达到初始目标，并在一段时间内维持新的行为可能是很难的[5]。

23.3.3.1 行动计划

要指出可能阻碍营养计划成功实施的任何可预见的障碍，包括如何给予药物或营养保健品，如何奖励正在减肥计划中的宠物，如何鼓励食欲减退的宠物进食，以及在时间表上反复强调以帮助宠物主人继续执行计划[5]。

23.3.3.2 关于宠物体况或生命阶段的信息

计划的这一部分可能对宠物主人有益。这些信息聚焦在为什么饮食建议和热量计算与宠物当前的健康状况有关的话题上。宠物主人可能会进行研究，因此向他们提供真实的信息和可信的网站链接是很重要的，这样他们就可以看到和读到那些支持你提出的建议的类似信息[2]。还可以讨论这些建议是如何满足宠物主人对宠物饮食的期望的。例如，如果宠物主人只想从杂货店购买饮食，我们可以通过推荐饮食A来满足宠物主人的需求；当我们希望这种饮食能够满足宠物的需求，但发现饮食A不能提供充足的营养支持时，我们可以从宠物店推荐饮食B或从兽医诊所推荐饮食C。可以简要讨论一下饮食C含有额外的补充剂，可以增加消化率，有利于宠物的健康。

23.4 章节概要

- 患病动物每天都需要营养组分，以确保能量需求，以及维生素和矿物质的适当平衡，这就是为什么兽医团队需要首先了解为患病动物提供饮食建议和制定营养计划的价值。
- 宠物主人需要我们的营养建议。
- 比较营养计划和医疗计划。
- 兽医专业人员应该为患病动物制定具体的饮食建议和饲喂计划，包括根据能量需求计算进食量。应像计算药物剂量那样计算饲喂量；营养过量可能造成生态失调，导致疾病状态，而营养供应不足也可能达不到预期结果或造成营养缺乏。
- “营养计划包括为患病动物提供全面且均衡的饮食，建立营养目标，选择合适的食物，并确定进食量。”[3]计划的组成部分有：

- 饮食建议。
- 能量目标。
- 时间表。
- 行动计划。
- 给宠物主人提供关于宠物生命阶段或体况的信息。

参考文献（原书）

1 Blees, N. R., Vandendriessche, V. L., Corbee, R. J., Picavet, P., & Hesta, M. (2022). Nutritional consulting in regular veterinary practices in Belgium and the Netherlands. Veterinary Medicine and Science, 8(1), 52–68. https://doi.org/10.1002/vms3.679.

2 Janke, N., Coe, J.B., Bernardo, T.M. et al. (2021). Pet owners' and veterinarians' perceptions of information exchange and clinical decision-making in companion animal practice. PLoS One 16 (2): e0245632. https://doi.org/10.1371/journal.pone.0245632.

3 Pet Nutrition Alliance Creating a nutritional plan. https://petnutrition-alliance.org/site/pnatool/creating-nutrition-plan (accessed 28 February 2022).

4 Hand et al. (2010). Small Animal Clinical Nutrition 5th Edition. MMI, 13–18.

5 Webb, T.L. and Sheeran, P. (2006 Mar). Does changing behavioral intentions engender behavior change? A meta-analysis of the experimental evidence. Psychological Bulletin 132 (2): 249–268. https://doi.org/10.1037/0033-2909.132.2.249. PMID: 16536643.

24 营养咨询相关计算

24.1 能量需求

每个患病动物每次就诊时均应计算能量需求[1]，包括静息能量需求（RER）和维持能量需求（MER）。就像计算药物剂量一样，计算每日能量需求是必要的：

（1）确保提供充足的能量。

（2）确保没有提供过量的能量。

（3）出现上述情况之一，可能导致商业饮食中维生素和矿物质的缺乏或过量。

24.1.1 静息能量需求

RER是患病动物在清醒和休息状态时所需的能量。这是大多数住院动物所处的状态。大多数执业兽医会使用两个基础公式，一个是体表面积公式，另一个是线性公式，线性计算有体重限制[2]。当体重小于2kg或大于30kg时，线性计算［$(BW\times 30)+70$］的准确性较低。用体表面积计算可以得到所有体重下更准确的结果[2]（图24.1）。

$$RER = BW^{0.75}\times 70\ (\text{体表面积公式})$$ [2]

24.1.2 维持能量需求

MER是患病动物满足基本生理需求，包括任何与生长、妊娠、哺乳、活动或疾病能量消耗相关的额外需求在内所需的能量[2]。MER是在RER的基础上乘以一个基于宠物能量需求的系数。

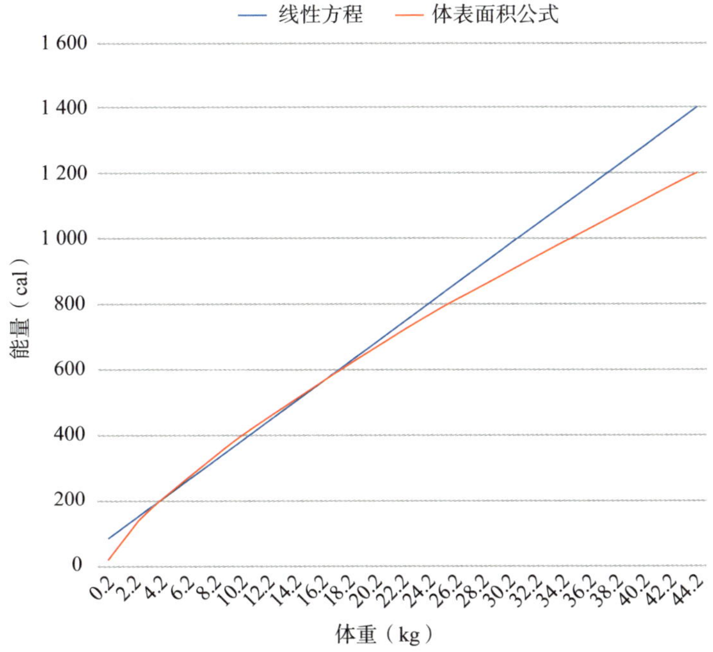

图24.1 图绘线性方程与体表面积公式计算RER之间的差异
（注：cal为我国非法定计量单位，1 cal≈4.18J。——编者注）

$$MER = RER \times \text{维持能量系数}$$ [2]

维持能量系数[3]：

犬	猫
未绝育/未去势的成年动物：1.8	未绝育/未去势的成年动物：1.4
绝育/去势的成年动物：1.6	绝育/去势的成年动物：1.2
不活跃或有肥胖倾向：1.2～1.4	不活跃或有肥胖倾向：1.0
需要减重：1.0	需要减重：0.8
活跃的或轻中强度工作：1.6～5.0	活跃的：1.4～1.6
需要增重 理想体重下RER：1.2～1.4	需要增重 理想体重下RER：1.2～1.4
生长期≤16周龄：3	生长期≤16周龄：3
生长期≥17周龄：2	生长期≥17周龄：2
中高强度活动：5～10	中高强度活动：2～3

24.1.3 生长期能量计算

生长期对能量的需求增加，因为组织生长发育需要能量。生长期幼犬每单位体重所需的能量是成年犬的2倍[4]。

（1）简单公式　*RER*×3.0［适用于16周龄（4月龄）以内的幼犬］*RER*×2.0［适用于17周龄（4月龄）以上的幼犬］。

（2）基于估算成年体重（kg）的计算[4]

① 犬：$130\times 当前BW^{0.75}\times 3.2[2.71828^{-0.87(当前BW/预期BW)}-0.1]$

② 猫：$100\times 当前BW^{0.67}\times 6.7[2.71828^{-0.189(当前BW/预期BW)}-0.66]$

24.1.4 妊娠期能量计算

妊娠能量需求直到配种后约5周才开始增加。能量需求会增加25%～60%，这取决于母犬的体型，体型较大的犬需要更多的能量。母猫在怀孕期间能量需求一般会增加40%～50%[4]。

母犬：*ME*（kcal/d）$=130\times BW^{0.75}+(26\times BW)$

母猫：*ME*（kcal/d）$=140\times BW^{0.67}$

24.1.5 哺乳期能量计算

哺乳是动物最大的能量需求来源。哺乳动物很难摄取充足的能量来满足所有需求，这取决于后代的数量不同。母猫和母犬在哺乳期间的能量需求通常能达到维持能量需求的2～4倍[4]。

哺乳母犬 ***ME* (kcal/d)** [3] 幼犬数量	***MER***	哺乳母猫 ***ME* (kcal/d)** [3] 哺乳周数	***MER***
1	3.0×*RER*	第1～2周	*RER*＋每只幼猫的30%
2	3.5×*RER*	第3周	*RER*＋每只幼猫的45%

（续）

哺乳母犬 *ME* (kcal/d)[3] 幼犬数量	*MER*	哺乳母猫 *ME* (kcal/d)[3] 哺乳周数	*MER*
3～4	4.0 × *RER*	第4周	*RER* + 每只幼猫的55%
5～6	5.0 × *RER*	第5周	*RER* + 每只幼猫的65%
7～8	5.5 × *RER*	第6周	*RER* + 每只幼猫的90%
⩾9	⩾6.0 × *RER*		

24.2 通过能量需求计算每杯或每罐的能量（kcal）

将计算出的能量需求除以每杯（或每罐）的食物所含能量，从而计算出每日所需的食物量[4]。如果将每日能量需求拆分成两种饮食，例如颗粒和罐头饮食，则从每日能量需求中减去一种饮食提供的能量，然后将其剩余值除以每杯（罐）第二种饮食提供的能量。

饲喂1种饮食：*MER* ÷ 每杯（罐）食物提供的能量（kcal）= 每天需要饲喂的食物量

饲喂2种饮食：计算饮食1所需量［1罐（杯），1/2罐，1/4罐］，然后计算饲喂饮食1提供的能量（kcal），则*MER* – 饮食1提供的能量（kcal）= 剩余部分*MER*，剩余部分*MER* /每杯（罐）饮食2提供的能量（kcal）= 饮食2所需饲喂量

24.2.1 计算公式

24.2.1.1 在预先确定多罐（杯）食物量或设定百分比的情况下计算饮食1的能量

（1）能量（kcal）/罐（杯）÷ 该罐或该杯饮食分次饲喂的次数

（2）能量（kcal）/罐（杯）× 多罐或多杯饮食的数量

（3）能量（kcal）/罐（杯）× 饲喂该饮食的百分比

① 例1：*MER*为1 200kcal/d，397kcal/罐，每天饲喂1/4罐，干

粮265kcal/杯。

397kcal/罐 ÷ 1/4罐/d = 99.25kcal/d

② 例2：*MER*为342kcal/d，67kcal/罐，每天饲喂2罐，干粮501kcal/杯。

67kcal/罐 × 2罐/d = 134kcal/d

（4）*MER* − 饮食1能量 = 剩余部分*MER*

① 例1：*MER*为1 200kcal/d，397kcal/罐，每天饲喂1/4罐，干粮265kcal/杯。

1 200kcal/d − 99.25kcal/d = 1 100.75kcal/d，即剩余部分*MER*。

② 例2：*MER*为342kcal/d，67kcal/罐，每天饲喂2罐，干粮501kcal/杯。

342kcal/d − 134kcal/d = 208kcal/d，即剩余部分*MER*。

（5）剩余部分*MER* / 每杯（罐）饮食2提供的能量 = 饮食2所需饲喂量

① 例1：*MER*为1 200kcal/d，397kcal/罐，每天饲喂1/4罐，干粮265kcal/杯。

1 100.75kcal/d ÷ 265kcal/杯 = 4.15杯/d

② 例2：*MER*为342kcal/d，67kcal/罐，每天饲喂2罐，干粮501kcal/杯。

208kcal/d ÷ 501kcal/杯 = 0.42杯/d

24.3 按重量（g）计算每日能量

按重量配额控制饮食量时，你需要计算每天或每餐需要饲喂的重量（g）。计算时，使用代谢能（ME）[4]。

所需能量（kcal/d）÷ 食物能量（kcal/kg）× 1 000 = 食物重量（g/d）

24.4 计算营养素能量与代谢能

成分分析保证值可以帮助计算有多少能量来自蛋白质、脂肪或糖类［亦称为无氮浸出物（NFE）］[4]。当宠物主人想在没有产品指南的情况下比较不同饮食时，这可能是一个有效的计算方式。每种营养素（蛋白质、脂肪和糖类）提供固定量的能量（kcal/g）；蛋白质提供3.5kcal/g；糖类提供3.5kcal/g；脂肪提供的能量最高，为8.5kcal/g[4]。

24.4.1 计算NFE

成分分析保证值不包括简单糖类或NFE。要计算这个量，需要从饮食中营养素总量（100%）开始，然后减去蛋白质、脂肪、纤维、水分和灰分的百分比。灰分含量通常也不记录在内，罐头的灰分含量估计为2.5%，干粮的灰分含量估计为8%[4]。

无氮浸出物 = 100% − 粗蛋白质（%）− 粗脂肪（%）− 粗纤维（%）− 水分（%）− 灰分（%）

（罐头灰分 = 2.5%，干粮灰分 = 8%）[2]

24.4.2 计算常量营养素的能量百分比

计算常量营养素提供的能量时，需要将成分分析保证值的营养素含量百分比乘以营养素的能量系数[4]。

蛋白质 = 3.5kcal/g × 粗蛋白质（%）

脂肪 = 8.5kcal/g × 粗脂肪（%）

糖类（NFE）= 3.5kcal/g × 粗无氮浸出物（%）

24.4.3 计算代谢能

代谢能（ME）是可供组织使用的能量。它以千卡/千克（kcal/kg）表示，是宠物食品最常用来表示能量含量的单位[2]，有些食品包装袋上没有列出千卡/千克（kcal/kg）或者千卡/杯（kcal/杯），而是列出成分分析保证值，我们可通过一些简单的计算来确定饮食中的能量含量[2]。

代谢能（kcal/kg）= 10｛[8.5kcal/g × 粗脂肪（%）] + [3.5kcal/g × 粗蛋白质（%）] + [3.5kcal/g × 无氮浸出物（%）]｝

24.5 计算体重减轻的百分比

如果患病动物在短时间内体重减轻超过5%，对兽医工作者而言可能是健康出现问题的早期指标；如果体重意外减轻10%，则表明存在恶病质，此时应启动营养支持的一般指导原则[2-3]。计算体重减轻变化的百分比，特别是对于猫或小型犬来说，是一种诊断工具。例如，一只一个月前体重为4.5kg的猫，当前体重为4.2kg，相当于体重减轻了6.7%。如果没有进行这项计算，可能就看不出宠物体重正在明显减轻，这表明需要进一步诊断或至少需要监测宠物的体重[4]。

$$\Delta BW\ (\%) = (\text{之前}BW - \text{当前}BW) / \text{之前}BW \times 100\%$$

24.6 计算重症病患的能量需求

当患病动物已食欲减退或厌食持续较长时间（3d或更久）时，从25%～50% RER的能量需求开始进食是有益的，以避免引发代谢紊乱，如再饲喂综合征[2]。再饲喂综合征是在严重营养不良、体重不足和/或饥饿病患开始营养支持后发生的代谢改变[2]。从少量的RER开始饲喂，并在3～7d内缓慢增加，这将降低患病动物出现代谢性、葡萄糖和电解质失衡的风险[2]。重症病患在重症监护室住院期间可维持给予RER的饲喂量。一旦患病，动物不再处于危重状态，就可以根据能量系数和体重管理来计算能量需求。

24.7 计算水分需求

水分的需求与维持水的平衡有关。通过排尿、排便、蒸发和排汗失去的体内水分由以下两种来源之一补充：

（1）营养素代谢产生的水。

（2）作为液体或作为食物的一部分摄入的水[3]。

24.8 计算代谢水

代谢水可占总需水量的5%～10%，每摄入100kcal代谢能平均产生13mL水[4]。常量营养素的氧化会产生不同量的水。1g氧化脂肪产生1.071g代谢水，1g葡萄糖产生0.556g代谢水，1g蛋白质产生0.396g代谢水[2]。可以通过将$RER \times 1.6$（犬）和$RER \times 1.2$（猫）来计算每日需水量[2]。

24.9 饲喂和过渡计划的制定

一旦确定了每天要饲喂的食物量，就可以计算每餐要饲喂的食物量。每天的进食量可由以下因素决定：

（1）宠物的生命阶段。

（2）宠物的健康状况。

（3）宠物可能正在经历的疾病类型。

（4）所需食物量—增加进食餐数以满足更高的每日能量需求。

（5）宠物主人的偏好。

24.9.1 计算每餐能量（kcal）[2]

- 每天能量（kcal）÷ 每天餐数 = 每餐能量（kcal）

24.9.2 计算每餐进食量[2]

- 每天进食量（g）÷ 每天餐数 = 每餐进食量（g）

24.10 制定饲喂计划

为宠物制定饲喂计划可能包括从先前饮食过渡到当前饮食，或者立即过渡的一般指南。如果之前的饮食不再合适，宠物处于食欲减退或厌食状态超过3d，或者无法用之前的饮食完成一般过渡，则立即过渡计划是理想的[2-3]。立即过渡计划应该从较低的能量需求开始，少量多次提供。这种形式降低了在没有热量限制的即时饮食转变计划中可能发生胃肠道紊乱或生态失调的风险。这可能是由于小肠缺乏消化酶，无法完全吸收营养素，导致过量未消化的营养素发酵，改变了胃肠道微生物群的生长和代谢物的产生，从而引发生态失调和胃肠道紊乱。

24.10.1 饮食过渡的一般指南（%）[4]

项目	第1天	第2天	第3天	第4天	第5天	第6天	第7天
先前饮食	90%	75%	50%	50%	25%	10%	—
新饮食	10%	25%	50%	50%	75%	90%	100%

24.10.2 立即转变饮食（对于危重症和初始能量限制的饮食改变）[4]

- 第1天：饲喂50% *RER*，分4～6次饲喂。
- 第2天：饲喂75% *RER*，分4～6次饲喂。
- 第3天：饲喂*RER*，分4次饲喂。
- 第4、5天：饲喂25%（*RER*−*RER*）+*RER*，分3～4次饲喂。
- 第6、7天：饲喂50%（*MER*−*RER*）+*RER*，分3～4次饲喂。
- 第8、9天：饲喂75%（*MER*−*RER*）+*RER*，分2～3次饲喂。
- 第10～14天：饲喂*MER*，分2～3次饲喂。

24.11 章节概要

- 静息能量需求：$RER = BW^{0.75} \times 70$

例如：一只犬体重18.6kg，$RER = 18.6^{0.75} \times 70 = 626.94977$（627kcal/d）。

- 维持能量需求：$RER \times$ 能量系数

使用的系数取决于宠物的能量需求（0.8～2或更高）。

- 生长期
  - 简单计算：$RER \times 3.0$（适用于16周龄以内的幼犬）或 $RER \times 2.0$（适用于17周龄以上的幼犬）
  - 基于估算成年体重的计算[2]
    - 犬 $130 \times$ 当前$BW^{0.75} \times 3.2\,[2.71828^{-0.87\,(\text{当前}BW/\text{预期}BW)} - 0.1]$
    - 猫 $100 \times$ 当前$BW^{0.67} \times 6.7\,[2.71828^{-0.189\,(\text{当前}BW/\text{预期}BW)} - 0.66]$。
- 妊娠期计算
  - 母犬：$130 \times BW^{0.75} + (26 \times BW)$
  - 母猫：$140 \times BW^{0.67}$
- 哺乳期计算
  - 这取决于窝中新生儿的数量和年龄。
- 通过能量需求计算每杯或每罐食物的能量
  - MER ÷ 每杯（罐）食物的能量（kcal）= 每天需要饲喂的食物量
- 按重量计算每日能量
  - 所需能量（kcal/d）÷ 食物能量（kcal/kg）× 1000 = 食物质量（g）/d
- 计算代谢能
  - 计算糖类（NFE）
    - NFE = 100% − 粗蛋白质（%）− 粗脂肪（%）− 粗纤维（%）− 水分（%）− 灰分（%）

  （罐头饮食灰分=2.5%，干粮饮食灰分=8%）[2]

  - ○ ME (kcal/kg) = 10 { [(8.5kcal/g× 粗脂肪 (%)] + [3.5kcal/g× 粗蛋白质 (%)] + [3.5kcal/g × 粗无氮浸出物 (%)] }
- 计算体重改变的百分比
  - ΔBW (%) = (之前BW − 当前BW) / 之前BW × 100%
- 计算危重症动物饲喂量
  - 第1天：饲喂50% RER，分4～6次饲喂
  - 第2天：饲喂75% RER，分4～6次饲喂
  - 第3天：饲喂RER，分4次饲喂
  - 第4、5天：饲喂25% (MER−RER) + RER，分3～4次饲喂
  - 第6、7天：饲喂50% (MER−RER) + RER，分3～4次饲喂
  - 第8、9天：饲喂75% (MER−RER) + RER，分2～3次饲喂
  - 第10～14天：饲喂MER，分2～3次饲喂
- 计算水分需求
  - 犬：RER × 1.6
  - 猫：RER × 1.2
- 计算饮食水分
  - 水分 (%) × 罐头净重 (g)
- 代谢水
  - 1g氧化脂肪可产生1.071g代谢水。
  - 1g葡萄糖可产生0.556g代谢水。
  - 1g蛋白质可产生0.396g代谢水。

参考文献（原书）

1 WSAVA Global nutrition guidelines. https://wsava.org/global-guidelines/global-nutrition-guidelines (accessed 14 April 2022).

2 Wortinger, A. and Burns, K.M. (2015). Energy balance; nutrition calculations; assisted feeding in dogs and cats; cancer. In: Nutrition and Disease Management for Veterinary Technicians and Nurses, 2e (ed. A. Wortinger and K.M. Burns), 42–54. Wiley.

3 Hand, M.S., Thatcher, C.D., Remillard, R.L. et al. (2010). Macronutrients. In: Small Animal Clinical Nutrition, 5e (ed. M.S. Hand et al.), 52. Mark Morris Institute.

4 Delaney, S.J. and Fascetti, A.J. (2012). Basic nutrition overview. In: Applied Veterinary Clinical Nutrition (ed. A.J. Fascetti and S.J. Delaney), 9–22. Wiley.

附录　菌名检索表

Acinetobacter 不动杆菌属

Acinetobacter baumannii 鲍氏不动杆菌

Actinobacteria 放线菌门

Aerococcaceae 气球菌科

Aeromonadales 气单胞菌目

Akkermansia muciniphila 嗜黏蛋白阿克曼菌

Alcaligenaceae 产碱菌科

Alicvclobacillaceae 脂环酸芽孢杆菌科

Alistipes 另枝菌属

Allobaculum 别样棒菌属

Alternaria 链格孢属

Anaerobes 厌氧菌

Anaerobiospirillum 厌氧生活螺菌属

Anaerofilum 厌氧细线菌属

Anaeroplamataceae 厌氧原体科

Anaeroplasma 厌氧支原体属

Anaerostipes 厌氧菌属

Anaerotruncus 厌氧棍状菌属

Arcanobacterium phocae 隐秘杆菌

Ascomycota 子囊菌门

Aspergillus 曲霉菌属

Atopobiaceae 陌生菌科

Baccilota 厚壁菌门

Bacillaceae	芽孢杆菌科
Bacilli	芽孢杆菌纲
Bacillus	芽孢杆菌属
Bacillus anthracis	炭疽芽孢杆菌
Bacillus subtilis	枯草芽孢杆菌
Bacteroidaceae	拟杆菌科
Bacteroidales	拟杆菌目
Bacteroides	拟杆菌属
Bacteroides pyogenes	化脓性拟杆菌
Bacteroides species	拟杆菌属菌株
Bacteroidetes	拟杆菌门
Bacteroidia	拟杆菌纲
Basidiomycota	担子菌门
Bifidobacteria	双歧杆菌
Bifidobacteriaceae	双歧杆菌科
Bifidobacteriales	双歧杆菌目
Bifidobacterium	双歧杆菌属
Bifidobacterium longum	长双歧杆菌
Bilophila	嗜胆菌属
Bilophila wadsworthia	沃氏嗜胆菌
Blautia	布劳特氏菌属
Bordetella bronchiseptica	支气管败血波氏杆菌
Bradyrhizobiaceae	慢生根瘤菌科
Brevibacterium flavum	黄色短杆菌
Brevibacterium lactofermentus	乳发酵短杆菌
Brevundimonas	短波单胞菌属
Brucella	布鲁氏菌属
Butyrivibrio	丁酸弧菌属
Campylobacter	弯曲杆菌属

Campylobacter jejuni	空肠弯曲杆菌
Candida	念珠菌属
Candida albicans	白色念珠菌
Capnodiales	煤炱目
Catenibacterium	链形小杆菌属
Chitinophagaceae	噬几丁质菌科
Chlamydia felis	猫衣原体
Chlamydiaceae	衣原体科
Chlamydiae	衣原体门
Chlorobi	绿菌门
Christensenellaceae	克里斯滕森氏菌科
Cladosporium	枝孢菌属
Clostridia	梭菌纲
Clostridiaceae	梭菌科
Clostridiales	梭菌目
Clostridioides difficile	艰难梭菌
Clostridium	梭菌属
Clostridium bolteae	鲍氏梭菌
Clostridium hiranonis	平野梭菌
Clostridium hylemonae	海氏梭菌
Clostridium perfringens	产气荚膜梭菌
Clostridium scindens	裂解梭菌
Clostridium species	梭菌属菌株
Coccidioides immitis	球孢子菌
Collinsella	柯林斯氏菌属
Comamonadaceae	丛毛单胞菌科
Conchiformibius	壳状菌属
Conchiformibius kuhniae	库恩氏壳状菌
Coprobacillus	粪芽孢杆菌属

Coprococcus Catus	灵巧粪球菌
Coriobacteria	红蝽菌纲
Coriobacteriaceae	红蝽菌科
Coriobacteriales	红蝽菌目
Corynebacteria	棒杆菌属
Corynebacteriaceae	棒杆菌科
Corynebacterium glutamicum	谷氨酸棒杆菌
Cryptococcus	隐球菌属
Cutibacterium	表皮杆状菌属
Cutibacterium acnes	痤疮丙酸杆菌
Cyanobacteria	蓝细菌门
Deferribacteres	脱铁杆菌门
Dehalobacteriaceae	脱卤球菌科
Desulfovibrio	脱硫弧菌属
Dialister	戴阿利斯特菌属
Dietzia	迪茨氏菌属
Dorea	多尔氏菌属
Dysgonomonas	营发酵单胞菌属
Eggerthella	爱格士氏菌属
Eggerthellaceae	爱格士氏菌科
Eggerthellales	爱格士氏菌目
Enterobacter	肠杆菌属
Enterobacteriaceae	肠杆菌科
Enterobacteriales	肠杆菌目
Enterocloster bolteae	波尔特氏肠道梭状菌
Enterococci	肠球菌
Enterococcus	肠球菌属
Enterococcus faecalis	粪肠球菌
Enterococcus faecium	屎肠球菌

Erisophelotrichales	丹毒丝菌目
Erysiphelotrichaceae	丹毒丝菌科
Erysiphelotrichia	丹毒丝菌纲
Escherichia coli	大肠埃希氏菌
Escherichia-Shigella	大肠埃希氏菌-志贺氏菌属
Eubacteraceae	真杆菌科
Eubacteriales	真杆菌目
Eubacterium	真杆菌属
Eubacterium hallii	霍式真杆菌
Eubacterium rectale	直肠真杆菌
Faecalibacterium	栖粪杆菌属
Faecalibacterium prausnitzii	普氏栖粪杆菌
Finegoldia magna	大芬戈尔德菌
Firmicutes	厚壁菌门
Fusobacteria	梭杆菌门
Fusobacteriaceae	梭杆菌科
Fusobacteriales	梭杆菌目
Fusobacterium	梭杆菌属
Gammaproteobacteria	伽玛变形菌纲
Gemella	孪生球菌属
Glomeromycota	球囊菌门
Gracilibacteria	纤细菌门
Gram +ve bacilli	革兰氏阳性杆菌
Gram +ve cocci	革兰氏阳性球菌
Gram −ve bacilli	革兰氏阴性杆菌
Gram −ve cocci	革兰氏阴性球菌
Granulicatella	颗粒链球菌属
Haemophilus	嗜血杆菌属
Haemophilus influenzae	流感嗜血杆菌

Helicobacter	螺杆菌属
Helicobacter pylori	幽门螺杆菌
Histoplasma capsulatum	组织胞浆菌
Klebsiella	克雷伯氏菌属
Klebsiella pneumoniae	肺炎克雷伯氏菌
Klebsiella terrigena	土生克雷伯氏菌
Lachnospira	毛螺菌属
Lachnospiraceae	毛螺菌科
lactic acid bacteria	乳酸菌
Lactobacilli	乳杆菌
Lactobacilliales	乳杆菌目
Lactobacillus	乳杆菌属
Lactobacillus bulgaricus	保加利亚乳杆菌
Lactobacillus helveticus	瑞士乳杆菌
Lactobacillus paracasei	副干酪乳杆菌
Lactobacillus plantarum	植物乳杆菌
Lactobacillus rhamnosus GG	鼠李糖乳杆菌 GG
Lactococcus lactis	乳酸乳球菌
Latobacillaceae	乳杆菌科
Leuconostoc	明串珠菌属
Listeria	李斯特氏菌属
Listeria monocytogenes	单核细胞增生李斯特氏菌
Listeria monogenes	单核细胞增生李斯特氏菌
L-Ruminococcus	L-瘤胃球菌属
Malassezia	马拉色菌
Malassezia pachydermatis	厚皮马拉色菌
Megamonas	巨单胞菌属
Megasphera	巨球形菌属
Mogibacteriaceae	难养杆菌科

Mollicutes	柔膜体纲
Moraxella	莫拉氏菌属
Moraxella catarrhalis	卡他莫拉菌
Moraxellaceae	莫拉氏菌科
Mycoplasma	支原体属
Mycoplasmataceae	支原体科
Negativicutes	阴性球菌纲
Neisseria	奈瑟氏菌属
Neisseria gonorrhoeae	淋病奈瑟氏球菌
Neisseriaceae	奈瑟氏球菌科
Neoformans	新型隐球菌
Nocardioidaceae	类诺卡氏菌科
non-*H. pylori helicobacters*	非幽门螺杆菌的螺杆菌
Olsenella	欧尔森氏菌属
Oscillospira	颤螺菌属
Oxalobacter formigenes	产甲酸草酸杆菌
Oxalobacteraceae	草酸杆菌科
Paraprevotellaceae	副普雷沃氏菌科
Parasutterella	副萨特氏菌属
Pasteurella	巴斯德氏菌属
Pasteurella dagmatis	达克马巴斯德氏菌
Pasteurella multocida	多杀巴斯德氏菌
Pasteurellaceae	巴斯德氏菌科
Peptococcaceae	消化球菌科
Peptoniphilus harei	黑尔嗜胨菌
Peptostreptococcus	消化链球菌属
Peptostreptococcus canis	犬消化链球菌
Phyllobacteriaceae	叶杆菌科
Pleosporales	格孢菌目

Porphyromonadaceae	卟啉单胞菌科
Porphyromonas	卟琳单胞菌属
Porphyromonas cangingivalis	牙龈卟啉单胞菌
Prevotella	普雷沃氏菌属
Prevotellaceae	普雷沃氏菌科
Propionibacteriaceae	丙酸杆菌科
Propionibacterium acnes	痤疮丙酸杆菌
Proteobacteria	变形菌门
Proteus	变形菌属
Proteus mirabilis	奇异变形杆菌
Pseudomonadaceae	假单胞菌科
Pseudomonadota	假单胞菌门
Pseudomonas	假单胞菌属
Pseudomonas aeruginosa	铜绿假单胞菌
Roseburia	罗氏菌属
Rothi	罗斯氏菌属
Ruminococcaceae	瘤胃球菌科
Ruminococcus	瘤胃球菌属
Ruminococcus gnavus	活泼瘤胃球菌
Ruminococcus torques	扭链瘤胃球菌
Saccharomyces	酵母菌属
Saccharomyces boulardii	布拉迪酵母菌
Saccharomycetes	酵母菌纲
Salmonella	沙门氏菌属
Salmonella enterica	肠沙门氏菌
Salmonella typhimurium	鼠伤寒沙门氏菌
Selenomonadaceae	月形单胞菌科
Selenomonadales	月形单胞菌目
Shigella	志贺氏菌属

Shigella dysenteriae	痢疾志贺氏菌
Slackia	斯奈克氏菌属
Sphingobium	鞘氨醇单胞菌属
Sphingomonadaceae	鞘氨醇单胞菌科
Spirochaetes	螺旋体门
Staphylococcaceae	葡萄球菌科
Staphylococci	葡萄球菌
Staphylococcus	葡萄球菌属
Staphylococcus aureus	金黄色葡萄球菌
Staphylococcus pseudintermedius	假中间葡萄球菌
Staphylococcus schleiferi	施氏葡萄球菌
Stenotrophomonas	寡养单胞菌属
Streptococcaceae	链球菌科
Streptococci	链球菌
Streptococcus	链球菌属
Streptococcus agalactiae	无乳链球菌
Streptococcus cania	犬链球菌
Streptococcus dysgalactiae subsp. *equisimilis*	停乳链球菌类马亚种
Streptococcus equi subsp. *zooepidemicus*	马链球菌兽瘟亚种
Streptococcus gordonii	戈登链球菌
Streptococcus halichoeri	灰海豹链球菌
Streptococcus mutans	变异链球菌
Streptococcus pneumonia	肺炎链球菌
Streptococcus pneumoniae	肺炎链球菌
Streptococcus pyogenes	化脓性链球菌
Succinivibrio	琥珀酸弧菌属
Succinivibrionaceae	琥珀酸弧菌科
Sutterella	萨特氏菌属
Synergistetes	互养菌门

毛博士
VET
丛书